・本書は *Ant Architecture : the wonder, beauty, and science of underground nests* by Walter R. Tschinkel (Princeton University Press, 2021) の全訳です。

・本文中に〔　〕で示した部分は翻訳者による補足です。

・本書に登場するアリの種名は、定まった和名がある場合はそれを用い、ない場合は英名（それが難しいときは学名）に基づいた訳語を充てました。あくまで本書のための便宜的な措置であり、学問的に認められた名称ではないことをご承知おきください。主な学名、英名との対応は表4・1および表9・1をご参照ください。

アリたちの美しい建築

私の巣てきな伴侶、ヴィッキーに捧げる

はじめに

現在の北アメリカに未知の秘境を探し出そうとしても、それは無理な話というものだ。ちょっとした未踏のスポットくらいは発見できるかもしれない。しかし、その程度ならグーグルアースを使えば誰でも見つけられるし、正確な緯度と経度もわかるのだから、GPSを頼りに難なくたどり着けるだろう。では、北アメリカで探検家を目指すのは不可能なのか？　そんなことはない。心躍る未踏の地はまだ残されている。もっとも、それは地理的ではなく知的な領域でのことであり、言うなれば、科学を通じて自然界の秘密を明らかにする探検だ。本書は、まさにそうした探検を記録した本である。

科学者としての私のキャリアは、寄り道の多い探検家のようなものだった。今にして思えば、それは私にとって幸運なことだったし、またそうなる運命でもあったようだ。自然（そして食べ物）に惹かれる性分は、二歳にはすでに疑いようなく現れていた——片手に花束、もう一方の手にケーキを持った当時の写真がその証拠である。六歳になる頃には、将来の夢を聞かれると生物学者と答えていた（六歳児が描く生物学者像がどんなものかは定かではないにせよ）。ただし、現在のキャリアにいたるまでの道は一本道ではなく、立派な絨毯が敷かれていたわけでもない。たとえば、高校で受けた生物の授業は、それはひどいものだった。授業と言っても、進化論は聖書に反する悪魔の学説だとする教師の主張を聞かされるか、教科書の定義を丸暗記するか、たいていはそのいずれかだった。化学はさらに悲惨である。そもそも教えていたのが、綿花農家と牧師を兼業する人物で、授業は彼の説教の練習場と化していた。化学のことなどほとんど何も知らなかったに違いない。級友のBBと私は、説教が行われている間は薬品室で自習できるよう、なんとか許可をとりつけた。私たち二人の興味の中心は、危険な爆発物を作り出すことにあったが、あるときほとんどそれに成功し、薬品室を吹き飛ばす一歩手前まで行った。また、テルミット〔アルミニウム粉末と酸化鉄粉末の混合物〕に火をつけた結果、鉄が勢いよく溶けていき、白く輝く鉄によって床板に星型の焦げ跡が永遠に刻印されたこともあった。

高校卒業後は小さな男子大学に入った（「小さな男子の大学」というのが定番の冗談だった）。私はそこでようやく、生物学の幅広いテーマに思う存分取り組めるようになり、自分と同じ関心をもつ仲間たちにも出会うことができた。当時の生物学で刺激的と言われていたのは細胞生理学と生化学で、その二つの分野は長足の進歩をとげていた。そのため大学院は、カリフォルニア大学バークレー校の生化学研究科を希望したが、残念ながら入ることはかなわなかった。ところが、人生には予期せぬことが起こるものだ。結果が出た一週間後に、国立科学財団から大学院フェローシップを獲得できたという連絡を受けたのである。それがあれば大学院の授業料を全額まかなえる。私はすぐに生化学研究科に電話をして、お金がある今ならば受け入れてもらえるだろうかと尋ねた。相手の答えは「喜んで迎え入れる」というものだった。実に現金な対応である。生化学研究科に行きたいという気持ちが急速に冷めてしまった私は、同じ大学院の細菌学研究科に出願し、そちらでは問題なく受け入れてもらえた。

生化学と細菌学はとてもよく似ているが、大学院に入り実際に実験をはじめてみると、この分野には私にとって大切な何かが欠けていると思うようになった。生物学に私の目を開かせてくれた動物たちはどこにいるのだろう？　翼や脚、葉や色や形をもつ美しい生き物たちはどこに？　私の一生は、試験官の底にたまった白い綿状沈殿物を眺めているうちに終わってしまうのだろうか？　この場所にとどまりつづければ、私の人生には大きな穴がぽっかりとあいてしまう。私は原点に立ち返るべきだと思った。自分を魅了して、自然の世界へといざなってくれたもの——目で見て、手で触り、感じることのできる生き物たちのもとに戻る必要があった。見事な機能をもち、美しい構造物を作る生き物のもとへ。

今になって振り返れば、そのときの私は、自分にとってもっとも魅力的な生物学のスケールがどのあたりにあるかを見極めたかったようだ。ただし当時の私の目には、どんな種類の対象を扱いたいか、どこに行けばそれができるのか、という形でしかその問題が見えていなかった。綿状沈殿物によって、私は自分が求めているスケールが分子や生化学ではないことを悟った。その世界は、白い残骸、どろどろのスライム、ゲル上に現れるおぼろげな帯《バンド》、紫外線を吸収する色のない水溶液に支配されていた。手でつかめるものは何もない。感想を抱かせるような形状もない。動きもふるまいもなく、色があったとしてもせいぜいヘモグロビンやビタミンB12程度だ。酵素が基質を乱暴に噛み砕き、化学的に変化するまでそれをひねりまわす、そうした場面を目撃した者は一人もいない。その世界で起きている心躍る出来事は、精密な測定結果に基づいて私たちの心が生み出した概念にすぎないのである。

そんな私が、生命の抜け殻である無細胞抽出液ではなく、命ある生物を研究する道に舞い戻ったのは、大学院で昆虫学を学んでいたジョン・ドワイヤンとの交流のがきっかけだった。ジョンの専門はゴミムシダマシ科の黒い甲虫たちだ。アメリカ西部にはこの甲虫の多彩な仲間が生息しているが、とりわけ魅力的な特徴として、有害な防御物質を分泌し、自分を捕まえた人間の指を茶色く染め上げることが挙げられる。なかにはその防御物質を一メートルあまりも飛ばすものがいるし、性フェロモンを分泌する種（チャイロコメノゴミムシダマシ）も確認されている。これらの研究は、西部の田舎道を歩き回って石の下から甲虫を拾い集め、ひどい匂いの分泌液を採集して、ガスクロマトグラフィー、核磁気共鳴、赤外分光法、紫外吸収法といった高級な最新装置や高度な技術を用いて分析するという方法で行われていた。私はこうして、有機化学と生化学という自分のバックグラウンドを活かせる研究に出会い、そればかりか、甲虫の防御行動を観察し、何百匹も解剖して美しい分泌腺の構造をスケッチする機会にも恵まれることになった。なお、性フェロモンに関して、私はちょっとした発見をしている。ガラス棒をメスのフェロモンで処理すると、オスはそのガラス棒と交尾をはじめるのだ。こんなに面白い仕事が他にあるだろうか？

ゴミムシダマシの研究では、実験に役立つ装置を作る楽しさにも開眼した。あるとき、コスタリカから大きなゴミムシダマシを輸入したのだが、幼虫がなかなか蛹《さなぎ》になってくれない。あれこれ検討するうちに、飼育容器内での幼虫の密度の高さが蛹化を妨げているとわかったが、具体的な原因が化学的なものなのか、物理的なものなのか、あるいは他の理由によるのかまでは突き止められなかった。そこで私は、指導教官と一緒に、幼虫同士が触れ合うことの影響を調べる仕掛けを作ることにした。風呂栓のチェーンをペトリ皿の蓋に取り付け、その蓋をゆっくりと回転させることで、チェーンが幼虫に定期的に触れるようにした装置である。対照群ではチェーンを短くして、幼虫に届かないようにした。その結果、チェーンによって定期的にくすぐられた幼虫は蛹にならなかったが、チェーンが触れない幼虫はすぐに蛹化することがわかった。この仕掛けは「スティミュレイトリウム」と名づけられ、その後の研究生活において私に多くの喜びを与えることになる数々の装置の第一号となった。このようにして私は、問題をシンプルかつ創造的に解決することが、研究（そして人生）の喜びになることを悟ったのである。

ところで、工夫を凝らした手作り装置はなにも研究の必要から突如生まれたわけではなく、昔から私の生活の一部と言えるものだった。ボーイスカウトで木を彫ったりシェルターを作ったり、一九四六年製のフォードV8を修理したり、家具を作ったり、棕櫚《しゅろ》ぶき屋根の小屋を建てたりと、子供の頃から手を動かすのが好きだった。装置や小道具は、こうした私の気質が具現化された結果にすぎないのだが、それを研究の場に持ち込んでみると、実によく機能してくれる。私は、問題を解決するために、疑問に答えを出すために装置を設計する。そして実際、大いに役に立っている。研究をはじめた頃は、何千ドルも払って実験器具を購入したこともあった。だが現在では、木材やプラスチックや廃品などを使って、自分のガレージで制作している。

こうした自分の気質、好み、能力によって、私が生物学の探検で歩んできた道は独特なものになった。具体的には、ゴミムシダマシの観察からはじまって、アリの生態に広く興味をもつようになったのである。アリの巣の地下構造を研究しはじめた当初、私に特別深い考えがあったわけではない。だが知りたいと思う領域は次第に広がり、最初はいろいろな種の巣の注入模型（第2章参照）を作るだけだったのが、最終的には、アリのような超個体はどうやって巣を作るのか、巣の形状はなぜこれほど多様なのか、といった疑問に取り組むまでになった。なお、これは後年わかったことだが、巣の周辺に積み上げられた土からは、その下に何が隠されているかはまったく想像がつかない。

本書は、そうした土の堆積の下に隠された巣の秘密を明らかにする探究の記録である。主な内容として、私がどうやってアリの巣を研究したのか、巣はいかに作られるのか、アリの生活上の要求はどのように巣に反映されているのか、種によって巣の様子がいかに異なるのかといった疑問を取り上げた。土や植物などを利用して地上に巣を作るアリも多いが、それについては触れていない。本書が扱うのは、地下に作られたアリの巣だけである。

第1章　アリと地下世界

　私たちの足の下には、謎に包まれた世界が広がっている。その地下世界を直接覗き見ることはできないが、クレーター（窪地）、マウンド（塚）、ペレット（団粒《だんりゅう》）など、さまざまな形で地面に積み上げられた土の存在によって、その下に何かがあることが確かにわかる（図1・1）。土中にはさまざまな生き物が身を潜めているが、そうした土の堆積の大半はアリが巣を作るときに生じたものだ。アリが積み上げる土の山は、ウガンダの熱帯雨林からロサンゼルスの歩道まで、幅広い生息地で見つかる。営巣の習性は、アリの体やコロニーのサイズと同じように、種によって大きく異なっている。したがって巣作りで生じる堆積物も、ほとんど気づかないくらい小規模なものから、ヒアリやアレゲニーヤマアリ（*Formica exsectoides*）のように一目瞭然のもの、熱帯アメリカのハキリアリのように巨大なものまでさまざまだ。ハキリアリの地下の巣はちょっとした家ほどの体積がある。

　営巣時に掘り出される土からは、その下にある巣のことはほとんどわからない。大きさくらいはわかるはずだ、と思う人もいるかもしれない。だが、掘り出された土は風雨や動物によって周囲に散逸してしまうので、確かな根拠にはならない。巣の形状、深さ、サイズ、空間の配置は、地上の堆積物からは何もわからないのである。では、巣の構造はどんなアリでも一緒なのだろうか？　種によってばらつきがあるのだろうか？　営巣期間はどれくらいだろうか？　そうやって作った空間をどう利用しているの

図1・1　巣を掘ったときにできる土の山。クレーター状の堆積は、多くのアリの巣で典型的に見られる。この画像はビューレンクビレアリ（*Dorymyrmex bureni*）のものである。サイズがわかるように10セント硬貨を横に置いた。（画像：著者）

だろうか？　こうした謎に突き動かされる人が多くないことは知っているが、私には強く訴えかけてくる疑問である。アリは地下に何を作り、それはアリの生活にいかに役立っているのだろうか？

　このような疑問を抱いた生物学者は私が最初ではない。多くの先人たちが、あちこちでアリの巣を掘り返し、そのときの発見を縦断図、横断図、立体図《ビネット》などで発表することで、巣の構造を明らかにしようとしてきた。その種の図版は、ラフなスケッチから情報量の多いものまでさまざまで、すばらしい縮尺図もいくつかある（図1・2）。大部分はメインの研究に付随して描かれたもので、私の知る限り、地下の巣の構造の記録を第一の目的としているケースはほとんどない。だが、たとえそうだとしても、先人たちが残した図版や研究は、一種の映画の予告編のように、生物学にとってアリの巣の研究が非

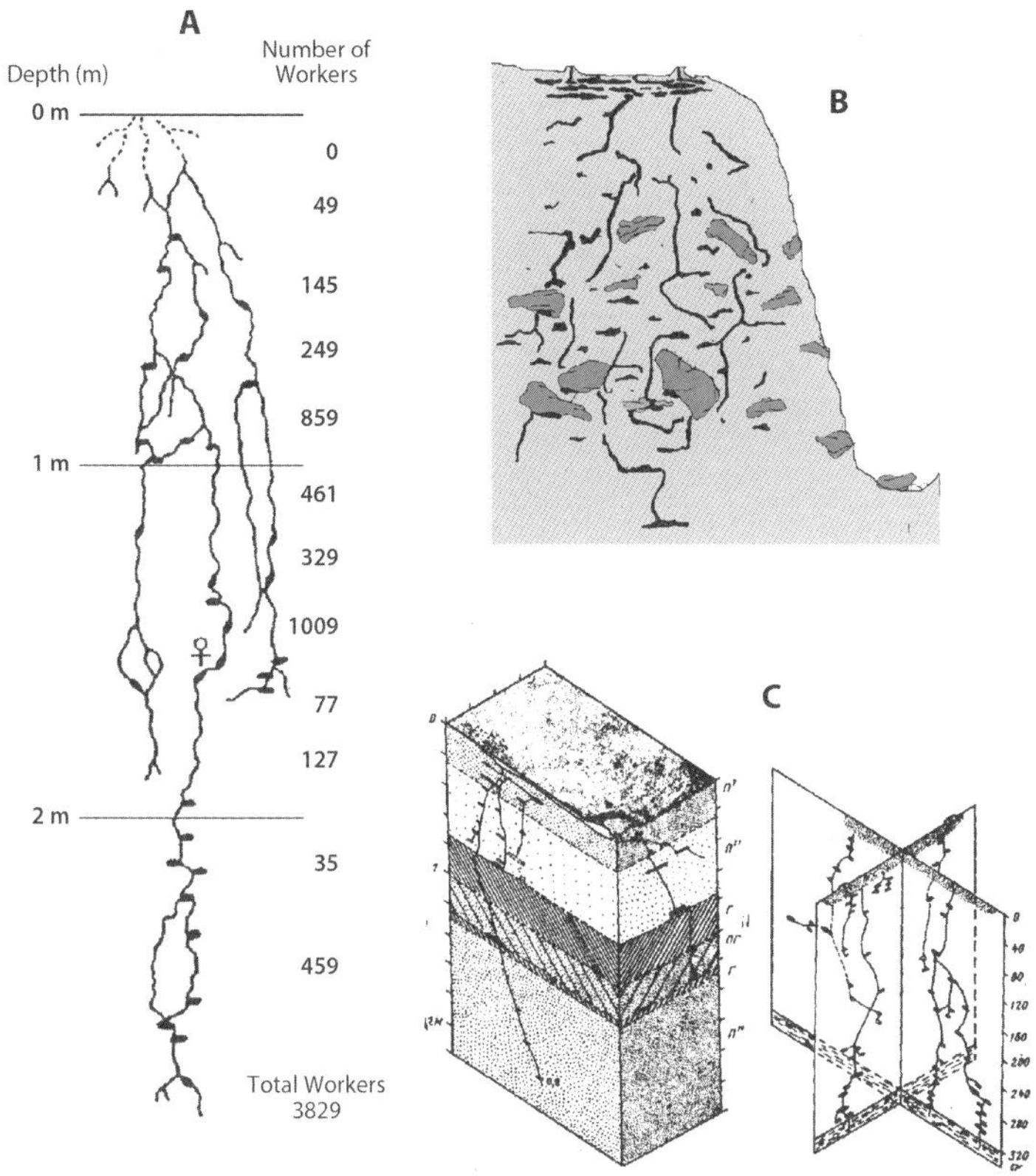

図1・2　地下のアリの巣の図版例（うち2つには目盛りがついている）。アリの巣が三次元であることを図で示すのは困難だ。A は Kondoh (1968)、B は Talbot (1964)、C は Dlussky (1981) より引用。

常に実りの多いテーマであることを教えてくれるのである。

私は二〇年ほど前に、大した決心もなく、自分の「本来の」研究のサイドプロジェクトとしてアリの巣の構造を調べはじめた。そして、軽い気持ちで取り組んでいるうちに、いつしかアリの巣の謎を解き明かすことが研究の主目的になっていた。私のアリ研究の舞台は、フロリダ州北部の海岸平野にあるマツ林である。過去二五年間にわたり、私はそこで多くの成功と失敗を経験してきた。本書では、そうした実際の経験を交えながら、アリの地下世界を探究した成果をまとめている。内容はアリの巣のたんなる説明にとどまらない。物理学や化学や土壌学、アリの行動や生態、コロニーとしての機能、実験、時折行った個人的な冒険や熟考という要素を加味することで、アリの巣の構造というテーマに幅広い視点で取り組めたと思う。本書を通して、熱い好奇心と問題解決への情熱をもって研究対象を追いかけることの魅力、困難、見返りを示すことができれば幸いだ。私は、現代生物学でもてはやされている抽象的な諸概念よりも（その重要性を疑っているわけではないが）、「自然が生み出した造形」を扱うことに美的な喜びを感じてきた。本書を読んでもらえれば、読者の皆さんも同様の喜びを見いだし、そうした造形を作り出すアリの生活に魅了されるのではないかと思う。

私は自分のことを、未知の土地を測量して記録する開拓者のようなものだと思っている。なぜなら、生物学はここまで常に「記録（記述）」を出発点としてきたのであり、だとすれば、アリの巣の研究という新しい分野も、まずは記録からはじめるのが当然だと思うからだ。洗練された仮説を考えて観察結果を説明するのは、そのあとでよいのである。また、同じように当然のことながら、ある研究が進展するかどうかは、問題を解決するための手段があるかないかに大きく左右される。事実、科学の歴史を振り返れば、顕微鏡やミクロトームなど、新しい実験器具や研究手法の発明によって急速に発展した分野はいくらでもある。アリの巣の構造研究も例外ではない。しかも研究に必要なのは、シンクロトロンや核磁気共鳴装置や共焦点顕微鏡などよりずっと身近なもので、シャベル、ビニール袋、ちょっとした数をかぞえる能力、自作の炉があれば、驚くほど多くの面白いことが学べるのだ。現代はハイテク科学の時代だが、本書では低予算のローテク科学の楽しさをお伝えしたい。

アリという異世界の住人

本書のテーマである謎多き地下世界を創造しているのはアリである。これまでの私の調査によると、たいていの人はアリの存在に気がついている。キッチンにこぼしたジュースに群がり、手入れしたばかりのきれいな芝生に土を盛る、あの迷惑な生き物でしょ、というわけだ。だがその一方で、アリの世界が私たちとは別の宇宙、異世界であることに気づいている人はめったにいない。そこでまずは、アリの生態と多様性について簡単に説明しておくことにしよう。

アリは社会性昆虫で、一億～一億四〇〇〇万年前にカリバチの祖先から分岐したとされる。アリの社会（コロニーが一般的）の特徴は、個体間に明確な機能分担が見られることだ。具体的には、受精卵を産むことができるのは一匹あるいは数匹の個体（女王）だけで、残りの大半は、コロニーの仕事の大部分を担う、基本的に不妊の個体（働きアリ）である。社会機能を担っている個体はすべてメスで、オスは女王と交尾をするためだけに生まれてくる。オスはふつう、一年のうち数週間しか出現しない。一般的に、アリのコロニーは単一の家族で構成されており、母親が女王、娘が働きアリである。母親が一匹のオスとだけ交尾していれば、働きアリは同父母の姉妹となり、複数のオスと交尾していれば異父姉妹となる。個体レベルに目を向ければ、アリは完全変態を行う昆虫、つまり卵、幼虫、蛹、成虫という段階を経て発達する昆虫の典型である。アリの社会性はこうした基本的な生態に立脚しており、各個体がどのように発達するか――不妊の働きアリになるか、十分に発達した生殖器をもつ繁殖可能な個体になるか――にも深く関わっている。

社会性を獲得することで、アリは動物のなかでも特別成功した存在となり、温暖な地域の生態系において支配的な地位を多く占めるようになった。同じ地域にいる動物集団のバイオマス（総重量）を比較したとき、もっとも多いのがアリというケースは珍しくないのである。アリは現在までにおよそ一万四〇〇〇種が確認されているが、新種発見のスピードから考えて、最終的には二万～四万種にのぼるのではないかと考えられている。マダガスカルの生態系を徹底的に調査した同僚のブライアン・フィッシャーなどは、一人で一〇〇〇種あまりの新種を見つけ、命名しているほどだ。専門家にアリの種の数を尋ねると、十分な調査が行われた場所がまだ少ないという理由から、二万から三万という数字がよく返ってくる。新種はすでにかなりの数が博物館に保管されているので、アリとは違い数の少ないアリの分類学者による記載を待っている状態だと思われる。

種の多様性と個体数の多さを考えれば、アリが幅広い生息環境に見つかることは驚くに値しない。アリの生態はさまざまだが、多くの種は腐肉食動物《スカベンジャー》、捕食動物《プレデター》である。なかには、アブラムシ、カイガラムシ、コナカイガラムシなどを「家畜化」するアリ、クモの卵のような小さい獲物、あるいはヤスデやトビムシといった難しい獲物を専門に狙うアリもいる。また、移動と定住を繰り返すハンターのようなアリ、野生の種子を収穫するアリ、毛虫の糞や葉の断片を菌床にしてキノコを育てるアリもいる。私が研究を行っているフロリダの海岸林では、半エーカー（二〇〇〇平方メートル）ほどの区画に、いま挙げた生活様式のすべてを見ることができる。

このように多彩な姿をもつアリであるが、種が地球上に均等に分布しているわけではない。赤道付近がもっとも多く、そこから離れるにつれて減少していくのである。熱帯地域、とりわけ湿潤な熱帯地域には四〇〇〇〜六〇〇〇種が生息しているが、赤道から遠ざかると急激にその数を減らし、南北五〇度以上の緯度では五〇種以下になる。私はかつて、アラスカ州ブルックス山脈の北、北緯およそ七〇度の北極圏で、タカネムネボソアリ属の仲間（*Leptothorax muscorum*）の標本を収集したことがある。アメリカ北部からシベリアへといたる北極圏は、過去に二種のアリしか確認されていない地域だ。私が見つけたコロニーは、その地域には珍しい砂地の南向きの斜面に巣を作り、太陽の熱を最大限に利用しようとしていた。わずか数センチ下は永久凍土だった。冬には巣を含めた何もかもが凍りつき、春になって氷が溶けるまで活動は再開されない。厚い氷に閉ざされた土地ではあるが、まさに「薄氷」の生活と呼ぶにふさわしいと言える。

ところで、調査する土地が広くなれば、それだけ多くの種が見つかるのは当然の話だろう。したがって、気候による種数の違いを正確に知ろうと思えば、同程度の面積の国を比較するのが役に立つ。エクアドルとフィンランドは、面積にそれほど違いはないが、エクアドルには約七〇〇種のアリがいるのに対し、フィンランドでは六四種しか見つかっていない。また、ペルーのアマゾン川流域では、一六ヘクタール［〇・一六平方キロメートル］の土地におよそ五〇〇種のアリが見つかる。ブラジルとアメリカは面積がほぼ同じだが、アメリカには八〇〇種、ブラジルには一四〇〇種以上のアリがいる。ブラジルをくまなく調査したならば、その数はさらに大幅に増えることだろう。

アリ学者は、アリがどの昆虫集団から生じたかについて、数十年にわたり議論を続けてきた。長年にわたり主流となっていたのは、現代のコッチバチに似た、カリバチの一種が一番近縁であるという説だ（コッチバチは、甲虫の幼虫を針で刺し、麻痺させてから卵を産みつける。卵からかえったハチの幼虫は、甲虫の幼虫を栄養源として成長する）。近年では、分子法を用いることで、昆虫集団間の血縁度を調べ、家系図（系統樹）を作成できるようになった。生物集団のDNAの塩基対の配列は、基本的に時間とともに変化する。したがって、その塩基対の配列が異なっている箇所の数を調べれば、二つの系統が別々に進化してきた期間と、その二つの系統の血縁度を示せることになる。

多くの科を分析した新しい研究からは、アリにもっとも近いのは、ハナバチと刺針をもつカリバチであることが示されている。分類学者の言葉を借りれば、それらがアリの「姉妹群」ということになるだろう。ご存じのとおり、ハナバチは集めてきた花粉を食糧としているが、アリ（少なくとも原始的なアリ）と大部分のカリバチは、肉食あるいは寄生性である。とはいえ、アリとハナバチとカリバチには共通点もある。それは巣を作って、あるいは既存の構造物を利用して、花粉や獲物や巣の材料といった何らかの「もの」をそこに持ち帰るという点だ（ただし例外もあり、カリバチのなかには、獲物を見つけても持ち帰らず、その場で卵を産みつけるタイプもいる）。ものを採集するという行為や、それに立脚した生活は、巣において親と子の関係を深める役割を果たすという点で、社会性の進化を促す素地の一つと考えられる。なお、社会性はハナバチでは六〜八回に分けて進化してきたが、アリの祖先は一度に獲得したとされている。これは注目に値する話である。

巣の存在もまた、そこに暮らし、ものを持ち帰ることで、昆虫が血縁集団を形成し、協力行動を進化させやすくなるという理由で、社会性の獲得を促したと言える。これは言い換えれば、営巣行動はアリの進化と社会性の進化に先行していたということだ。現代の社会性昆虫は、生活史における特徴――ライフサイクルの各段階に見られる特性――と、生活上の難題への対処法において、いくつかの共通点をもっている。具体的には、①娘は母親や姉妹とともに巣に残ること（世代の重複）、②娘は自分の子供ではなく自分の妹の世話をする（共同育児）と同時に、母親の世話もすること、③産卵に特化した個体と、育児ほか日常的な仕事に特化した個体がいること（労働あるいは機能の分割）である。アリやハナバチやカリバチの母親が、巣にいる子供たちのために食べ物を持ち帰ってくるのを繰り返していると、最終的には、その巣で母親と娘が同居し、娘たちには同世代や年下の姉妹ができるようになることは想像に難くない。ブルード〔卵、幼虫、蛹〕の存在は、成虫になった娘たちの育児行動を誘発する。また同時に、栄養状態やホルモン状態に影響されて、娘たちの繁殖能力は抑制される。こうして出来上がった母親（女王）と不妊の娘たち（働きアリなどのワーカー）という組み合わせは、娘がそれぞれ単独で繁殖しようと試みる場合よりも、次世代を生み出す可能性が高いと考えられる。したがって、この初期段階の社会性は自然選択において有利に働き、それ以降も自らを強化する方向で進化をとげていくことになる。この社会性の進化は、アリがそうであるように、ワーカーから女王になる道がなくなった時点で、ある種の完成を見る。そうした状態になってからでは、「社会として暮らそうか、それとも単独で生活しようか？」とは問えなくなってしまう。その変化は不可逆なのだ。

アリやハチのような膜翅類《まくしるい》が社会性をもつようになった要因は、巣作りやもの集め以外にもある。それは性別を決定する独特の仕組みだ。膜翅類のメスは、大多数の動物と同じように受精卵から生まれ、オスは未受精卵から生まれる。別の言い方をすれば、メスは二組の染色体をもつ二倍体、オスは一組の染色体をもつ半倍体ということだ。二倍体であるメスが伝える遺伝情報は二パターンあるが、半倍体であるオスの精子が運ぶ遺伝情報は各個体で一パターンずつしかない。したがって、女王が一匹のオスとしか交尾をしなければ、姉妹間の遺伝子は一〇〇パーセント一致するか（母親と父親の遺伝情報が同じ）、五〇パーセントだけ一致するか（父親の遺伝情報だけ同じ）なので、全体で見れば七五パーセントの血縁度になる。一方、姉妹とオスの兄弟との血縁度は五〇パーセントか〇パーセントなので、全体では二五パーセントにすぎない。こうした状況であれば、姉妹が互いに協力をして繁殖する場合でも、そこに血縁度の低いオスを入れてあげようとは思わないだろう。遺伝子の面から見れば、姉妹間の非常に高い血縁度は、自分自身で繁殖する道を放棄して姉妹の繁殖を助けるという行動を正当化する。姉妹は自分と同じ遺伝子を多く持ち合わせているからだ。では、女王が複数のオスと交尾をしたケースはどうだろうか？　この場合は確かに血縁度は下がるが、社会性がすでにある程度進化していれば、姉妹の繁殖を助けることは依然として利益になる。よって、どちらにせよ、メスの高い血縁度は社会性を進化させる強い選択圧を生み出す原動力となる。また、メスによって担われる社会性が、ここまで七〜九回にわたり進化をとげてきた理由の一部も、この高い血縁度によって説明ができる。

アリの巣の起源と進化

アリの巣の起源は、およそ一億～一億四〇〇〇万年前、現在のアリの祖先が最初の巣を地面に掘ったときにさかのぼる。今日世界に存在する何万種ものアリとその巣は、その子孫と言えるだろう。しかしながら、湿潤な熱帯地域では、約半数のアリの種が地中ではなく樹木に巣を作る。木に住みついたアリの個体数はしばしば膨大な数にのぼる。私はかつて、ガイアナの熱帯雨林で木に暮らす節足動物の調査をしたことがある。二本の木に「ノックダウン効果」をもつ殺虫剤を噴霧して、地面に敷いたシートに雨のように降り落ちてきた昆虫を数えたのだ。結果は、全体のおよそ九〇パーセントがアリで、なかでもアステカ属のアリ（*Azteca*）がその大半を占める超優占種であることがわかった。樹木のアリの巣は、南北の緯度が高くなるにつれ少なくなり、代わりに地面に掘られた巣が多くなる。こうした変化が見られるのは、緯度の高い温帯地域では乾燥や凍結が生じる季節があり、樹木での生活が厳しくなるからだと考えられる。私が暮らすフロリダにはおよそ一〇〇種のアリがいるが、このくらいの緯度だと、樹木に巣を作るアリは二、三種見つかる程度である。大半は、地中や朽木に巣を作るか、すでにある何らかの構造物を一時的な巣として利用している。

地中に営巣するアリの種は、程度の差はあるが、それぞれ特徴的な巣を作る。種によって、巣のサイズだけでなく、構造の細部も異なっているのだ。こうした巣の違いを説明するツールとして、現代生物学がもっとも信頼を置いているのが進化の概念である。ショウジョウバエの遺伝研究で有名な進化生物学者テオドシウス・ドブジャンスキーは、一九七三年に「進化を考慮しない限り生物学には何の意味もない」というタイトルのエッセイを発表した。このエッセイでドブジャンスキーが言いたかったのは、地球上のあらゆる生命はつながっていて、系統樹にまとめられることを示す確かな証拠がある、ということだ。ここで系統樹とは、進化の結果を筋の通った形で表現したものを指している。進化の概念を用いた説明は、分子から行動、社会の理解にいたるまで、現代生物学の中核となっている。アリの巣に見られる多様性は、生命の多様性と同様、進化の結果と考えるのが妥当だ。それゆえ（少なくとも理論上は）、アリの巣についても進化の系統樹を描くことができるはずだ。そうした系統樹は、構造の「血縁度」に応じて分岐していくものになるだろう。この目的を厳密な形で達成するには、私が集めた標本サイズでは不十分である。したがって読者には、私が多少の冒険を試みるのを許してもらいたいと思う。現時点ではこのように不完全な試みではあるが、ここから学ぶところは大きいので、第9章ではアリの巣の系統樹について具体的に考えてみた。

ところで、ここで念のために断っておくが、進化をとげたのは巣そのものではない。巣はたんなる地中の空洞にすぎず、実際に進化したのは、巣を掘るというアリの行動だ。巣はアリの行動の産物、あるいはその「化石」である。この説明は単純に思えるかもしれないが、よく考えてみると実に複雑な話だとわかる。たとえば、「行動」という単語ひとつとっても一筋縄ではいかない。「行動」は、それぞれの働きアリの個別の行為だけを指すのではない。個々の働きアリの行為は、他の働きアリの影響を受けているし、また、数十四から数百万匹の働きアリが監督も設計図もなく地下の暗闇の中で自分たちの巣を作るとき、その建設中の巣から発せられる合図やフィードバックにも影響を受けているのである。このタイプの行動を、近年よく使われるようになった「自己組織化」という言葉で言い換えることもできるだろう。営巣時にこの自己組織化がいかに機能するかについては、現在でも大部分が謎に包まれており、この分野の重要な疑問の一つとなっている。

土の中に暮らす

太陽の光を浴び、大気の中を自由に動き回る人間にとって、土とは、細かい粒が集まった密度の高い素材である。私たちはその上を歩き、家を建て、ときにはアスファルトで覆って駐車場を作ることもある。そんな私たちにとって、土の中を動き回るとはどんな感じがするものなのか、これまでの経験から想像するのは至難の業だ。地下に暮らす生物の大半は、土中に空間を作ることで移動を行っている。その際には、取り除いた土が通行の妨げにならないよう地表へと運び出すケースが多い。アリが地中に巣を作るときに採用しているのも、この方式だ。だが、土中には孔隙《こうげき》（隙間）が豊富に存在している。よって、地下に暮らす土壌動物のなかでも小型のものは、土壌粒子や団粒（粒子の塊）の間にある既存の孔隙や、粒子を横に押しのけて作った空間を移動することができる。アリで言えば、非常に小さなトフシアリ属の仲間（*Solenopsis molesta*）などがそうしたタイプに当てはまるだろう。このアリが使用する糸のように細い坑道（通路）は広範囲に延びているが、地表に土の堆積が見られることはほとんどない。細い坑道が他の大きなアリの巣にぶつかると、このアリ（ヌスビトアリとも呼ばれる）はそこから忍び込んで幼虫を盗み、それを食糧にする。

土壌学者がフロリダにやってきて、海岸平野の地面を眺めたとしても、それを「土壌」とみなすことはまずないだろう。土壌帯や土壌層位がほとんど、あるいはまったく形成されていないことから、ただの堆積物として認識するからだ。実際、海岸平野の大部分は、海岸とほぼ平行に走る砂丘である。ところどころにある砂丘間の低地では水がゆっくりと流れ、地下に染み込んだ水とともにメキシコ湾に注いでいる。湿地の上方には乾燥した区域が広がり、その高低差はわずか一〜二メートルほどだ。湿地の土壌は泥状で黒く、有機物が豊富であるのに対し、上方の乾燥区域はほぼ砂だけからなり、上部一〇センチメートルほどは木炭の粉が混ざり灰色になっている。この区域の土壌はきわめて不毛なため、それを耕して海岸のマツ林を消失から守ろうとする無謀な農民は、今も昔も現れていない。土壌中の栄養素の八五パーセントは、地表から一五センチメートル内に含まれている。植物たちはその栄養素が隣のライバルに取られてしまわないよう、熾烈な争いを繰り広げている。植物の根が二〇センチメートル以上深くなることはまれである。

私がアリの野外調査を開始したのは、こうした環境でのことだった。巣から掘り出された土の堆積の豊かなパターンが、まるで表札のように、そこに多種多彩なアリたちが暮らしていることを示していた。その堆積物のパターンは、地下にある巣の特徴をも表しているように見えた。それこそが私が解き明かしたい地下の謎だった。

第2章　アリが作る美しき建築物

アリの巣とは土中の空洞である。あるいは四方を土に囲まれた空気だとも言える。隠れた場所にある空洞に何らかの物質を流し込んで「形」を出現させるというアイデアは、人類が誕生して以来、何度も繰り返し試みられてきたものに違いない。言うまでもなく、それを実現するには、空洞に物質を充填したあとに型を周囲から取り除く作業が欠かせない。このアイデアがアリの巣にも適用できると気づいたのは、私がまだ若き助教だった一九七〇年代のことだ。私は、以前受けた解剖の授業を思い出していた。その授業で見たカエルとサメの循環系に、青や赤のラテックスが流し込まれていたのを覚えていたのである。そこで私は、自分でラテックスを注文し、学部生のグレイソン・チップ・ブラウンに頼んで、それをアリの巣に流し込んでもらうことにした。ブラウンは、自分の家の裏庭にあったアリの巣の開口部にラテックスを注入し、固まるのを待ってから、それを掘り起こした。土中から姿を現したのは、実に見事な注入模型だった［アリの巣に何らかの材料を流し込んでできた成形品のことを本書では注入模型と呼ぶ］。その模型は、何枚ものホットケーキを串で貫いたような形をしており、二メートルほどの高さのある立派なものだったが、ゴム製なのでへなへなと頼りないという欠点があった。巣はビューレンクビレアリ（*Conomyrma flavopecta*、現在は *Dorymyrmex bureni*）のものだった。私たちはその模型を研究室の棚に保管し、一五年ほどだろうか、来訪者にも折に触れて披露していた。だが最後は、研究室の引っ越しのどさくさで、どこかに紛失してしまった。

この最初の試みで満足してしまったのか、その後しばらくは注入模型作りへの関心は薄れていたが、一九八〇年代半ばになると再び情熱が湧き上がってくるようになった。きっかけは、米国農務省の二人の生物学者デイヴィッド・ウィリアムズとクリフ・ロフグレンの論文を読んだことだ。歯科用石膏を使ってアリの巣の注入模型を作るという内容の短い論文である。歯列矯正に使われるこの石膏は、一般的な石膏よりずっと丈夫なもので、乾燥するとしっかりと硬化する点が模型作りに適していた。しかも、二五ポンドあるいは五〇ポンド入りの製品が安価で手に入り、水を混ぜると三〇分で固まる優れものだった。ヒアリ（*Solenopsis invicta*）の巣に使ってみるべく、さっそく注文してみた。私はそれまでに一〇〇以上のヒアリの巣を掘り返していた。そしてその経験から、巣はきっといくつもの小部屋がランダムに配置されたものだろうと予想していた。模型の作製方法はかなりローテクである。すなわち、バケツ半分ほどのスラリー状〔泥状〕の石膏をヒアリの巣に流し込んだあと、土と石膏を合計二〇キログラムほど掘り出し、家に持ち帰ってホースで水をかけ土を洗い流す。そうすると、かつては空洞だったものが姿を現す、という寸法だ。土を洗い流した模型を目にしたとき、私はかなり驚いた。予想していた姿とまったく違っていたからである。ヒアリの巣の構造は、私が思い描いていたようなランダムなものではなく、明らかに系統立てて作られたものだった。図2・1を見てほしい。ヒアリの巣では、横に伸びる各部屋が縦方向の坑道で連結されており、そのパターンがいくつも集まって一つの構造体が生み出されている（各部屋をつなぐ横方向のトンネルも多く見られる）。オフィスの天井から吊り下げたこのヒアリの巣の注入模型は、作製以来三〇年にわたって来訪者を驚かせつづけている。

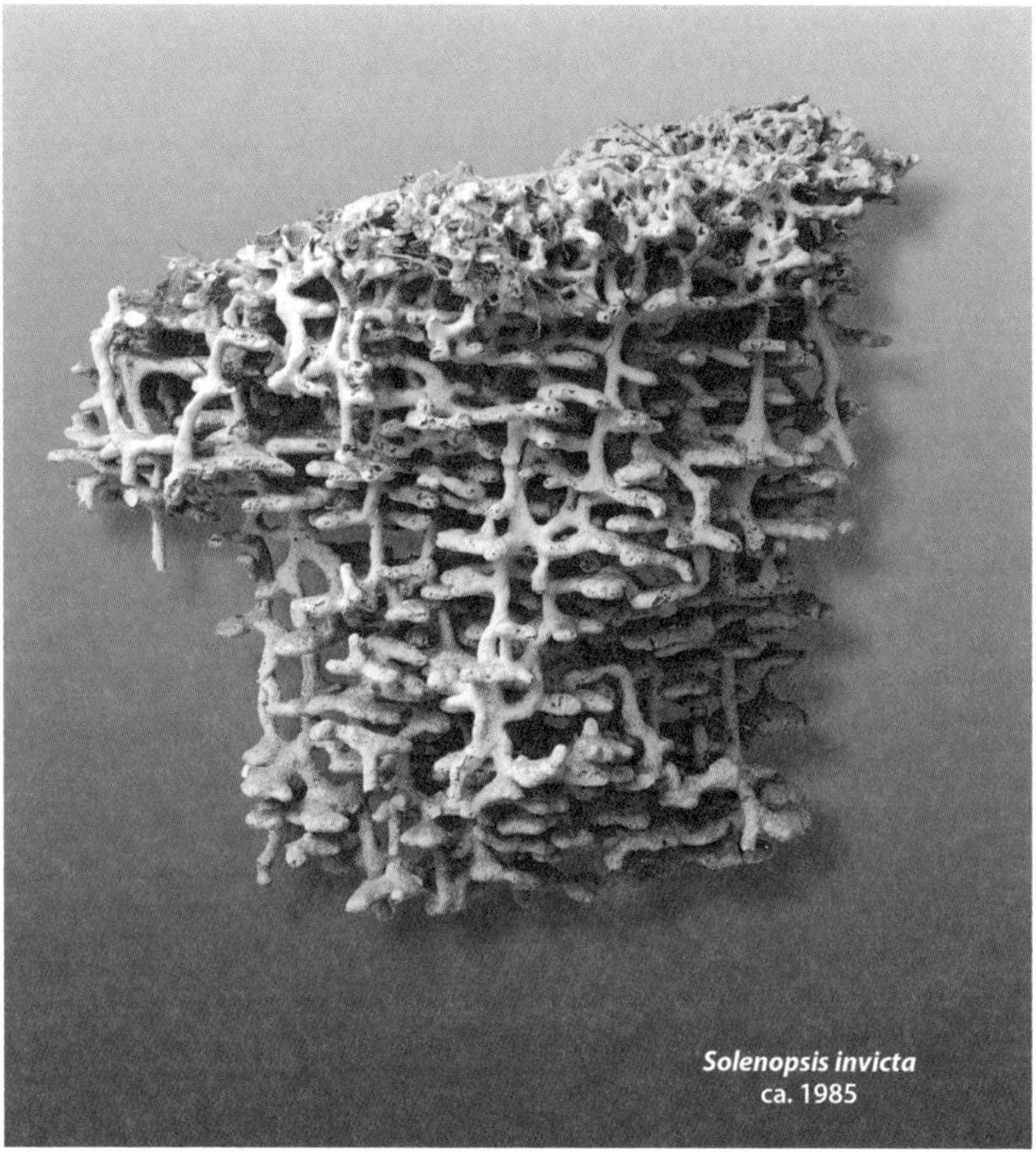

図2・1 ヒアリ（*Solenopsis invicta*）の巣の最初の石膏注入模型。巣の一部にすぎないが、秩序ある構造がはっきりと見てとれる。私はこの模型に出会ったことで、巣をただ掘るのではなく、注入模型を作ることに価値があると気づいた。（画像：著者）

こうして、ちょっとしたきっかけから再開した模型作りだったが、私にとっては、注入模型の可能性を発見する契機となった。アリの巣の構造研究を考えたとき、注入模型を使った手法は有効である。そのことは、たった一つの石膏模型を作っただけですぐに理解できた。現像した写真がネガの詳細をはっきりと示すように、注入模型はアリの巣の構造のあらゆる細部を三次元で明らかにするのである。それまで散発的に行われてきたアリの巣の構造研究では、掘り出したときの巣のスケッチや縮尺図（図1・2参照）しか頼るものがなかった。そこから巣を立体的に思い描くのは難しい。それに比べれば、三次元の注入模型はほとんど魔法と言ってよかった。[*] どの角度からでも観察が可能で、それぞれの視点が全体像を考えるうえで役立つのである。石膏には壊れやすいといった欠点も確かにあったが、それでも私は、石膏のおかげで巣の構造研究に一つの道筋をつけることができた。この方法を基本軸として、それに他のアイデアを組み合わせることで、アリの行動、コロニーの生物学、進化、生態などの関連分野を掘り下げることが可能になり、それらを統一した、より包括的なビジョンを描けるようになったのだ。

私を魅了した注入模型

その後の数年間で、私は種の異なるアリの巣の注入模型をいくつか作ったが、当時はヒアリの研究で手一杯だったため、模型作りは楽しい副業にとどまっていた。そうした状況に変化が訪れたのは一九九九年、フロリダで、放棄されたばかりのシュウカクアリの巣に歯科用石膏スラリーを注ぎ込んだときのことだ。二・五メートルの深さの巣を満たすには、五ガロン〔約一九リットル〕バケツいっぱいの石膏が必要だった。私は丸二日かけて巣を掘り起こし、約一五〇個のパーツを回収した。そして、その巨大な三次元のジグソーパズルを大きなトレーに載せて家に持ち帰った。いま振り返ってみれば、私がその注入模型を組み立てようと決心したのは、その作業がどれほど大変なのか、まるでわかっていなかったからだとしか言いようがない。実際の作業は以下のような工程で進めていった。まずは自分の仕事場に模型を展示する場所を確保し、次にベニヤ板と大量の細い金属棒を入手した。ベニヤ板は青く塗り、展示場所の床板と背板にした。注入模型は上部から下部に向けて組み立てていく。ここで、模型の高さがどれくらいになるかを見積もるという最初の問題に突き当たる。私は、ベニヤ板の長さと、掘り起こした穴の深さから、高さを八フィート〔約二四〇センチメートル〕弱に設定することにした。それが決まれば次は組み立てだ。ジグソーパズルで青空の部分に取り組むとき、私たちは絵柄ではなく、各ピースの輪郭の違いを頼りに組み立てていく。アリの巣の模型も同じことで、各パーツを何度もはめ合わせていくうちに、これで絶対間違いないという組み合わせが出来上がる。形以外に手がかりになったのは、模型についた土の色だ。各パーツは、アリの巣があった土壌の色を反映して、地表から一五〜二〇センチメートルでは汚れた灰色、二〇〜一二〇センチメートルでは黄色に染まり、それ以降は真っ白なままだった。これが目印となって、違う色のパーツを組み合わせるという無駄を省くことができた。また、組み立てていくうちにわかったのだが、縦方向の坑道は滑らかな螺旋を描いているので、急に方向が変わるのは接合の仕方が間違っている証拠だった。これぞと思うパーツを模型の先端部の切断面に合わせ

＊ 一九五〇年代、マインハルト・ヤコービは、ブラジルのハキリアリの巣の巨大な注入模型をセメントで作製した。だが、発表に使われたのは、そのすばらしい模型の写真ではなくイラストであった。

る。パーツをゆっくり回転させていくと、それが正しい候補であれば、やがてぴたりと組み合わさる瞬間がやってくる（カチッとはまる音でもすれば完璧なのだが、さすがにそれはなかった）。そうなればあとは、混ぜ合わせたエポキシ樹脂でパーツを接着して、正しい位置で固まるまで、しっかりと固定するだけである。

巣の上部構造は緊密につながっていたので、非常に複雑だったとはいえ、一つのピースとして取り出すことができていた。この上部構造については、最初のうちは実験台の上に逆さまに載せて復元を行っていた。作業は順調だった。だが、模型の高さが三〇センチメートルほどになったとき、とある学生アシスタントのバックパックがぶつかって模型が破損。およそ五〇個のパーツに粉砕されてしまった。巨石を運び上げるシーシュポスのように、私は作業を一からやり直す羽目になった。模型が元の状態（接着箇所は確実に増えていたものの）に回復したのは、その二週間後のことである。

上部構造がある程度出来上がると、次はそれを金属棒で背板に取り付ける工程に入る。気を使う作業だが、娘のエリカが模型を支える手伝いをしてくれた。上部構造が固定できたら、そこからまた下方に向けて復元作業を進めていく。各パーツは背板から伸びる金属棒で支えられている。次のパーツの継ぎ足しは、前の作業の接着面が完全に固まってから行う。また、模型本体に一つずつパーツを継ぎ足していくだけではなく、別の場所である程度まで組み立ててから、ユニットとしてまとめて追加するという方法も採用した。こうした作業を二カ月以上も続けていると、ようやくアリの巣の全体像が姿を現してくる。気の短い人には決して向かない仕事である。

苦労の甲斐あって、結果は実にすばらしいものだった（図2・2）。とりわけ模型の美しさと整然と

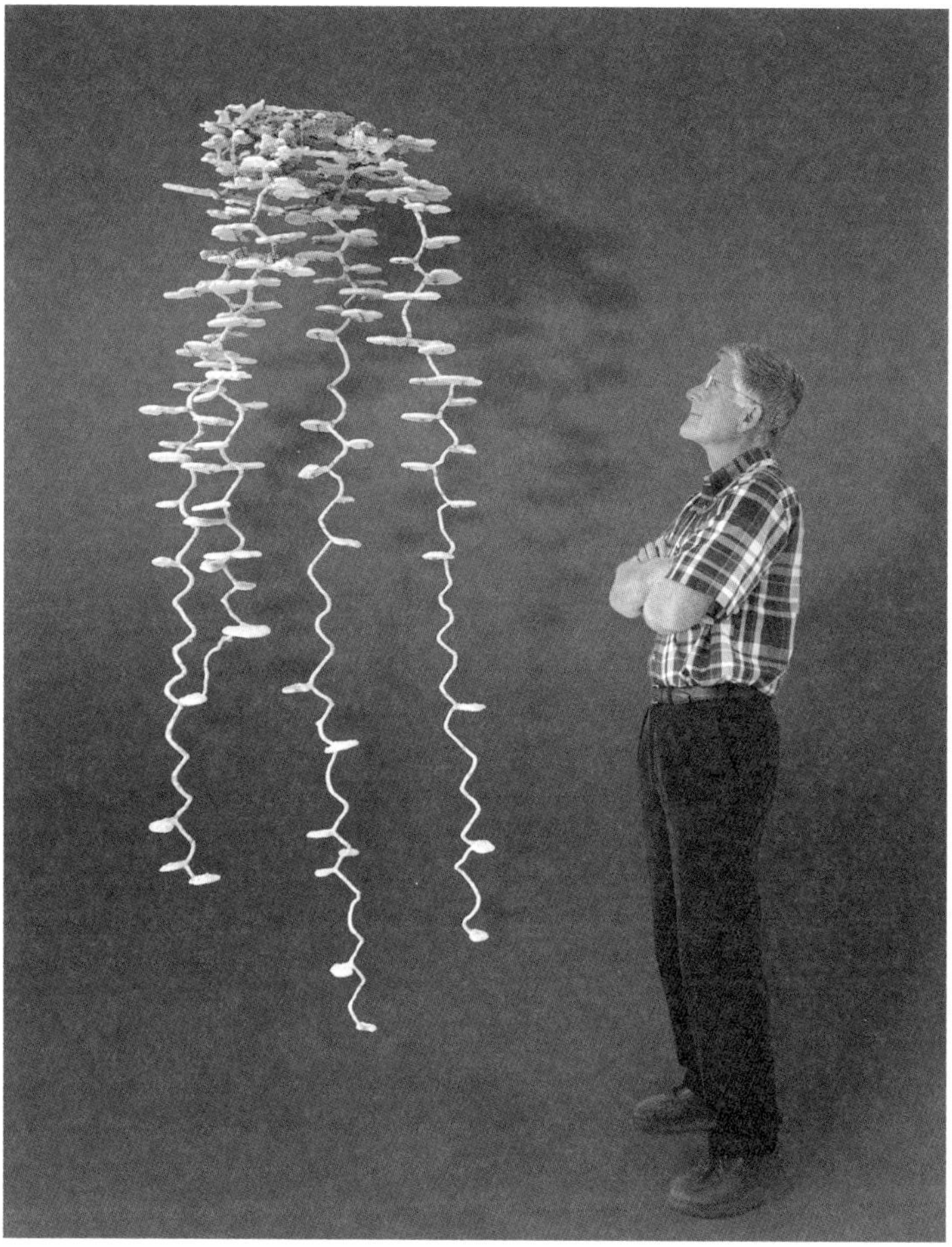

図2・2　フロリダシュウカクアリの巣の初の完全な石膏注入模型。私がこれまで作製したなかでも最大級のものである。（画像：Charles F. Badland）

したパターンは想像をはるかに超えていて、私は他のアリの巣の美しさも明らかにしたい、それを他の人にも見せてあげたい、という気持ちになった。だが、この願いを実現するには大きな障害が二つある。一つは、巨大な石膏模型を組み立てるには気の遠くなるような作業量が必要であること。もう一つは、模型が簡単に壊れてしまうこと。これほど壊れやすくては、移動はとてもできないだろう。

より良い材料と装置を求めて

こうして私たちは、より丈夫な新素材をさがすことになった。グラスファイバーなどの添加物を石膏に混ぜるのはどうだろうか？　この方法だと確かに強度は多少増すが、まだ十分とは言えなかった。では硬化プラスチックは？　これも候補外である。というのも、硬化プラスチックは完全な液体なので、巣に注入すると周囲の土に染み込んで、模型が不自然に広がってしまうからだ。強度を考えれば、おそらく金属がもっとも適しているのだろう。だが、アリの巣は野外にある。野外でどうやって金属を溶かせばいいのか？　また、金属と言ってもたくさんあるが、どの元素を選ぶべきなのか？　高校の物理学の授業を居眠りせずに聞いていた経験がここで役に立った――「熱が伝わる速度は、二つの物質の温度差が大きいほど速くなる」というニュートンの冷却の法則を思い出したのである。溶けた金属をアリの巣に注ぐと、下方に流れていく過程で周囲の土が金属の熱を奪っていく。そのとき他の条件が同じであれば、融点が高い金属の方が熱を失う速度も速く、つまりは早く固まることになる。要するに、融点の高い金属を使うとすぐに固まってしまうため、巣の奥深くまで流し込むことができない。

金属の物理的性質を調べてみたところ、融点が十分に低いという条件を満たす、現実的な選択肢は次の二つしかないことがわかった——アルミニウムと亜鉛である。鉛も融点は低いが、柔らかく、さらには有毒でもあるので、候補からは外さざるをえなかった。候補が決まれば、次は調達だ。アルミニウムは廃材から容易に入手できるが、亜鉛はそうはいかない。世界市場を見てもかなり高価な金属であり、私の予算では太刀打ちできそうになかった。どうすれば亜鉛を手に入れられるだろうか？　ここで重要な手がかりを与えてくれたのが、大学の化学の授業で聞いた世間話だった。その話によると、海水による船体の腐食を防ぐために、船の底部には「犠牲陽極」と呼ばれる亜鉛の塊が取り付けられているというのだ。私は、さっそく近隣のボートヤード〔船の製造や修理などを行う施設〕に電話をかけてみた。だが、船外機に小さな亜鉛の塊を取り付けていることは教えてもらえたが、模型作りに十分な量ではなく、譲ってもくれなかった。そこで次に電話帳を調べてみると、フロリダ州ジャクソンビルの北部にアトランティック・マリン造船所という施設が見つかった。電話に出たレオンという名の工員によると、そこでは犠牲陽極として亜鉛の塊を使っていて、しかも古いものなら譲ってもよいという。

その造船所がどれくらいの規模で、使用済みの亜鉛の塊を交換する以外にどんな仕事をしているのか、私には何の知識もなかった。足を運んでみて驚いた。そこには、さまざまな種類の船を収容できる乾ドックがあり、空母の修理や改造、ときには船舶を一から建造することもあるのだという。ほぼ完成した航洋曳船《こうようえいせん》が水際のブロック上に設置されている。甲板にダンプのような荷台を備えた巨大な貨物船は、今にも海に滑り出しそうだった。積荷を降ろすときは、きっとあの荷台が貝殻のように開くのだろう。全長四〇〇メートルほどもある建物内では、コンピュータ制御のプラズマトーチが厚さ三センチの鉄板を毎分一メートル以上のペースで切断し、それを自動溶接機が船の部品へと加工している。オフィスが

図2・3 左：亜鉛の塊（犠牲陽極）。未加工のものと、使いやすいように切断したものがあるが、小さい欠片でも 0.5 ～ 2kg ほどの重量がある。右：廃棄されたアルミニウム製のスキューバタンクと、るつぼで溶かすためにそれを切り分けたもの。（画像：著者）

ある建物の裏手には大きなゴミ集積箱が二つあり、中には亜鉛の塊が無造作に捨てられていた。どれも腐食を示す白い層（炭酸亜鉛）に厚く覆われていた（図2・3）。レオンには、「ご自由にどうぞ。普通はリサイクル業者に売るんですが、好きなだけ持っていってもらってかまいません」と言われていた。造船所の楽しいツアーと無料の亜鉛――最高の気分である。

亜鉛は密度の高い金属だ。二二平方センチメートルの立方体の質量が七〇キログラム、つまり成人の平均体重ほどにもなる。引き取った亜鉛を積み終えると、私のかわいそうなトヨタカローラワゴンもずいぶん車高が低くなったように見えたが、その苦しそうな走行音は無視して、速度を落としながら仕事場のあるタラハシーへと帰った。こうして亜鉛は無事確保できた。だがその一方で、私はアルミニウムにも挑戦してみたくなっていた。なにしろ、この金属の方が軽くて丈夫で、手に入りやすい。そこで私は、レオン・スクラップ・メタルという会社に頼んで、ささやかな量のアルミニウムを譲ってもらうことにした。すぐに気がついたのは、アルミニウム合金には何百もの種類があり、それぞれの特性が驚くほど異なっているということだ。たとえば、純粋なアルミニウムに一パーセント未満のケイ素あるいは鉄を加えると、破断強度は二倍になり、剛性は一〇倍以上になる。また、マグネシウム、マンガン、銅などのさまざまな金属を少量加えると、破断強度は一〇～一五倍、剛性はなんと数百倍にもなる。そして、こうしたことを一通り学んだあとに残ったのが、金属を手間をかけずに溶かすことができるのかという問題だった。

野外でいかに金属を溶かすか、それが問題である。私は知識として、アフリカでは現在でも土窯と薪を使った伝統的な製鉄が行われていることを知っていた。そこでまずは、砂地に掘った穴と一袋の練炭を使って、その真似をしてみることにした。天然のダッチオーブンというわけだ。しかし、この試みは完全な失敗に終わった。砂の一部が低質のガラスに変わっただけで、アルミニウムはまったく溶けなかったのだ。どうやらアルミニウムを溶かすには、より密閉度の高い空間を作って熱が逃げるのを防ぎ、その空間が熱平衡の状態に近づくようにしなければならないようだ。空間の温度は、漏れてくる光の色で判断できる。温度が上がるにつれて、赤外線から鈍い赤、赤、オレンジ、黄色、白というように変化していくのだ。私は、ドラム缶を利用したガス式の溶解炉の設計図が載っている小冊子をネット経由で手に入れた。小冊子が本体の素材として勧めていたのは五ガロンの塗料用ドラム缶だったが、私は二〇ガロンのゴミ箱を購入し、内部に砂と耐火粘土を混ぜたものを敷き詰めた。それを断熱材にすることで、急速な熱損失を防ぐのが目的だ。乾燥には一週間かかった。重量は一四〇キログラムにもなり、一人では簡単に運べないほどだった。こうして断熱処理を施したゴミ箱の中には、ケージを一つ設置して、その外側に木炭を、内側に「るつぼ」〔金属を溶かすのに用いる容器〕を置いた。るつぼは鋼製のスキューバタンクの下半分を利用したもので、バケツのような取っ手をつけた。ケージには、周囲に積み重ねた木炭が崩れないようにする目的があった（崩れると、取り出したるつぼを元に戻すのが困難になる）。これらの下には火格子〔鉄製のすのこ〕を置き、さらにその下には空気の出入りのための開口部を設けた。

この初期作の重たい溶鉱炉では、下部の開口部から何らかの方法で空気を送り込む必要があった。そこで私は、ソケットレンチとドライバーを持って自動車のパーツリサイクルセンターに向かい、一九八九年製のシボレーからヒーター用のファンを取り外してきた。一二ボルトのマリン用ディープサイクルバッテリーにつなぐと、ファンが勢いよく回りはじめる。開口部に強い風が送り込まれ、炉内で静かに燃えていた木炭が電灯のように輝いた。初回の試運転では、およそ四五分後にるつぼの底に溶けたアルミニウムがたまりはじめ、一時間ほどで流し込みの準備を終えることができた。

無事にアルミニウムを溶かすことができたのは良かったが、この成功により、私は少なからぬ量の機材を持ち運ぶことになってしまった。一四〇キログラムある溶解炉を筆頭として、バッテリー、ファン、重たい耐火レンガ製の溶解炉の蓋、二〇ポンドの木炭、アルミニウム、ケブラー製の耐熱グローブが必要だったし、それ以外にも、撹拌したり、不純物を取り除いたり、持ち上げたり、注いだりするためのさまざまな道具も欠かせなかった。機材を運ぶ際には、学部所有のピックアップトラックを借りることにしていた。当然のことながら、溶解炉を荷台に載せるには、もう一人、腕っぷしの強い助っ人が必要だった（砲丸投げの全米チャンピオンだった同僚のジョシュアだけは、独力で持ち上げることができた）。こうして重たい機材と格闘しているうち、正確な時期は忘れてしまったが、ネットを検索していて耐熱性のブランケット材を発見した。一二〇〇度の高温に耐えられる優れものだ。私はさっそく、砂と耐火粘土の断熱材をハンマーで叩き割り、代わりに断熱ブランケット（デュラブランケット）を一五センチほどの厚さに敷き詰めた。おかげで溶解炉は約一五キログラムまで軽量化され、遠くに持ち運ぶのもずいぶん楽になった。とはいえ、重たいバッテリーとファンの問題は依然として残っていた（図2・4）。

そこで次に改良したのが、溶解炉内に空気を供給する仕組みである。機材に頼りっきりの現状を変えようと思ったのだ。通気というのは、ファンで空気を流し込んでも、煙突を作って空気を引き抜いても、どちらでも生じさせることができる。この理屈に基づいて、私は溶解炉の地面近くの箇所に空気孔をあけ、蓋には約二メートルの細長い煙突を取り付けてみた。高温の気体が煙突から上方へと逃げることで炉内が減圧され、孔をあけた箇所から、力強いシューっという音とともに空気が吸い込まれていくのがわかった。この通気方式には、重たいバッテリーとファンによる送風と何ら変わらない効果があった。しかもそれに加えて、持ち運ぶ機材はずっと軽くなり、充電の必要もなくなったのである（図2・5右）。溶解炉は、一〜二時間で三〜五リットルの溶解アルミニウムを作れるようになっていた。

改良した点は他にもある。たとえば、溶けた金属、特に溶けた亜鉛による強力な腐食作用から守るために、鋼製のるつぼの内側に窒化ホウ素を塗布した。それによってなぜ腐食が防げるのかと言えば、窒化ホウ素は溶融金属に「濡れない」という性質があり、そのため溶融金属とるつぼの接触が絶たれることになるからだ。るつぼに関しては、今でもまだ悩みの種となっている問題がある。炉内という酸素が豊富な環境下では、るつぼの外壁が高温で焼け、金属が剥げ落ちることで壁が薄くなってしまうのだ。防食塗料を使えばこの作用を遅らせることはできるが、根本的な解決策にはならない。また、溶解亜鉛は鋼の優れた溶媒になるので、るつぼ内の溶けた亜鉛と外壁の燃焼という合わせ技によって、複数のる

図2・4　完全版まであと一歩の溶解炉。12 ボルトのバッテリーにつないだファンで風を送っていた。（画像：著者／ Tschinkel (2010) より）

図2・5　サイズの異なる3基の溶解炉とその炉で使うるつぼ。左の炉では、空気を送り込むためにコンピュータ用のファンとバイク用のバッテリーを使用した。残りの2基の炉では、煙突を設けて通気をしている。地面に近い場所にあけた孔から空気を引き込む。（画像：著者）

つぼに穴があいてしまった。溶けた亜鉛が穴から炉の底にこぼれると、それで作業は台なしになってしまう。るつぼが駄目になるたびに、実験器具を製造販売している友人のサンディとラルフに新しいものを注文したが、スキューバタンクを切断して取っ手をつける作業に、二人はほとほとうんざりしたようだった。

るつぼに穴があくのも大変だが、もっと背筋が凍るような体験をしたこともあった。あるとき、るつぼに材料を入れすぎてしまい、溶けた亜鉛があふれ出して取っ手に触れた。そのせいで脆弱になったのだろう、るつぼを炉の外に取り出した途端に取っ手が壊れ、三五キログラムもの溶解亜鉛が炉内に落下してしまった。

亜鉛は炉の外にも飛び散り、その範囲は二メートルほどにもなった。幸い、作業をしていた元教え子のケビン・ヘイトと私に被害はなかったが、私たちは思わず息をのみ、その後、努めて落ち着くようにしてから、落下したるつぼを回収し、流し込み作業を終えた。それ以来、るつぼに入れる金属の量には十分に気をつけるようになった。

亜鉛の在庫問題については、アトランティック・マリン造船所を二度訪問することで解決できたが、アルミニウムの方はまだ十分には足りていなかった。そこで役に立ったのは、スキューバタンクの材質は鋼かアルミニウムであり、どちらのタイプも定期的に検査を受けなければならない、という知識だった。私はダイビングショップを訪ね回り、検査に通過せずスクラップになる運命のアルミタンクを譲り受けた。そして、それをサンディとラルフのところに持っていき、るつぼに入るサイズに帯鋸盤で切断してもらった（図2・3右）。一つのタンクから約一五キログラムのアルミニウムが手に入り、これは注入模型作りには十分な量である。これでようやく準備が整った。この文章を書いている時点で、およそ二〇本強のスキューバタンクが、るつぼの中で赤く溶け、美しいアリの巣の模型として生まれ変わった。なんとも素敵な運命ではないだろうか。

ところで、注入模型の作製中に炉を見張る必要はあるだろうか？　答えはイエスだが、私はその必要性を少々乱暴な形で学ぶことになった。友人のデニスと作業をしていたときのことだ。私たち二人は、溶けたアルミニウムを巣に流し込むと、残量が半分ほどになったるつぼを炉に戻し、蓋をした。そのあとは二人とも、模型を掘り出すために地面に注意を集中させていた。それから一五分くらい経ったあたりで、ふと溶鉱炉を見てみると、衝撃的な光景が目に入ってきた。蓋にあけた排煙口から、黄色い高温のガスが二メートルほどの高さまで勢いよく噴き出していたのだ。それはまるで、ブラックホールから鮮やかな黄色い光となって噴出するプラズマガスのようだった。デニスも私も一瞬凍りついてしまったが、すぐに我に返って、慌てて炉の蓋を取り去った。炉の底には、猛烈な高温によって穴があいたるつぼと、そこからこぼれ落ちたアルミニウムが見えた。私は炉を傾けて、空気孔からアルミニウムを外に流した。すでに固まってしまったアルミ片は今日でも炉の底に残っているが、この出来事をきっかけとして、蓋をしたあとは炉の注意を怠ることなかれという教訓が得られた。わかってくれると思うが、注入模型作りのような冒険は、人が多くいる場所から離れた僻地（別の言い方をすれば「ど田舎」）で行うのが一番だ。私は運良くアメリカ南部に暮らしているので、森の中で風変わりかつ危険なことをしていても、白い目で見られることはない。

地道な改良といくつかのコツ

このように改良を一つずつ地道に重ねていくことで、溶解炉は完成形に次第に近づいていった。構造と機能の原理は同じだが、大きさがさまざまに異なる炉も作ってみた。たとえば、本体に小さなオイル缶を使ったもの、ガルバナイズド処理をしたバケツを使ったもの、コーヒー豆の缶の本体にキッチンのお玉のるつぼを組み合わせたものも作製した。アリの巣のサイズによって、最適な炉の大きさも変化するのである。また、どこを改良すればいいかは、たいていの場合、炉が示すちょっとした不調を見て判断した。例を挙げれば、木炭表面に灰がたまって、その部分への酸素の供給が滞ることで、一次燃焼の効率が低下するという不調があった。この問題は、揺さぶって灰を振り落とすという単純な方法で対処できた。灰がないと固体炭素の表面と酸素が最速で結びつき、その生成物である一酸化炭素もどんどん作られる。一酸化炭素はさらに酸素と結びつき、二酸化炭素を生成する。こうした循環が生まれることで大量の熱が発生するわけだ。初歩の化学によれば、一二キログラムの木炭は三二キログラムの酸素と結びつき、四四キログラムの二酸化炭素を生成する。

現在では、注入模型作りの遠征に出るときは、すべての機材が車（スバルフォレスター）の後部に収まるし、同行者のための助手席も空けられるようになった。それと同じくらい重要なのは、使用後の炉が短時間で冷えるようになったことだ。金属の流し込みが終われば、使った木炭は模型を掘り出した穴に埋めてしまう。一四〇キログラムの砂と耐火粘土を使った初代モデルでは、木炭を取り出してから八時間経っても、不快な熱がこもっていたものだ。だが改良によって炉が軽量になったため、現行モデルは、蓋を外せば二〇分ほどで車に積める温度になる。学部のピックアップトラックを借りる必要はもはやなく、模型作りは一種のルーティンワークになった。私が行う準備と言えば、適当なサイズの炉を選んで、木炭、金属、道具一式と一緒に車に載せることだけである（とはいえ、私は忘れ物が多く、いつも現場で道具を自作する羽目になる）。

木炭の点火には、以前はマッチを使っていた。だが湿度の高いフロリダでは、こすれば簡単に火がつく「万能」マッチですら、役に立たない「無能」マッチと化してしまう。そこで今では、自動点火装置付きのプロパントーチを使うようになった。トーチから勢いよく吐き出される炎には、炉内の焚き付けもなす術なく降参するしかない。火をつけ終えたあとは、木炭がいくつか赤く輝き出す頃を見計らって、るつぼをケージ内に、金属材料をるつぼ内に入れる。そうすると、蓋に取り付けた煙突の働きによって、やがて木炭全体がオレンジ色に燃え上がる。四五分ほどでアルミニウムが溶けて赤い光を放ち、さらに三〇分ほどで金属とるつぼが四〇ワット電球のようにオレンジイエローに輝きはじめる。これで巣に流し込む準備が整ったことになる（図2・6）。アルミニウムを融点よりずっと高い温度まで加熱するのは、液体の状態を長く保たせるためだ。それによって、巣に流し込んだときにより深い場所、より細かい部分まで金属が行き渡るようになる。

正直に告白すれば、電球のように光り輝く高温のるつぼを炉から取り出すときには、今でも少し恐怖を感じるし、その瞬間が近づくと心臓の鼓動が速くなるのがわかる（図2・7）。るつぼからの放射熱は、一〇〜二〇センチメートル以内にある乾燥した有機物を発火させるほど強力なものだ（図2・8）。言うまでもなく、ショートパンツで作業するのは賢明な策ではない。私は一度、うっかりして現場にショートパンツで向かってしまったが、そのときは、誰かが放置していったタイベック断熱ボードで即席の熱シールドを作ることで難を逃れた（図2・9）。ケブラー製の耐熱グローブが必要なのも、るつぼに誤って触れてしまう危険があるというより、この放射熱で肌が焼けるのを防ぐためである。るつぼの下部には小さな輪が一つ取り付けられていて、小〜中サイズのるつぼであれば、そこにフックを引っかけて傾けることで、独力で金属を流し込むことができる。五〜七リットルのアルミニウムが入り、一五キログラムほどの重量になる大きなるつぼの場合は、二人がかりの作業になる。その際は、作業者がるつぼから距離を取れるように両側からトングで挟んで流し込むようにする（図2・8）。一度の流し込みでは金属が足りないときは、模型を掘り出してから二度目、三度目の流し込みを行うことになるが、その場合、高温のるつぼを持ったまま作業穴に入ると、靴下が発火する恐れがある。放射の法則——放

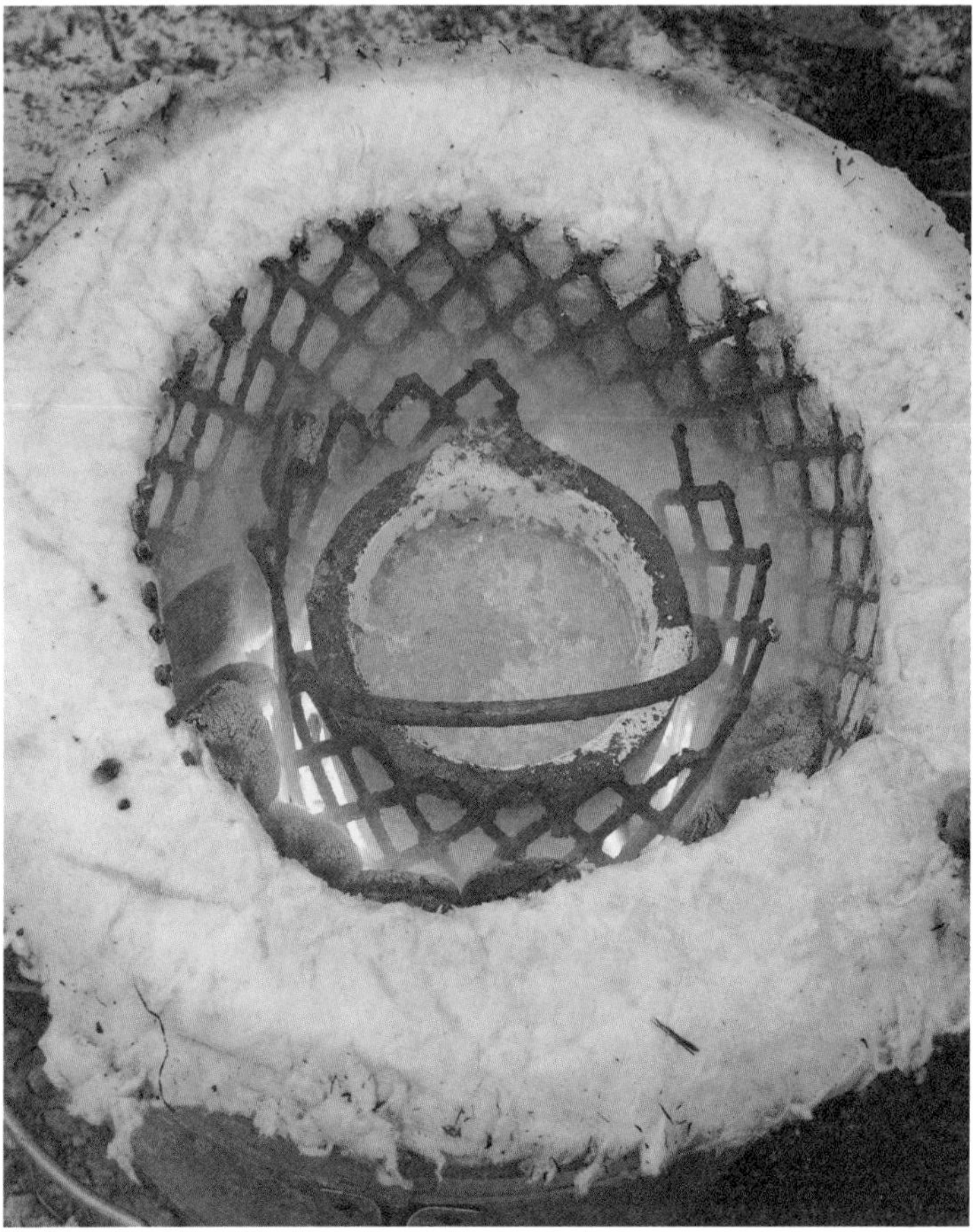

図2・6 溶けたアルミニウムがグラファイト製の小さなるつぼの中で赤く光っている。この状態になると流し込みの準備が整ったことになる。炉の断熱加工にも注目。（画像：著者）

図2・7　炉から取り出したるつぼが赤く光っている。(画像：著者)

図2・8　溶けたアルミニウムをシュウカクアリの巣に流し込む。るつぼからの放射熱で周囲の植物に火がついているのがわかる。作業者はトングを使うことで、るつぼからの距離を確保している。(画像：著者)

図2・9　うかつにもショートパンツで現場に行ってしまったときに廃材から作った即席の熱シールド。（画像：Christina L. Kwapich）

射線の強さは距離の二乗に反比例する――に日頃どれほど世話になっているかを理解する瞬間だ。穴が深いケースでは、先に人を下ろして、その頭上から溶けた金属入りのるつぼを渡すのは危険であり、だからと言って、先にるつぼを下ろして、あとから穴に人が飛び降りるのも同じくらい危ない。このジレンマに対処するため、私は一人でも流し込みができるような仕組みを考えた。七フィートの干し草用フックを使ってるつぼを穴に下ろしてから、るつぼの下部に取り付けた小さな環にもう一本のフックを引っかけて傾けることで、安全に流し込みを行うのである（図2・10）。狙いどおりに流し込めない場合がないわけではないが、今のところ焦げ跡のついた靴下は履かずにすんでいる。

私が開発した注入模型作りの技術は、インターネットで私の仕事ぶりを見た多くの人に模倣されることになった。なかには作った模型をネットで販売する物好きな人もいて、たいていはヒアリの巣なのだが、模型作りの犠牲になったアリたちの生態にはほとんど関心がないようだ。私の知る限り、科学的な要請に促されてアリの巣の注入模型を最初に作った科学者は、マインハルト・ヤコービだ。彼は一九三〇～五〇年にブラジルで、キノコを育てるアリとして有名なハキリアリ属（*Atta*）とヒメハキリアリ属（*Acromyrmex*）の巣の模型をセメントで作製した。これを嚆矢として、ブラジルとアルゼンチンの数人の研究者、とりわけルイス・フォルティを中心とした研究者たちが、セメントを用いる方法で、数種のハキリアリの巨大な巣の構造を数多く明らかにしている。そうした大規模な模型は、一〇トンものセメントを必要とし、掘り起こすのに二～三カ月の期間を要したという。このアリの巣（と模型）の規模に心を動かさないのは、よほど感性の鈍い者だけだろう。

オーストラリアの工業化学者クリストファー・イーストと、そのいとこで建築業者のスティーブン・

図2・10　3度目の流し込みを作業穴の上から行っている様子。穴の中でるつぼを持って流し込むよりも、精度は劣るがずっと安全である。（画像：著者）

イーストの二人も、アリの巣の注入模型作りに専心していて、多くの興味深い成果を公表している（Australian.ant.art.com）。生物学に関心があって模型作りをはじめたわけではないそうだが、二人のおかげでオーストラリアのアリの巣の目録が充実したのは紛れもない事実だ。オーストラリアには非常に大きなアリも生息しており、そうしたアリの巣はやはり巨大なものである。そのため模型作りには数百キログラムの融解アルミニウムと、最後までやりとげる強い意志が必要になる。

アリの巣の構造に強い関心を示しているのは、実際に注入模型を作製している人たちだけではない。コンピュータによるモデル化や実験室内での研究を通じて、理論面からアプローチしている研究者も少なくないのだ。私自身のアリの巣の構造研究は、自然環境内でのアリのふるまいをテーマとしている。したがって、実験室で行われる理論面の研究の成果については、本書では取り扱わない。だが、巻末の参考文献では、その方面の重要な資料をいくつか紹介している。

金属の流し込みと模型の掘り起こしの技術に熟達していくうち、私は、見えないものを見えるようにする能力、何にもない空間から完璧な固体を生み出す能力を身につけることになった。だが、それだけでは問題を解決したことにならない。この何もない空間を作った生物は何者なのか？　その生物は、自分たちが作った空間をどのように使っているのか？　次の章では、シュウカクアリの巣の模型作りを通じて、その美しい住居の構造を読者の皆さんに披露することにしよう。

第3章　建築家に会いにいく

アルミニウム、石膏、亜鉛で作った注入模型は、確かにアリの巣の美しい構造を明らかにしてくれるが、その住民たちが巣内のどこに暮らしているかについては、ほとんど何も語ってくれない。生物学の世界では、分子から生態系にいたるまで、多くのものに構造が備わっている。したがって巣内のアリもまた、行きあたりばったりで住む場所を決めているのではなく、構造化、組織化されて分布していると考えるのは、十分に妥当だと言える。働きアリが特定の部屋や領域に配属されて、特定の仕事を行っているとしたらどうだろう？　コロニーの作業や生活を効率的に進めるために、そうした組織化が重要だとしたらどうだろう？　コロニーおよび個々のアリのライフサイクルが、巣内空間の構造と何らかの形で関連していたらどうだろう？　それを知るための方法は一つしかない――アリの巣を掘り起こして、そこで目にしたものを記録するのだ。

私は、一九八〇年代からフロリダシュウカクアリ（*Pogonomyrmex badius*）の巣を掘りつづけてきた。その過程で生まれたのが、巣内のアリや内容物を部屋ごとに分けて採集する手法であり、細かい調整と改良を積み重ねた結果、今では熟練の域に達している。その完成度を見てもられれば、私や教え子たちのこれまでの奮闘によって、巣の中のあらゆるもの――アリ、種子、雑多なゲスト――が回収されてきたと読者も大いに納得してくれるに違いない。

巣はいかに掘り起こされるか

シュウカクアリの巣を掘り起こす手順を理解するには、二〇一六年に行った実際の掘り起こしの様子を知ってもらうのが手っ取り早いだろう。まず掘り起こしの道具として、シャベルを数本、大きさの異なる鏝《こて》（レンガゴテ）を二本、大量のプラスチック箱とトレーと袋、吸虫管をいくつか、大きめのタープ、バッテリー式の業務用掃除機を用意し、それらをスバルフォレスターの後部に積み込んだ。また、広げると作業場所の日除けになる、アルミ製の脚がついた大きな青いシェードも持っていった。

フロリダ州タラハシーにある私の研究室から、スプリングヒル通りを南西に七マイル行き西に曲がると、そこがアパラチコラ国有林である。その中に、私が「アント・ヘブン」、すなわちアリ天国と呼んでいる場所がある。多様なアリがいたるところに見つかるのでそう命名しただけで、アント・ヘブンという地名が実際に地図に載っているわけではない（私の論文になら見つけることはできる）。そこは一九七〇年代にほとんどの樹木が伐採された区域で、あとになってダイオウマツが植えられた場所もあれば、放置されたままの場所もある。今日では、西側の平地林と東側のフィッシャークリークに挟まれた、極端に水はけが良い砂地になっている。こうした環境なので、乾燥を好む生物が多く生息しており、動物ではシュウカクアリやゴファーガメ、植物ではウチワサボテンやベアグラスなどが見られる。アント・ヘブンに行くには国有林から延びる道を進む。油断するとすぐに見失ってしまうような小道である。近くにはラクウショウの生える沼地があり、雨が降ったあとには水が道まであふれ、車のドアに届きそうな高さになることもある。だが二〇一六年のその日は、それまで二、三カ月ほとんど降水がなかったこともあり、道は乾いていた。私はいつものようにサンドヒルトウワタの茂みがある一角に車を停めた。熟したブルーベリーがきらきらと輝いている。これで休憩時のおやつには困らないだろう。ビールの空き缶、ショットガンの弾や射撃の的にされたテレビ、ウイスキーボトルの破片などは落ちていない。ほっと胸をなでおろす。ゴミは一つ落ちていると次を捨てるのに抵抗がなくなるものなので、私は定期的にゴミ拾いをするようにしている。

月の出ていない夜にライトを使わずシュウカクアリの巣を見つけるのは至難の業だが、昼間であれば誰でも簡単に見つけることができる。というのも、巣の入口周辺には、掘り出した土が円盤状に大きく広がっていて、しかも黒い木炭片がそれを覆っているからだ。なぜこのような飾りつけをするのか、その理由はわかっていない（八つの異なる仮説を検討してみたが、どれも裏づけがとれなかったので、当分はわからないだろう）。私は、機材を運ぶ手間を省くために、車を停めた場所からほど近い地面をさがし、やがて一つの巣を見つけた。

その巣では採餌活動が活発に行われており、食糧を調達するために巣を離れている働きアリも多かった。そこで、コロニー内の個体数を正確に知るため、巣を掘り起こしている間は、採餌から戻ってきた働きアリを必ず捕まえるようにした（午前八時前に作業を開始していれば、採餌活動はまだはじまっておらず、採餌アリもすべて巣内にいたはずなので、こうした手間は必要なかっただろう）。作業の第一段階として、私はまず巣周辺の木炭片を取り除き、地面を歩くアリを業務用掃除機で片っ端から吸い込んでいった。ちなみに、この掃除機の真価が発揮されるのは、実際に巣を掘り出してからのことである。次にタープを地面に広げてから、巣から五〇センチメートルあたりのところに穴を掘りはじめた（図3・1）。穴

図3・1 シュウカクアリの巣の掘り起こしをはじめたところ。巣の横に掘った穴の中で作業を行う。アリを吸い取るのに使っている業務用掃除機は、部屋をきれいに露出させるときにも役立つ。（画像：Henry M. Tschinkel の動画より）

の中ではシャベルを使った作業を行うので、最初から余裕をもった大きさにしておくのが肝要だ。ぎりぎりのサイズで掘ってしまうと、たとえば深さが二メートルになった時点で穴の幅を広げる必要が出た場合など、非常に辛い思いをすることになる。実を言えば、私もアシスタントたちもこの注意をたびたび忘れてしまい、そのたびに予想どおりの（そして回避できたはずの）苦労をする羽目になった。

穴を約五〇センチメートルまで掘ったところで、側壁をまっすぐに整え、底部も平らに均《なら》した。私見では、きちんと整えられた穴は、作業者の心がきちんと整えられていることの証である。この信念は、一九八〇年代後半、私がアシスタントのナタリー・ファーマンと一緒に年間およそ四〇のアリの巣を掘り起こしていた時期に育まれたものだ。実際、考古学者の掘る穴は見事なまでに整ったものだが、それは自分たちが発掘したものを詳細に記録できるようにするためである。私は、巣の掘り起こしは「アリ学的考古学」と呼ぶに値

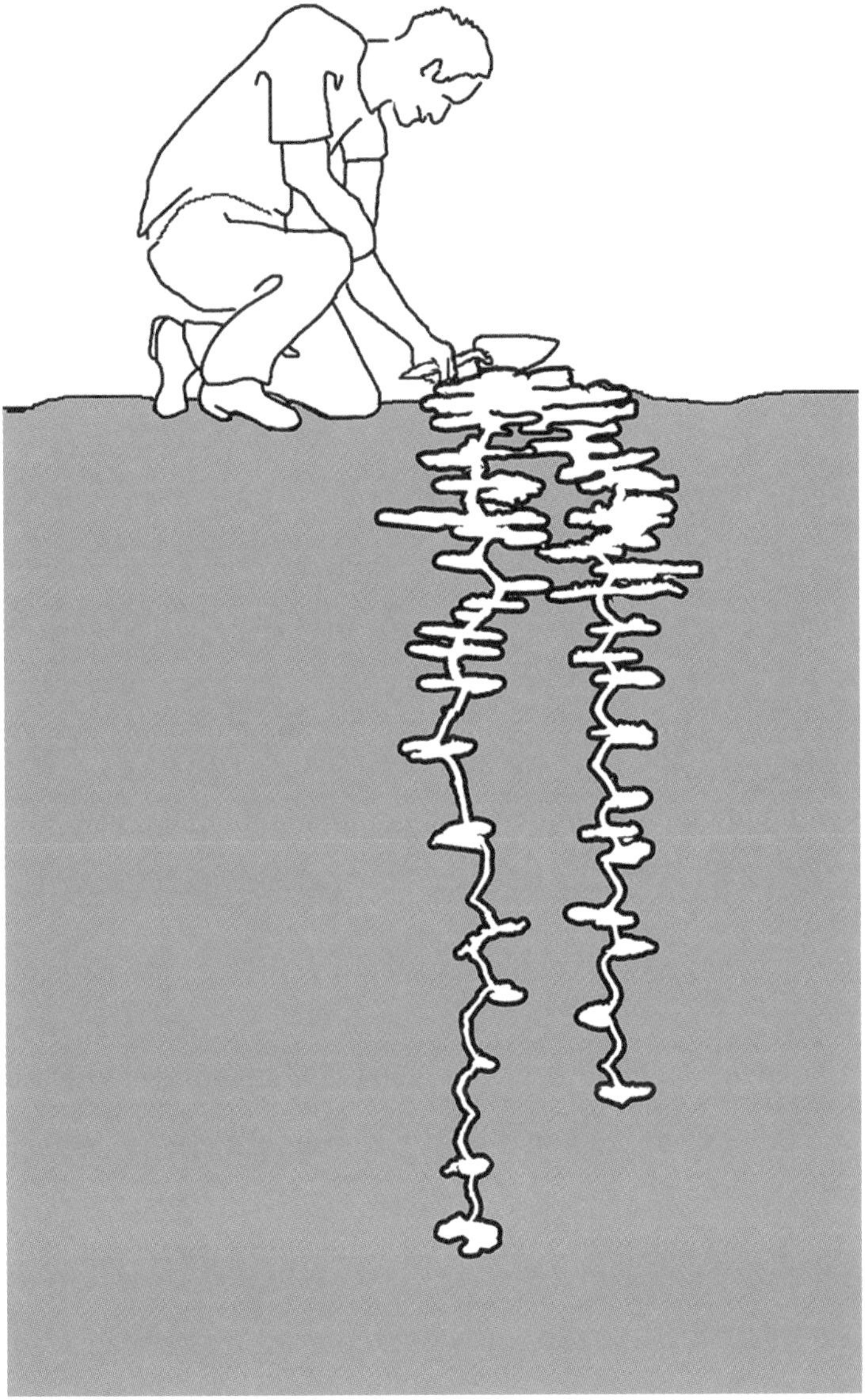

すると考えている。巣を発掘して埋蔵品を収集し、その位置と特徴を記すという作業は、まさに考古学そのものだと思うからだ。まあ、それはともかく作業に戻ろう。穴を掘ると当然ながら土が出るが、作業中に掘り出した土はすべて、少し離れたところに広げたタープの上に捨てるべきである。穴が深くなるほど捨てた土の山も高くなり、崩れやすくなる。それが穴の近くであれば、作業者の頭の上に落ちてくるし、しかも作業者は汗をかいているので、全身が土だらけになってしまう。

作業用の穴が出来上がると、次はいよいよ巣本体の掘り起こしである。入口から慎重に地面を削るように掘り進めていくと、やがて最初の部屋にぶつかった。その途端、部屋に通じる裂け目から数匹の働きアリが外に躍り出てきた。これは通常、木炭が混ざった土の層を取り除いたあたりで起こることである。私は裂け目をいったん土で塞ぐと、大きなレンガゴテを使って、薄い土の層を慎重に剥がしていった。その層が覆い隠していたのは、巣の最上部にある非常に複雑な作りの部屋で、周縁部には指のように延びる細長い空間が多く見られた。内部には蛹が置かれている。慌てふためく働きアリと蛹を掃除機で吸い取っていると、この機械がどれほどありがたいものかが改めて実感できた。以前は口で吸い取る吸虫管を使っていたので、作業のあと数時間は口の中がジャリジャリし、砂混じりの黒い唾が出るほどだったのである。掃除機で吸い取ったアリの成虫とブルード〔卵、幼虫、蛹〕は、「地表から一〇センチ」というラベルを貼ったトレーに入れておいた。数百匹のアリのうち、ほとんどが暗い色の働きアリだったが、なかに二、三匹、明るい赤褐色の働きアリもいた。明るい色の働きアリの割合は、巣を掘り進むにつれて次第に高くなっていった。

掃除機にはアリを回収する以外の用途もある——露出した部屋に散乱した砂を吸い取るのに、これほ

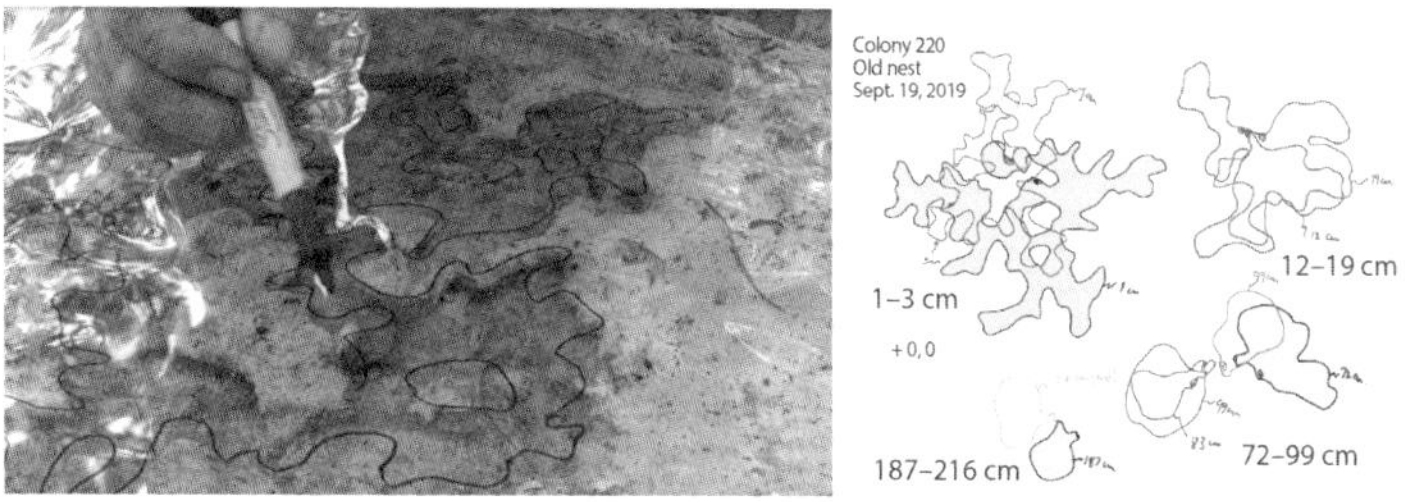

図3・2　透明なアセテートシートを使って部屋の輪郭をトレースする。右に示したのは、異なる深さで見つかった4つの部屋のトレース例である。（画像：Henry M. Tschinkel の動画より）

ど便利な道具はないのだ。掃除機を丁寧にかけていくと、いつしか部屋の輪郭がはっきりと浮き上がり、輪郭をトレースしたり、写真を撮ったりできるようになる。トレースには透明なアセテートシートを使った。きれいに掃除した部屋の上にシートを重ね、サインペンで輪郭を描くのである（図3・2）。その際には、部屋がどれくらいの深さにあったか、あらかじめ決めておいた原点からどれくらい離れていたか（水平方向の位置）も一緒に記入した。それによって三次元の直交座標系（*x, y, z*）が得られるというわけだ。この記入作業は、掘り起こしで発見したすべての部屋に対して行った。また、各部屋の内容物は、深さを明記した容器に入れて保存した。掘り起こしの過程では、目に入るすべての働きアリを吸い取ることにしていた。なかでも、私が作業をしている穴に侵入してきたアリには厳正に対処した。刺されると非常に痛いからである。

　最上部の部屋を露出させて、きれいに砂を取り除くと、それが実に複雑な構造をしていることが明らかに見てとれた。分岐したトンネルが集まって形成された大きな融合空間のように見える（図3・3）。そこかしこに採餌アリが落としていった種子や昆虫の欠片が見つかった。作業の振動で驚いたのだろう、数匹のクチキムシの幼虫がどこか

図3・3 フロリダシュウカクアリの巣の最上部の部屋。この画像では、区別がしやすいように、部屋の部分が暗くなるようデジタル処理を施している。（画像：Henry M. Tschinkel の動画より）

らか出てきて、隠れ場所をさがして右往左往していた（図3・4）。私が巣にやってくる前は、その部屋の小さな穴にでも隠れていて、採餌アリが運んできた獲物を盗む機会をじっと窺《うかが》っていたに違いない。それを確かめるには、青く染めた昆虫を採餌アリに与えて、巣に持ち帰らせるだけでよい。一時間後に上部の部屋をさがしてみれば、染料の青が付着したクチキムシの幼虫を発見できるはずだ。

最上部の部屋は、いびつな形の空間が組み合わさった立体的なものなので、一〇センチなら一〇センチと、一つの深さを単純に割り当てるのは困難だ。しかし一方で、各層の部屋をつなぐ坑道の入口は明確に識別することができる。こうした坑道は、一つあるいは二つの層としか接続していない場合もあり、したがって、どれをたどれば

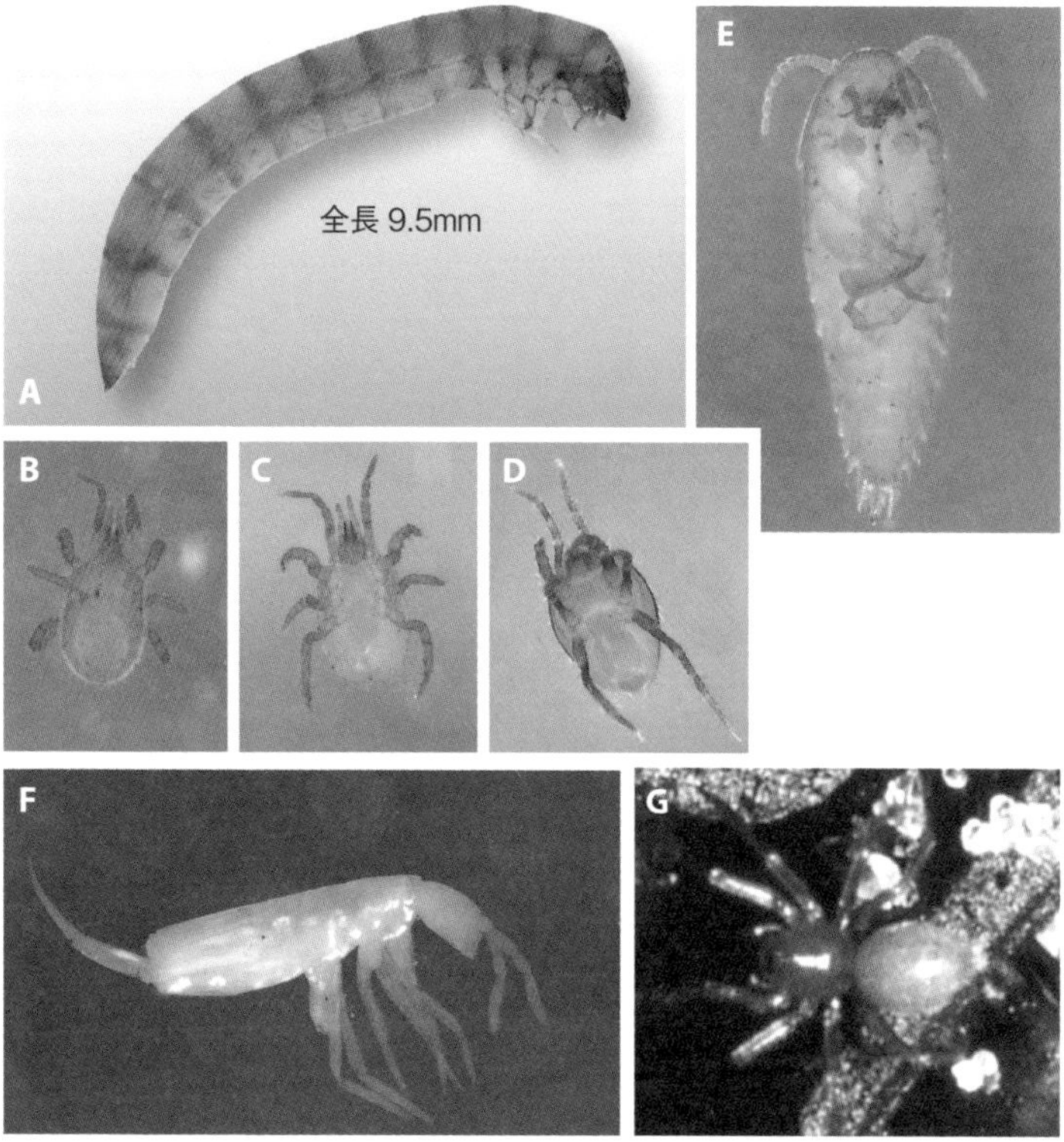

図3・4　A：クチキムシ（*Hymenophorus tschinkeli*）の幼虫、B～D：ダニ、E：セイヨウシミ、F：トビムシ、G：サクラグモ（*Masoncus pogonophilus*）。（画像A～F：著者、G：Paula Cushing）

巣の深奥部に行き着けるかについては、しっかりと見極める必要がある。言い換えれば、各層の部屋をつなぎ巣の底まで到達するメインの坑道（複数の場合もある）を突き止めなくてはならない。私は、大きなレンガゴテの鋭利な縁を利用して慎重に土を取り除き、次の層にある部屋を掘り当てた。突然の侵入者にパニックになったアリたちと、部屋にこぼれ落ちた砂を、私は掃除機できれいに吸い取った。酸っぱいリンゴのような匂いが漂ってくる。掘り起こしの間に何度も嗅ぐことになる匂いだ。原因は、脅威に遭遇したアリが放出する警報フェロモン（4－メチル－3－ヘプタノン）で、これを嗅いだ巣の仲間は、脅威が何であれ、それを見つけて攻撃するためにわらわらと集まってくる。ただし、このフェロモンの効果は短く、すぐに揮発して感知できなくなってしまう。

次の層にあった部屋は、最上部の部屋ほど複雑でも大きくもなく、下方に通じる出入口も三箇所しかなかった。私は先ほどと同じように透明なアセテートシートを使ってトレースを行い、下の層へと続く穴には印をつけた。色の異なるサインペンで、一枚のシートに四つの部屋を記録した。無駄遣いは敵である。この層の土の色は灰色だが、部屋のところどころに黄色の砂が見つかった。より深い層からアリが運んできて、埋め戻したものだ。第7章で説明するように、こうしたことは上層の部屋では頻繁に見られる。

その後も掘り起こしは続くが、なにしろ狭い範囲にいくつも部屋があるため、作業は遅々として進まなかった。一〇～一二センチメートルの深さに達するまでに、すでに四～五層の部屋を掘り起こし、トレースする必要があったのだ。しかしその深さまで行くと、下に続く坑道も二本にまで減っていた。私は忙しくコテを動かし、次なる部屋の発掘に取りかかった。

深さ一六センチメートルの層で見つかった部屋もまた、その上層の部屋より小さく簡素なものだった（図3・5）。部屋の中には半ダースほどの種子が落ちていた。アリたちが私という侵入者に気づいて、それをさらに下の部屋に運ぼうとしたのだろう。そのうちの一つは光沢のある美しい種子だったが、大きすぎてアリにはとても持ち運べないように見えた。これくらい巨大な種子だと、アリがどれほど大き

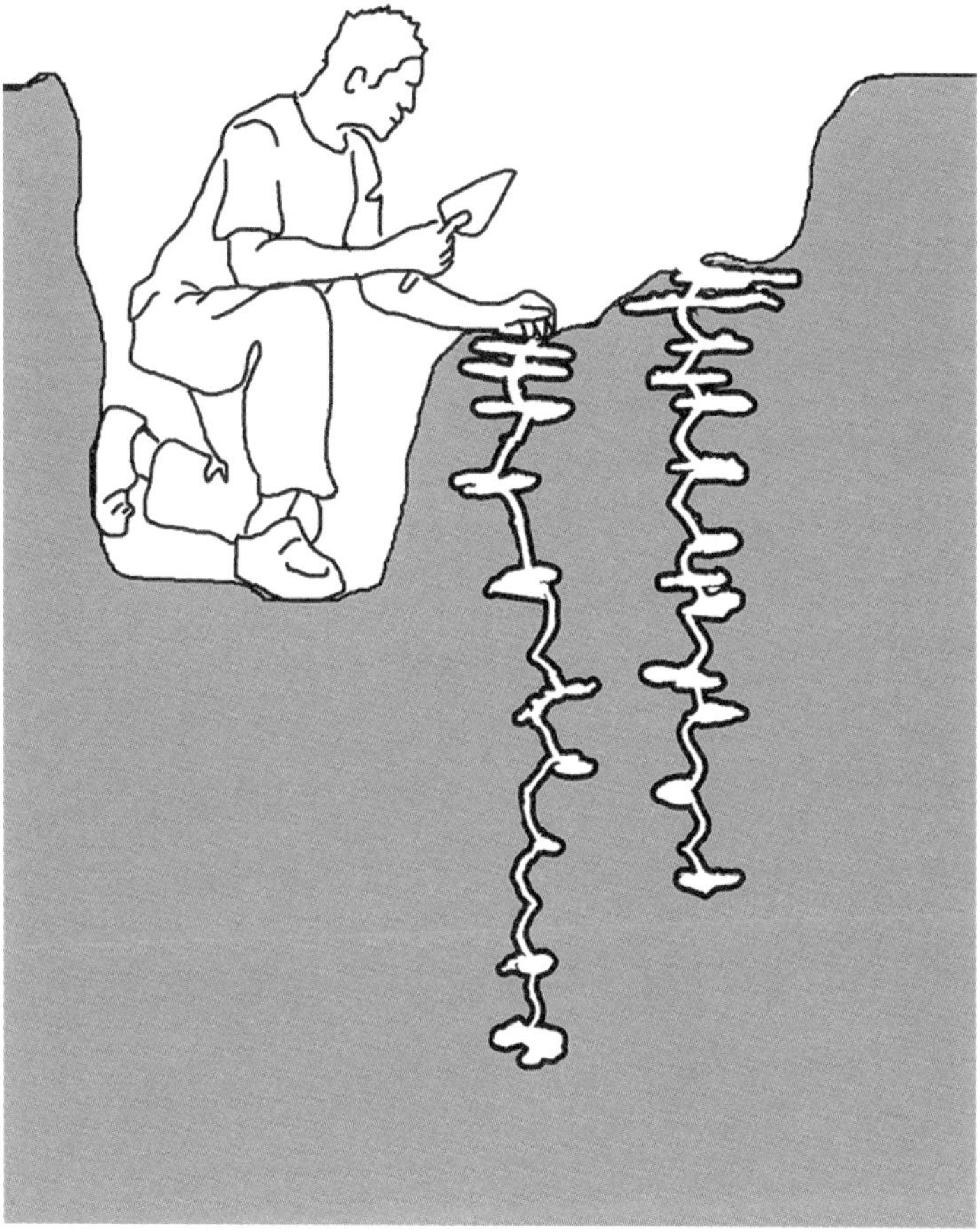

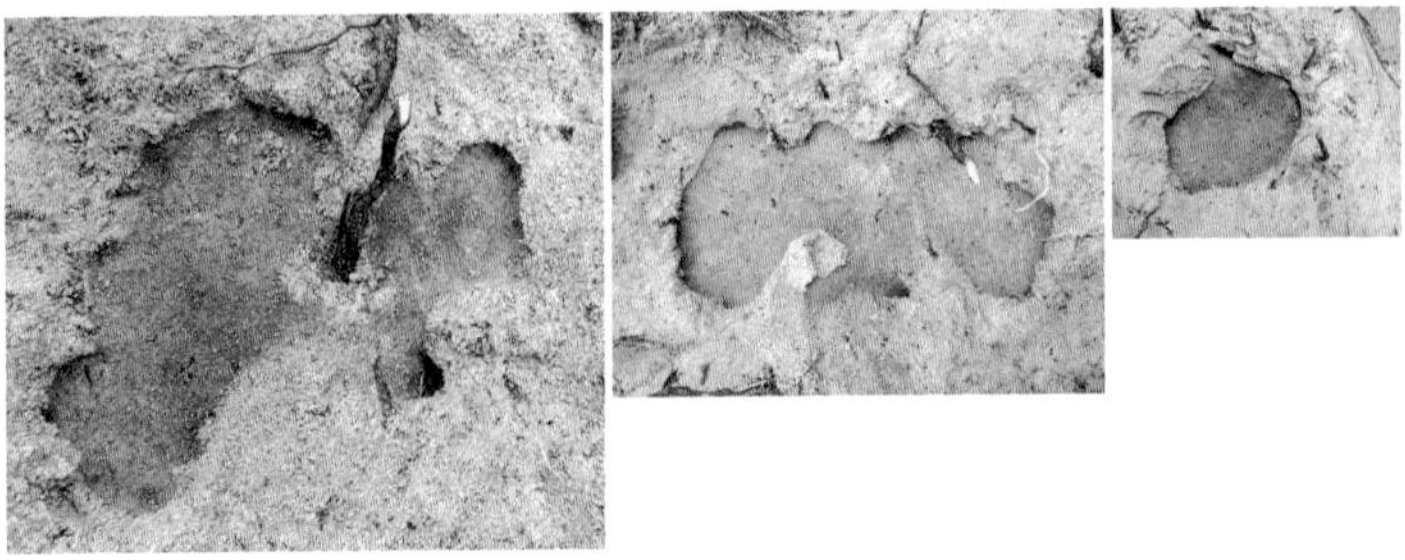

図3・5　巣が深くなるにつれて部屋は小さく、シンプルになっていく。部屋の床部が黒ずんでいるのは菌類が原因だと思われる。（画像：著者）

く顎を開いても、種皮を砕いて内部の可食部を取り出すことはできないはずなのだが、不思議なことに、アリはこのシオデの種子が大好物のようだ。また、部屋にはワルナスビの大きな種子も一つ落ちていた。

縦方向の坑道をたどって、さらに八センチメートルほど掘り進むと、土の表面がわずかに沈降している箇所があるのに気がついた。すぐ下に部屋がある証拠だ。ここでもまた掃除機の有用性がいかんなく証明された――土の屋根を吸い取るだけで、下の部屋の輪郭がいとも簡単に出現するのだ。新たに現れた部屋には数個の種子が散らばり、一匹のセイヨウシミが混乱した様子で身を隠す場所をさがしていた。私はまた掃除機を使って床に落ちた砂などを吸い取り、部屋を隅々まできれいにした。下につながる坑道から働きアリが何匹か出てきたので、それも吸い取った。

私はこのようにして巣を層ごとに観察し、どの深さにどれくらいの働きアリがいるかを記録していった。だが読者のなかには、これが見当外れの努力だったのではないかと思う向きもあるかもしれない。巣を掘っていけば、迫りくる脅威に反応して、アリはどんどん下方に逃げていくのではないか、というわけだ。この疑念は、一九八〇年代後半にシュウカクアリの巣を掘りはじめた頃の私の頭にもあった。そこで私は、ある実験をしてみることにした。まず、アリの巣のすぐ横に二メートルの穴を掘り、側面から少しずつ削っていく。そして部屋にぶつかったら、すぐに穴を塞ぎ、その上下に何枚かの金属板を水平に打ち込む。部屋をつなぐ縦方向の坑道を遮断して、その間の空間にアリを閉じ込めるためだ。翌日、その巣を掘り起こしてわかったのは、暗い色の働きアリと明るい色の働きアリ、種子、ブルードの垂直方向の分布は、これまで掘り起こし調査をしてきた巣と変わりないということだった。さらに、もし本当に働きアリが掘り起こしに反応して上下に移動しようとしていたなら、障壁となった金属板の上面あるいは下面に集まっていたはずだが、それも見られなかった。したがって、いかに奇妙に思えたとしても、掘り起こしの間に記録したアリの分布は、普段のアリの巣の状態を非常によく表していると考えられる。

巣を掘り進めていくにしたがい、見つかる働きアリの数は次第に少なくなっていった。だが、いずれ底近くになれば、その数は再び多くなるだろうと私は考えていた。深さ四五センチメートルに到達したところで、最初の種子貯蔵室に突き当たった。なんとも目を見張る光景だった（図3・6）。端の方まで土をきれいに取り去ると、一五センチメートルほどの豆（肝臓）の形をした部屋がはっきりと姿を表した。床には種子がぎっしりと敷き詰められていた。さまざまな種類、サイズの種子が幾層にも重なり合っている。種子の層はとても厚く、天井に頭をぶつけずにアリがその上を歩くのはまず無理だと思えるほどだった。

腰をかがめて種子を間近に見てみると、極小の無翅《むし》昆虫である白いトビムシの群れが、あちこちで飛び跳ねていた（図3・4F）。トビムシはどの巣でも大量に見られる。おそらく種子に生えるカビを食糧

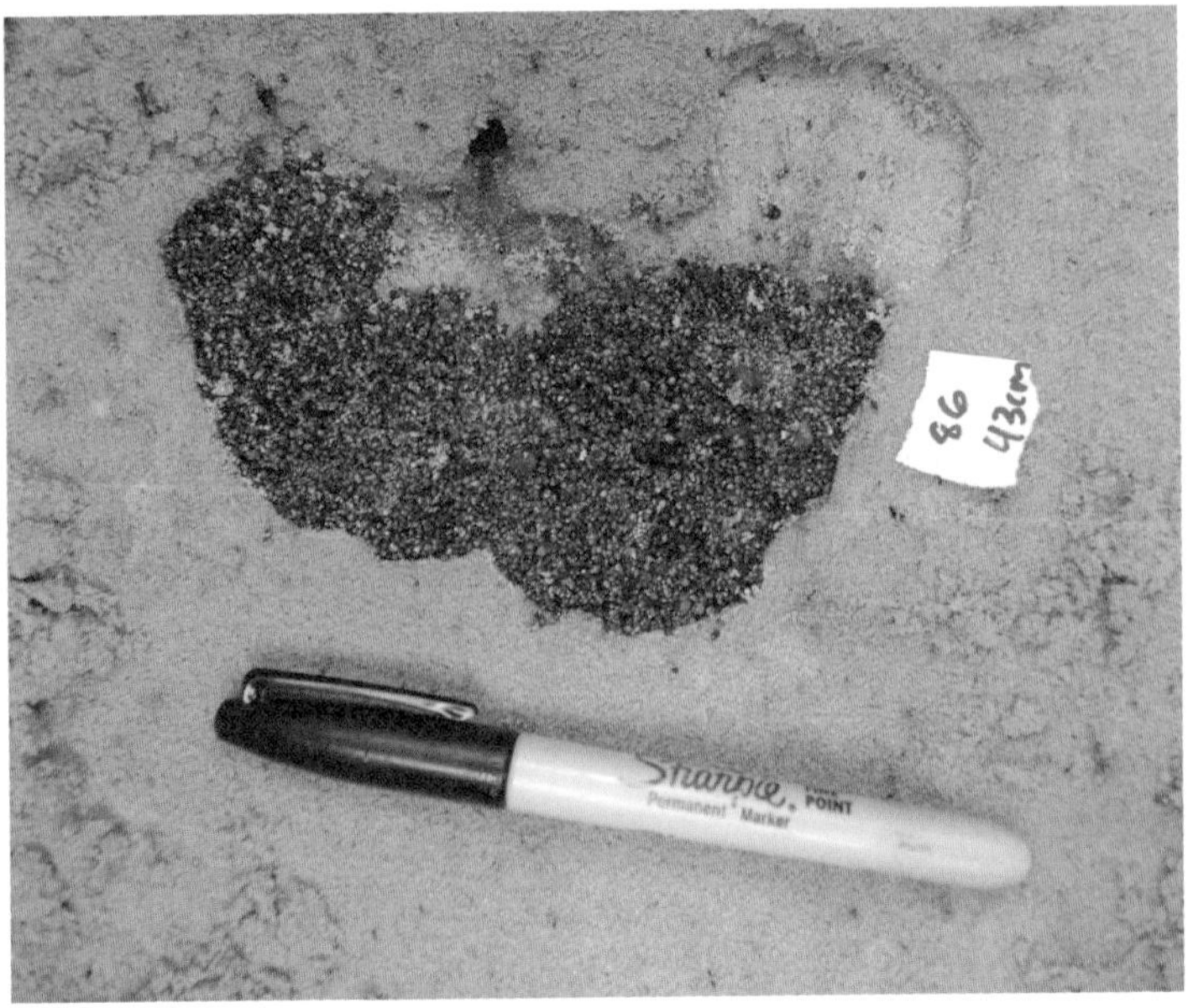

図3・6　種子でほぼ埋め尽くされた部屋。画像上部には次の層に続く坑道が見える。（画像：著者）

にしているのだろう。また、小さなクモが一匹、安全な場所に逃げ込もうとするのも確認できた。このクモはサクラグモの仲間（*Masoncus pogonophilus*）で、トビムシを捕食し、フロリダシュウカクアリの巣で一生を過ごす（図3・4G）。アリのコロニーが引っ越しをすれば、その後を追いかけていくこともある。また繁殖時には、母親グモは天井のちょっとしたくぼみに卵を押し込んでから蓋をして、ただの平面に見えるように偽装する。ここからわかるように、このクモはアリの巣との結びつきが強く、その結果、距離が近い巣に住んでいるクモどうしの方が、遠い巣に住むクモよりも遺伝的に近い。おそらく通常は狭い範囲にしか移動しないのだろう。

巣で見つけた種子は、後日研究室で数

をかぞえ、分類し、計量するために、かき集めて袋に入れた。ここアント・ヘブンでは、シュウカクアリは五〇種以上の種子を採集するが、その多くは大きすぎてアリには種皮を噛み砕くことができない。大きくて平べったいのがウチワサボテンの種子、黒くて卵型をしているのがトウダイグサの種子である。トウダイグサの種子は数が多く、よく目につく。アリは小さな種子なら噛み砕くことができるが、巣内で見つけた種子の多くは大きすぎた。では、何のためにわざわざ運んできたのだろうか？　実は、大きな種子は貯蔵室で発芽させることで食べられるようになる。ただし、野生の種子は普通、一斉に発芽するのではなく、悪条件に備えて年をまたいでばらばらに芽を出す。また、種や季節によっても、種子の発芽率は著しく異なる。したがって、大きな種子を大量に貯蔵するのは、アリにとって長期的な投資だと言える。そうした投資を行うことで、食べられる発芽種子を着実に入手するチャンスを増加させているのだ。

植物の種子は、次に掘り出した六五センチメートルの深さの部屋にも大量に貯蔵されていた。次に見つけた部屋は空っぽだったが、さらにその次の深さ八五センチメートルの部屋には、種子が再びぎっしりと詰め込まれていた。その部屋では、種子の絨毯の上を数匹の働きアリが所在なげに歩き回っていた。また、ここでもトビムシの見慣れた群れがあちこちで飛び跳ね、クモが一匹さっと姿を隠すのが確認できた。

ここまで来たところで、作業穴をさらに深くする必要に迫られた。掘り起こしでは、ちょうど腰の高さに巣があると作業が楽なのだが、すでに足元のあたりまで遠ざかっていたのである。また、巣の深さが一メートルを超えると、作業穴の幅は広くしておくべきだということも身に染みてわかるようになる。

作業では柄の短いシャベルを振り回すのだが、狭い穴だとシャベルが壁に当たってしまい、そのたびに砂のシャワーが降り注いでくるのだ。

巣が深くなるにつれ、部屋の現れる間隔はまばらになり、そのおかげで掘り進むスピードも次第に上がっていった。またそれに伴いアリの出現数も少なくなり、たとえば深さ九〇センチメートルの部屋から九四センチメートルの部屋にかけては、わずか三匹のアリにしか遭遇しなかった。この時点で、二つの部屋（小さな豆のような形状だった）をつなぐ坑道は一本に絞られていた。このメインの坑道は、掘り起こしているときはわかりにくいのだが、常に螺旋を描いている。方向はコロニーごと、地域ごとに異なっており、あるときは時計回り、あるときは反時計回りである。その形状は、シュウカクアリの巣の注入模型を見れば一目瞭然だろう（図2・2参照）。なお縦方向の坑道は、そこに松の葉を差し込むとたどるのが容易になる。

しばらく巣を掘り進めていくと、また作業穴を増し掘りする必要が出てきた。今度は一五〇センチメートルまで掘る。これくらいの深さになると、穴の外に土を放り出すのも一苦労だ。それと同時に、土を捨てる場所を遠くに設定した理由も、はっきりと実感できるようになる。いま、地面はだいたい自分の顎の位置にある。掘り起こしている部屋の深さはおよそ一〇〇センチメートルで、太ももあたりの高さだ。その後、一二〇センチメートルまですぐに掘り進み、そうなると再び作業穴を深くしなければならず、二〇〇センチメートルまで掘ることにした。ここまで土壌の色は淡黄色だったが、一五〇センチメートルを超えるとそれが白くなった。土壌を構成しているのは石英砂で変わらないのだが、それまでの黄色は、実は砂粒の表面がリモナイト（酸化第一鉄）でコーティングされた色で、そのコーティング

がなくなると真っ白な砂になるのである。
　作業穴を二〇〇センチメートルも掘ると、巣の位置は確かに作業しやすい高さに戻るが、当然ながら地面は頭よりも上になる。つまり私は今、危険にさらされている。壁が崩れ落ちてきて膝まで埋まり、新たに掘り起こした部屋も埋没してしまうという危険だ。しかし幸いにも、予測するのが難しいとはいえ、壁の崩落はめったに起きるものではない。しかも私のシャベルの柄は十分に短い。

図3・7　左：世界最高のシャベル「エクスカリバー」。刃先が短くなっているのは、割れた部分を切断して研ぎ直したからである。右：エクスカリバーの使用例。シャベルの形を残した砂の塊が空中を舞っている。（画像：著者）

すでに全身が穴の中に収まっている者としては、そのありがたさをひしひしと感じながら作業を続けるのみである。私が使っているシャベルは、一九世紀後半から納屋にしまわれていたのを見つけ出したもので、現代の製品とは違い、刃の部分が薄くて広く、剣先と柄の接合部分が溶接されている（今のシャベルはプレス加工である）。以前は柄の中ほどに節があったのだが、いつしかその部分から二つに折れてしまった――まるで、穴の中での作業には柄が短い方が都合が良いと知っていたかのように。長年使いつづけて愛着のあるこのシャベルの名は「エクスカリバー」。世界最高のシャベルというわけだ（図3・7左）。エクスカリバーの薄い刃は包丁のように鋭く研ぐことができ、おかげで植物の根を処理するのは楽なのだが、あるとき、その薄さゆえに刃先が割れてしまった。私は、割れがそれ以上ひどくならないように刃を少し短くして、もう一度研ぎ直した。一九七五年から二〇一九年にかけて、同様の研ぎ直しをさらに二回行い、その間に私もシャベルも歳を取った。刃の面積が減っていくの

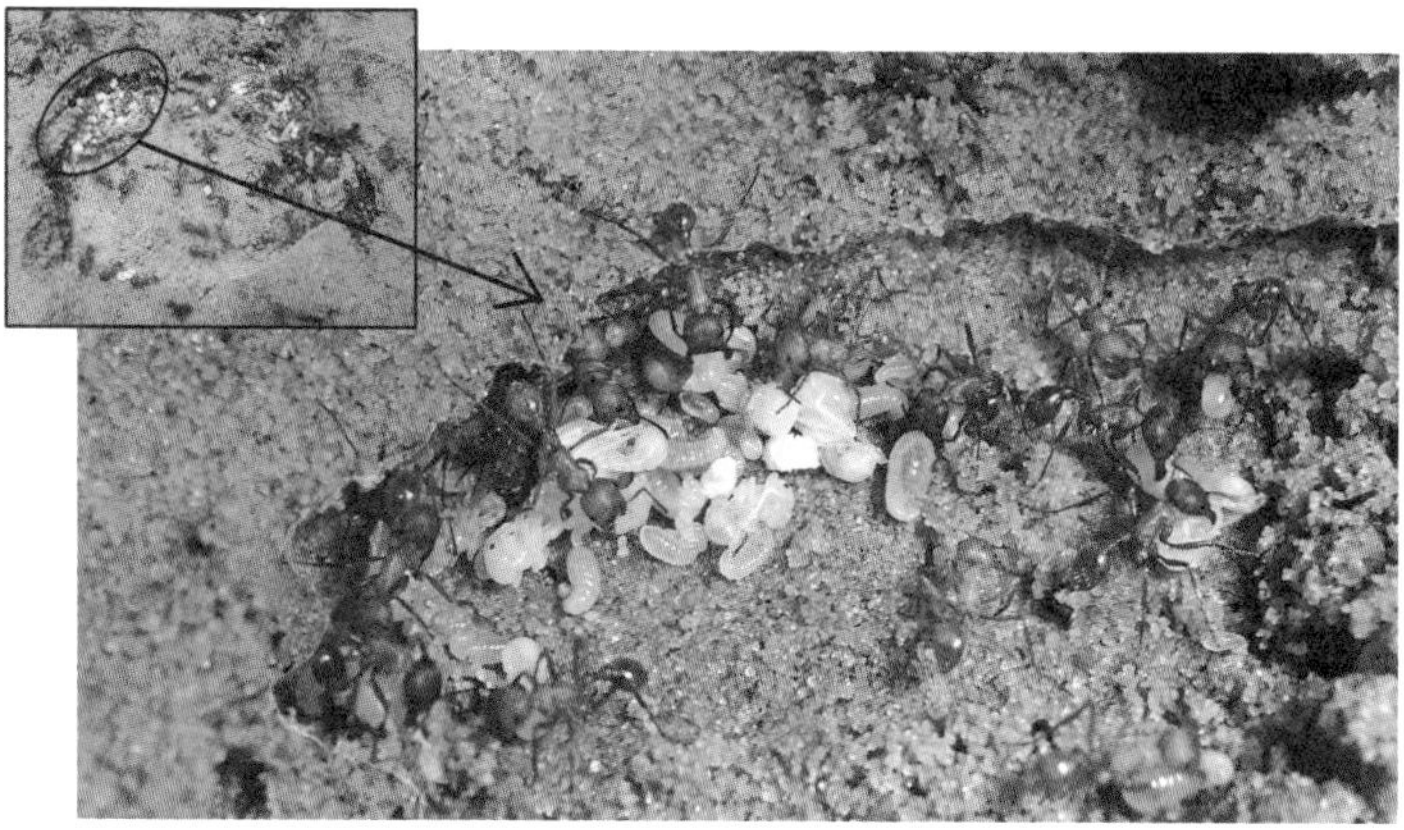

図3・8 掘り出したばかりの育児室。ブルードを避難させようとする働きアリの姿が確認できる。働きアリの多くは、キャローと呼ばれる、色の明るい若いアリである。（画像：著者）

と歩調を合わせるように、私の体力も衰え、穴の中から一度に放れる土の量も減ってきた（図3・7右）。とはいえ、これまでの歴史を振り返れば、このシャベルと私とでおそらく一〇〇〇トンほどの土を穴から掘り出しては、埋め戻しているはずだ。私はエクスカリバーに強い絆を感じている。もちろん、当のシャベルの方がそれについてどう思っているかは想像するほかないのだが。

掘り起こしの話に戻ろう。深さ一二〇センチメートルの地点まで巣を掘り進めた私は、そこで初めて育児室に遭遇することになった。天井部分の土を取り去ると、働きアリがパニックになって走り回り、幼虫や蛹を安全な場所に運びはじめた（図3・8）。この深さになると、明るい茶色の働きアリがかなりの割合を占めている。これは、クチクラ〔角皮〕がまだ完全に色素沈着をしていない若い働きアリで、「キャロー（未熟者）」と呼ぶ人もいる。夏に生まれた働きアリは二、三週間ほどで体色が黒くなるが、秋に生まれた働きアリの場合は数カ月かかり、多くは春になっても明るい色のままである。第8章で見るように、このキャローは子育ての主力を担っている。

この深さまで達すると、部屋の間隔はだいたい一〇〜二〇センチメートルほどになり、掘り進むスピードもさらに増していく。深さ一八〇センチメートルに来たところで、再び作業穴を増し掘りした。ここまで深いと、短いシャベルを使って土を穴の外、しかも十分に遠い場所に放るには、特別な体の動かし方が必要になる。それでも土を投げ捨てるときにシャベルが壁にぶつかることがあり、そうなると全身土まみれという悲惨な結末が待ち受けている。穴の幅を再度広げる必要もあった。というのも、下方に向かうにつれてなぜか穴が先細りになっていたので、足元が狭く、安定して作業を行えなかったからだ。作業穴の深さは二四〇センチメートルになっていた。

深さ一九〇センチメートルの部屋には、数匹の幼虫と蛹、そして暗い色の働きアリと明るい色のキャローがいた。幼虫と蛹の大部分は、部屋の縁に沿って配置されている。突然の明るさに驚き、働きアリは幼虫と蛹を光の当たらない場所へ急いで運ぼうとした。この深さにいる働きアリと幼虫は、生まれてこのかた光を見たことがなく、暗闇を求めるようプログラムされている。働きアリたちは、一生の終わりに近づいたときになって初めて、採餌アリとなって光に引き寄せられる。

このあたりになって、ようやく多くのブルードが見られるようになった。二一〇、二二〇、二三〇センチメートルの深さの部屋には、数百匹の働きアリがひしめいており、その多くはキャローだった。またそれらの部屋には、ブルードが敷き詰められていて、なかにはサイズの大きな生殖個体（オスと女王候補）のブルードも混じっていた（図3・9左）。私はブルードを吸虫管で吸い取った。掃除機を使うと傷つけてしまうことがあるからだ。働きアリの密度と若齢アリの割合から、巣の底が近いことがわかった。

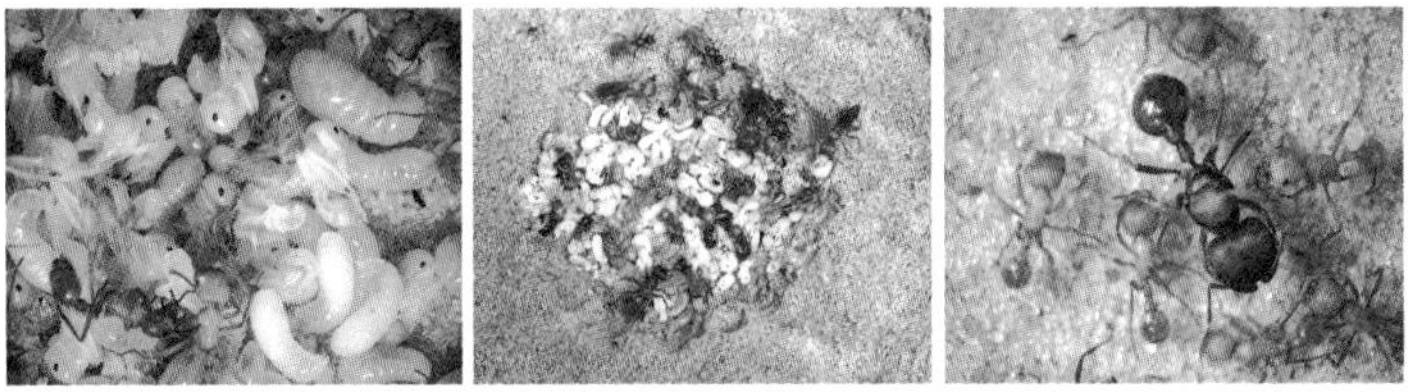

図3・9　左：巣底部の部屋にいたブルードたち。生殖個体と働きアリの双方が見られる。中央：生殖個体のブルードと成虫で満たされた部屋。成虫にはオスとメスがいる。右：キャローに世話をされている女王アリ。胸部の幅広さ、翅の跡、体の大きさに注目してほしい。（画像：著者）

いよいよ女王アリが姿を現すかもしれない。

　しかし困ったことに、私は作業穴をもう一段階深く掘るのを怠っていたので、新しい部屋はほとんど足元あたりの高さにあった。しゃがんだり、膝をついたりするスペースはほとんどない。そこで私は、追加で一〇～一五センチメートルだけ足元を掘って、あとは運を天にまかせることにした。二四〇センチメートルの深さに出現した大きな部屋は、アリとブルードであふれんばかりになっていた。大部分は働きアリではなく生殖個体のブルードで、立錐の余地もないとはまさにこのことに思えた（図3・9中央）。働きアリは押し合いへし合いしながら幼虫や蛹を運び、くぼみを見つけては、そこに積み上げていた。私は目を皿のようにして女王アリをさがした。働きアリよりも大きくて、幅広い胸部をもったアリがどこかにいるはずだ……あ、そこだ！　女王アリだ（図3・9右）。私はついに対面したその女王アリを吸虫管で用心深く吸い取ると、残りの働きアリとブルードもすべて採集することにした。

　女王アリは確保した。では、この巣にはもう部屋は残されていないのだろうか？　そうではなかった。坑道がまだ続いているのが見えたので、私はさらに掘り進めることにした。そこからさらに八センチメートルほど掘ると、次の部屋が出現した。その部屋もまた、床から天井まで働き

図3・10　250cm の穴を掘り終えたところ。（画像：Henry M. Tschinkel の動画より）

アリとブルードで埋め尽くされている。酸っぱいリンゴの匂いを楽しみながら、私はそこでもすべての内容物を吸い取った。部屋からアリたちが一掃されたとき、目に入ってきたのは穴のあいていない平らな床だった。下に続く坑道はない。とうとう巣の底にたどり着いたのだ（図3・10）。やれやれ！

巣を最後まで掘り起こしたあとは、その穴を埋め戻す作業が待っている。私が一番苦手とする作業だ。掘り出した三トンもの土をタープから降ろし、穴に戻さなければならない。しかも掘り起こしとは異なり、ほとんど休みなしの作業だ。埋め戻したときに土が盛り上がって墓っぽくならないよう、私は定期的に土を踏み固めるようにした。なぜ墓のように見えてはいけないのか、それには理由がある。以前、レオン郡の保安官代理が苛々した表情で近づいてきて、私にこう尋ねたことがあるのだ。「森の中で何かを埋めたような痕跡を見つけたら、警察としてはそいつを調べてみなきゃいけない。なんせ、行方不明者はいつだっているもんでね。この前は二メート

ルも土を掘り返す羽目になった。で、出てきたのは空になったタバコのパックだけ。あれはあんたのか？」かなり好戦的な口調だった。私はこう答えるしかなかった。「さあ、私はタバコを吸いませんから」
それ以来、私は埋め戻した穴の上には自分の名刺を置いていくようにしている。
穴を埋め終えると作業もいよいよ大詰めだ。汗をぬぐい、靴と靴下の中に入った砂をきれいに出したところで、私はふと、ズボンの尻ポケットに財布を入れたままにしていたことに気がついた（携帯電話がズボンの左ポケットに入れっぱなしだったケースもある）。この種の失敗はしょっちゅうなので、今ではクレジットカードは砂で摩耗してガソリンスタンドでの支払いもできず、（人もうらやむ最新型の）携帯電話はフリップ開閉のたびにジャリジャリと音がするようになってしまった。乾いた砂が背中や袖口からこぼれ落ちるのを感じながら、今回の掘り起こしで入手したものを確認する。アセテートシートには発見したすべての部屋がトレースされ、コメントも記入してある。巣から回収したものは、部屋ごとに分類して個別の袋や箱に保管した。また、採集したアリは熱いとすぐに死んでしまうので、日の当たらない場所に置くように留意した。

私は、これらの収穫物をすべて研究室に持ち帰って、数をかぞえ、各種計測を行った。その成果として得られたのが、アリの個体数と巣の内容物をそれが見つかった深さとともに記した完璧なリストである。言い換えれば、私はシュウカクアリのコロニーの三次元像を手に入れたことになる。図3・2右に示したのは、部屋のトレース図のサンプルだった。それを見れば、巣が深くなるにつれて、部屋が小さく単純になっていることがはっきりとわかるだろう。アシスタントのダニエル・フリオ・ドミンゲスは、このトレース図をもとにアリの巣の三次元イメージを再構成している。この三次元イメージは音楽に合わせてゆっくりと回転し、あらゆる角度から巣を眺めることができる（https://www.youtube.com/playlist?list=PLoUFkrkM_ZDcLqVV4TGjDlfplFmWsFJI7）。

巣内のアリの分布がもつ意味については、第8章でアリの分業について説明するときに明らかにするつもりだ。したがってここでは、私が集計してまとめた垂直構造を紹介するにとどめよう（図3・11）。このグラフを作るにあたっては、今回の掘り起こしの結果をそれ以外の結果と関連づけられるようデータに手を加えた。具体的には、巣の総面積、働きアリとブルードの数をパーセントへと変換し、それを深さに対してプロットした。網かけ部分は、アント・ヘブンで見つけた他のコロニーでのおおよその平均範囲を示している。それを見れば、今回の掘り起こしの結果とよく似ていることがわかってもらえると思う。つまり、暗い色の働きアリは巣の上部、キャローとブルードは下部、種子は中央よりやや上に多く分布し、部屋の面積は巣の上部に行くほど広くなるのである。

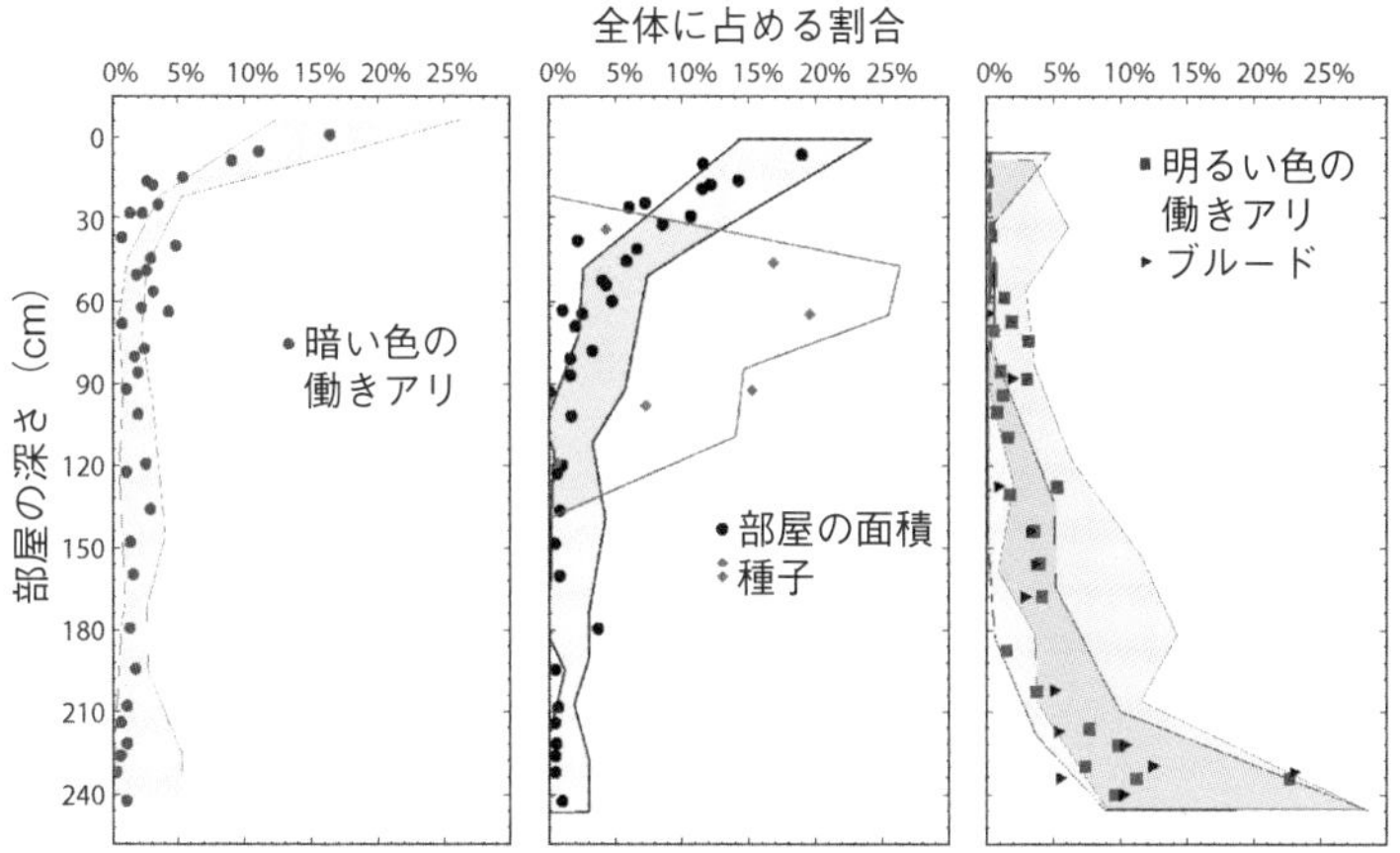

図3・11　部屋の深さと各種内容物の分布の関係を示したグラフ。暗い色の働きアリ、明るい色の働きアリ（キャロー）、ブルード、種子、部屋の面積について検討した。データ点は今回の掘り起こしの結果で、網かけ部分は夏の間に行った他の掘り起こしの結果を考慮した変動範囲（標準偏差）である。

シュウカクアリ以外のアリ

掘り起こしによって、フロリダシュウカクアリの巣には明確な構造と分布があることがわかったが、他種のアリの巣はどうだろう？　これから見ていくように、大部分のアリの巣は明らかに特徴的な構造をもっている。一方で、巣内のアリの分布について言えば、構造ほどはっきりした特徴は見られず、巣によって変動する部分も多い。たいていのアリは、ブルードを巣の特定の領域に置くことを好むが、そのパターンはシュウカクアリの巣で見たようなものばかりではないようだ。たとえば、ヒアリ（*Solenopsis invicta*）などの一部のアリは、ブルードの場所を頻繁に移動させることが知られている。冬に太陽の光によって地上の蟻塚が温まると、働きアリはすぐに蟻塚内にブルードを運ぶのである。教え子のクリント・ペニックは、それが一日の行動サイクルに組み込まれた日課ではなく、気温に対する直接的な反応であることを実験で示した。彼が行った実験は次のとおりだ。冬の夜、蟻塚の上に金網を置き、その上で木炭を燃やして蟻塚を加熱した。すると数分もしないうちに、働きアリがブルードを地下から蟻塚内に移動させたのである。地面全体が温かい夏は、わざわざ蟻塚に移動させて暖を取る必要がないので、ブルードの大半は巣の中心部にとどまっている。

熱を求める行動はアリではごく普通に見られ、温かい岩や倒木の下にブルード（とくに蛹）が列になって積み重ねられている光景も珍しくない。シュウカクアリの場合も、地表近くの部屋に蛹が数多く見つかることがしばしばあるが、ブルード全体で見れば、ごく一部にすぎない。蛹の大半はやはり巣の深いところに置かれている。そのため、働きアリが温かい場所に運んでいるのは、特定の発育段階にあるブルードだけという可能性もある。あるいは、そうした行動をとることで、羽化する成虫の数を調整しているのかもしれない。

これまで調べたアリの巣では、アリの分布はどうなっていただろうか。そう思って自分の過去のデータを確認してみたところ、待ち受けていたのは大きな落胆だった。巣全体の個体数は調査していたものの（注入模型を溶かして数えたのである）、深さごとのデータはとっていなかったのだ。それゆえ私は、調査をしたアシナガアリ属（*Aphaenogaster* spp.）の三種、アギトアリ属の仲間のナントウアギトアリ（*Odontomachus brunneus*）、オオアリ属のサキュウオオアリ（*Camponotus socius*）のいずれについても、ブルードが置かれているのが巣の深い場所なのか、それともどこか別の場所なのか、それを示すことができない。しかし私は過ちから学ぶタイプである。さっそく、ガレージで埃をかぶっていたヤマアリ属のコウカツヤマアリ（*Formica dolosa*）の不格好な石膏模型を持ち出して、五つのパーツに分割してから溶かしてみることにした（模型については図9・6を参照）。その結果、働きアリ、繭《まゆ》（蛹）、生殖個体の密度が、巣が深くなると約三倍も高くなっていることがわかった。ヤマアリは、シュウカクアリと同じく、巣の奥深くでブルードの世話をしているのだ。

私の教え子の学部生タイラー・マードックは、蝋を使って、オオズアリ属のモリスオオズアリ（*Pheidole morrisi*）の注入模型を六〇個作製し、その模型を一〇センチメートルごとに切断して、それぞれからアリを回収するという研究を行った。授業と並行してこのプロジェクトを行うように後押ししたのは実は私なのだが、あとになって、これが非常に大変な仕事であるのがわかり、罪悪感で少々胸が痛くなったものだ。蝋製の注入模型を作るのは比較的簡単なのだが、分析が非常に面倒なのである。さらに、この注入模型は室温で保存するとカビが生えることもわかった。だがカビの問題に関しては、その後、南極研究所の超低温冷凍庫を間借りすることで無事解決できた。掘削調査で持ち帰った南極の氷床コアの隣に模型を保管してもらったのだ――その名前に反してアリ（ant）がいない土地だった南極大陸（Antarctic）に、アリが進出した瞬間である。マードックの研究は確かに手間のかかるものだったが、終わってみれば、蝋製の注入模型のみで行われた最初の研究という点で概念実証となり、またアリと巣の研究におけるマイルストーンにもなった。

マードックの成果はそれだけではない。コロニーの季節サイクル、成長に応じた構成の変化、巣の構造的特徴ほか、多くの事柄について充実した情報が得られたのだ。環境や季節に応じた巣内のブルードの位置や移動は、すべてのアリにとっての重要事項であるが、今回のマードックの研究は、ある特定の種におけるパターンを明らかにするものだった。具体的に見てみよう。調査によって明らかになったモリスオオズアリの一般的なパターンは、冬の間はブルードを巣の深い領域に置き、夏になると浅い領域に移動させるというものだ。この場合の浅い領域とは、巣全体に〇（地表）から一〇（底）まで等分に数字を振ったとき、二から四の間にあたる領域のことである（なお、季節によるブルードの構成の違いだが、冬季は十分に発達した働きアリの幼虫が大勢を占め、夏季はさまざまな発育段階と種類が混在している）。夏が終わる頃には、ブルードは三〜五の領域に移動する。秋には、ブルードの多い領域は二つに分かれる。一つのピークは三の領域で、もう一つのピークは八〜九の領域、すなわち巣の底部である。ブルードが多く見つかる部屋の土壌温度を測定してみたところ、春から初秋にかけては、発育に最適な温度である二三〜二五度になっていることがわかった。一方、冬の配置は少々不思議だ。深い場所の方が温かいにもかかわらず、大半のブルードが約一四度の部屋に置かれていたのだ。だが、アリは自分たちがしていることを理解していると私は思う――おそらくアリたちは、ブルードが経験する温度を調整することで、その発育の速度をも調整しているのだ。教え子のサンフォード・ポーターは、飢餓状態にあるヒアリが、ブルードを低温で管理するようになることを実証した。おそらく、成長を抑えることでその生活コストも抑えられるという効果があるのだろう。このように温度の調節ができれば、成長速度を最大化するだけでなく、もっと複雑な目的にも柔軟に対応できるようになる。

モリスオオズアリ、コウカツヤマアリ、フロリダシュウカクアリには、共通する一般的な特徴がある。それは巣内の利用可能な空間の大小が、アリの分布をコントロールする要因ではないことだ。いま挙げた三種のアリの巣は、全体の部屋面積（あるいは体積）の半分以上が、上部二〇〜三〇パーセントの浅い領域に集中している。一方、巣の底部にある部屋面積は、ヤマアリでは全体の約八パーセント、シュウカクアリとオオズアリでは一〜三パーセント未満しかない。しかし、巣内のアリの分布はこの利用可能な空間と連動していない。たとえばシュウカクアリでは、暗い色の働きアリが巣の上部に数多く認められるものの、アリの密度（一平方センチメートルあたりの数）は、底部の方が五〜七倍も高かった。巣の底部にはキャローとブルードが大量に見つかるが、部屋が狭いため密度もずっと高くなるのである。同様のことはヤマアリにも当てはまる。ヤマアリの巣では、地表から四〇パーセントまでの領域に全体の部屋面積の六〇パーセントが集中していて、八〇パーセントから巣の底までの領域ではそれが八パーセントにまで減少する。底部における働きアリと繭の密度は、上部領域の三倍だった。オオズアリの場合も、最上部ではアリの密度が同様に低く、季節によって変動はするが、巣の下三分の二の範囲に密度のピークがある。

いま見た三種のアリでは、働きアリが過密状態を気にしているようには見受けられない。だとすれば、どの種の巣でも最上部の部屋が比較的大きかったことに謎が残る。少数のアリしか使わないのに、なぜそれほど大きい部屋を作る必要があるのだろうか？　過密状態を軽減するためでないのは明らかで、実際アリは混雑した状況に心地良さを感じているようにさえ見える。だが、その状況がアリの生活に果たす役割は、まだほとんど解明されていない。

読者のなかには、私が調査のために掘り起こしたシュウカクアリのコロニーのその後を気にしている方もおられるかもしれない。コロニーはもう再起不能なのだろうか？　どうか安心してほしい。シュウカクアリたちは、以前に巣があった場所に再び定着している。私は、アイスネスト（氷の巣）という技法を用いて巣の基礎を作ってから、アリたちをその地に解放した（この技法については第6章で詳述する)。アリは二、三時間で一匹残らず地下にもぐった。そして働きアリたちが基礎部の拡張をはじめると、巣の入口の周囲には掘り出した土が円盤状に広がっていったのである。

第4章　いろいろなアリの巣

前章では、アリの巣を注意深く一層ずつ掘り起こすことで、アリを含む内容物の分布を部屋ごとに明らかにする様子を見てきた。だが当然ながら、地面を掘れば巣は破壊されてしまうため、そのやり方では巣全体の構造を目にすることはできない。そこで私たちは、第2章で見たように、巣に材料を流し込んで、美しい注入模型を作製しようとする。しかしその場合、今度はアリが模型に取り込まれてしまい、数の調査ができなくなる。つまり、巣の内容物を回収し、巣の構造を明らかにするという私たちの二つの目的は、互いに相容れないようなのだ。

しかしながら、同時にではないにせよ、実はこの二つの目的を両方とも達成する方法がある。注入模型を作っておいて、あとからアリを取り出せばよいのだ——それにはまず、目的にふさわしい材料を選ぶ必要があるが、金属はすぐにその候補から外れる。なぜなら、熱く溶けた金属は巣内のアリを炭化させ、数えるのをほぼ不可能にするからだ（図4・1）。では、石膏はどうだろうか？　石膏はわずかずつではあるが水に溶ける。注入模型を使った調査（計測や撮影など）をすませたあとで、それを細かく砕いてから目の細かいメッシュの袋に入れ、流水にさらしておく。すると一〜二カ月で石膏が溶けて、アリなどの巣の内容物だけが袋の中に残ることになる。悲しいかな、この段階でアリはばらばらになっているので、個体数調査は文字どおり「頭数」をかぞえる作業となる。だが頭部からだけでも、そのア

図4・1　注入模型では、炭化したアリの痕跡がよく見つかる。溶けた金属が部屋の壁や床にアリを押し付けてできた痕跡である（黒い部分）。アリは湿っているため、金属模型の内部に取り込まれて見えなくなることはないはずだが、原型をとどめていない状態では数えるのはやはり難しい。画像は、カリフォルニア州ボレゴ・スプリングスで作製したシュウカクアリの巣の注入模型の一部。（画像：著者）

リの体サイズやサブグループ、少し精度は落ちるものの年齢（色の明暗）に関する情報は手に入れられる。

図4・2は、この方法の実例を示したものだ。対象としたのは、フロリダ州の海岸平野にあるマツ林でよく見られる、フロリダアシナガアリ（*Aphaenogaster floridana*）の巣である。部屋の面積は分割した注入模型から算出し、アリの頭部はその分割した模型を溶かして回収した。図4・2のグラフは、巣の総面積と働きアリの数の関係を示している。もちろん、石膏模型を使えば、それ以外のさまざまなトピック、たとえば働きアリとブルードの巣内分布、働きアリの体サイズ、部屋の大きさや形状と深さの関係などについても分析は可能だ。この方法では模型を破壊する必要があるし、時間もかかる。だが、その分析結果からは、アリと巣はどのような関係にある

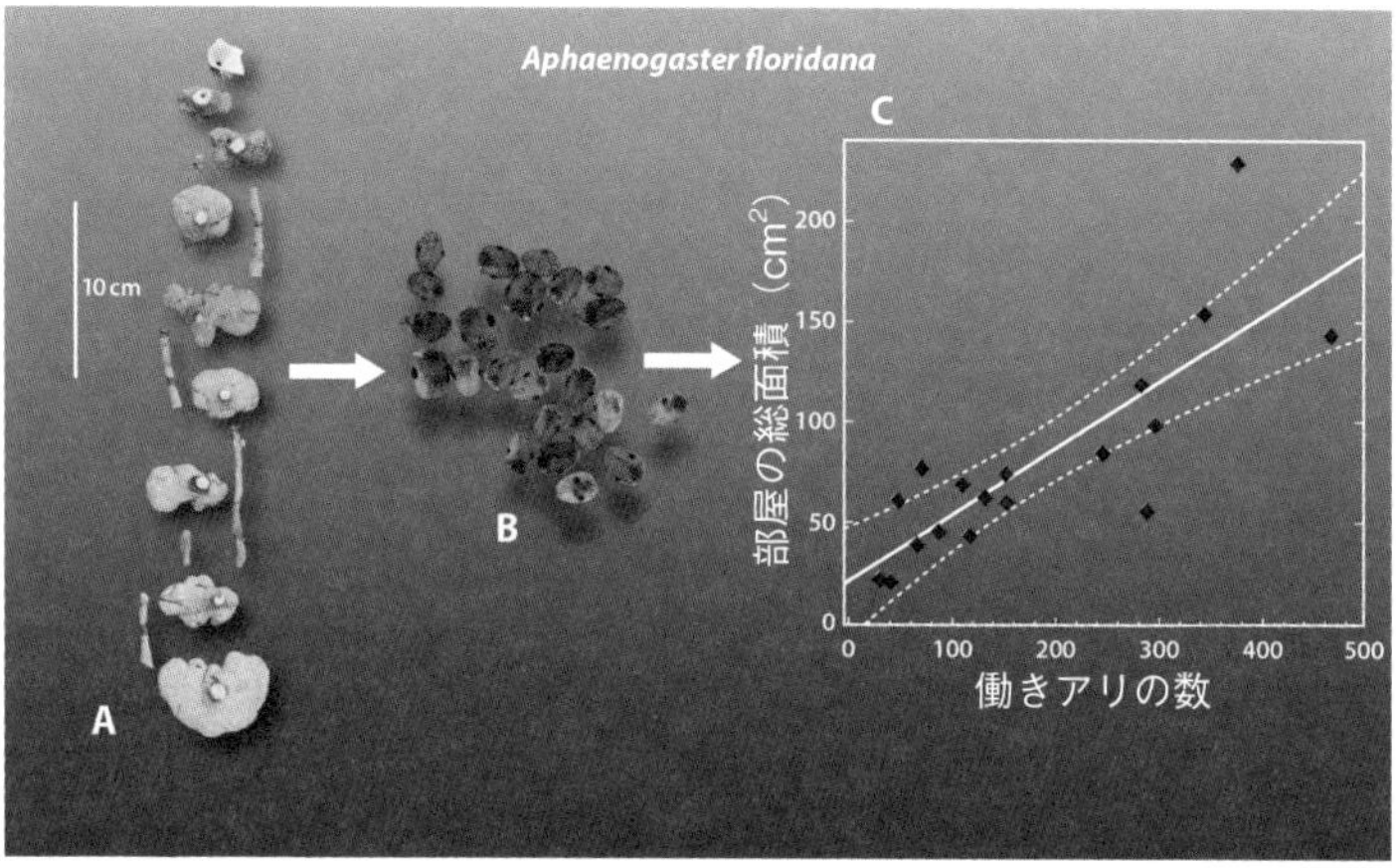

図4・2　石膏模型のサンプル分析。A：部屋の面積を調べるために部屋と坑道に分割したフロリダアシナガアリ（*Aphaenogaster floridana*）の巣の模型。各部分は実際の深さに準じて並べてある。B：模型を水で溶かして取り出したアリの頭部。C：フロリダアシナガアリの巣の模型を18個溶かし、そこから集めたアリの頭部を数えて、働きアリの数と部屋の総面積の関係を明らかにした。点線に挟まれた領域は、回帰直線の95%信頼区間。働きアリが1匹増えるたびに、部屋の面積が0.3cm^{2}増加することがわかる。（画像：著者／Tschinkel (2011) より一部引用）

のか、アリの個体数と巣の面積は（絶対値と相対値の観点から見て）どう増加していくのか、という問題について多くのことが読みとれる。アリの個体数の絶対値は計測によって得られ、巣の大きさの絶対値は体積（ミリリットルやリットル）で表されるが、この二つは必ずしも同じ割合で増えていくわけではない。一方、相対値は巣の体積をアリの個体数で割ることで求められる。たとえば、アリ一匹あたりの体積（ミリリットル）という具合だ。もしコロニー内のアリの個体数と巣の体積の増加率が釣り合っていれば、アリ一匹あたりが占める空間の面積はいつも同じになる。それは巣がどれだけ大きくなろうと変わらない。しかし、もし個体数の増加率の方が高ければ、巣が大きくなるにつれて、アリの密度は高くなっていくことだろう（反対に増加率が低け

図4・3 左：アシュミードアシナガアリ（*Aphaenogaster ashmeadi*）の巣の蝋製模型。右：模型を溶かして回収したアリ。巣の内容物はすべて完全な形で残されていた。（画像：著者／Tschinkel (2010) より）

れば、密度も低くなっていく）。アリの密度が高くなって巣が混雑することに何か意味があるのか、それはよくわかっていない。とはいえ、その状況がアリの社会生活に影響を与えている可能性は高く、だとすれば、何かしらの重要な役割を担っていることは容易に想像できる。

働きアリの個体数と分布を調べるには、もう少し楽なやり方もある。石膏ではなく、パラフィン（蝋）を使って注入模型を作るのだ。蝋で作った模型は非常に脆いため、巣の構造の本格的な調査や展示には向いていない。だが蝋には、石膏とは違い、溶かしたときに内容物が無傷で手に入るという利点がある。そうした内容物には、アリが集めた採集品も含まれるを利用していた他の生き物、デリケートな幼虫や蛹、巣（図4・3）。したがって、ある巣では金属を使って模型を作り、他の巣では蝋を使って模型を作る、という二段構えで対処すれば、私たちが望んでいた個体数調査と巣の構造分析という二つの目的を達成することができるだろう。

アリの巣の目録を作る

亜鉛とアルミニウムを溶かす技術に熟達した私は、それを利用して、できるだけ多くの種の注入模型を作ろうと思い立った。ターゲットにしたのは主に、タラハシー南部のマツ林の砂地に営巣する大型の種である。表4・1を見てほしい。私がこれまで模型を作製した、すべてのアリの種の学名、英名（コモンネーム）の一覧である。この表に載っている種の巣は、多くの場合、きわめて容易に見つけることができる——営巣時に働きアリが運び出した土が、その周囲に大量に見つかるからだ。捨てられた土が作る形状やサイズ、ペレットのサイズは、アリの種の特定にも利用できる（図4・4）。たとえば、フロリダシュウカクアリ（*Pogonomyrmex badius*）の場合は、土が円盤状に大きく広がっていて、おそらく美的な理由だと想像するが、木炭片がその周囲を覆っている。菌類を栽培するアレハダキノコアリ属（*Trachymyrmex septentrionalis*）は、巣の入口の横にトルコ国旗の三日月のような盛土をする。クビレアリ属（*Dorymyrmex*）の仲間の一部は、完全に左右対称のクレーターを作る。その姿はまるで小さな火山のようだ。オオアリ属の仲間のサキュウオオアリ（*Camponotus socius*）は、池に小石を撒くみたいに、粗いペレットを一平方メートル超にわたってばらまく。独特の塚を築く種もいくつか見られる。オオズアリ属のモリスオオズアリ（*Pheidole morrisi*）もその一つで、これはマツ林でもっとも頻繁に遭遇するアリだが、工事現場のコーンを短くしたような、きれいな円錐形の塚を作る。その塚は、土、植物の小さい欠片、木炭片からできていて、数は少ないながら内部には部屋も存在する。ヒアリ（*Solenopsis invicta*）も塚を築く。ヒアリが作るのは大きな塚で、内部には曲がりくねった通路が縦横無尽にめぐり、

表4・1　本書で紹介した研究結果に関連する主なアリの学名と英名

学名	英名	和名
Aphaenogaster ashmeadi	Ashmead's long-legged ant	アシュミードアシナガアリ
Aphaenogaster floridana	Florida long-legged ant	フロリダアシナガアリ
Aphaenogaster treatae	Treat's long-legged ant	トリートアシナガアリ
Camponotus socius	Sandhill carpenter ant	サキュウオオアリ
Cyphomyrmex rimosus	Immigrant little fungus gardener	ムカシキノコアリ
Dolichoderus mariae	Mary's tongue-and-groove ant	マリーナミカタアリ
Dorymyrmex bureni	Buren's cone ant	ビューレンクビレアリ
Formica archboldi	Archbold's fleet ant	アーチボルドヤマアリ
Formica dolosa	Wily fleet ant	コウカツヤマアリ
Formica pallidefulva	Variable fleet ant	タマムシヤマアリ
Monomorium viridum	Metallic trailing ant	コウタクヒメアリ
Myrmecocystus kennedyi	Kennedy's honeypot ant	ケネディミツツボアリ
Myrmecocystus lugubris	Gloomy honeypot ant*	クラメミツツボアリ
Myrmecocystus navajo	Navajo honeypot ant*	ナバホミツツボアリ
Nylanderia arenivaga	Sand-loving crazy ant	スナズキアメイロアリ
Nylanderia parvula	Northern crazy ant	キタアメイロアリ
Nylanderia phantasma	Ghostly crazy ant	ユウレイアメイロアリ
Odontomachus brunneus	Southeastern trap-jaw ant	ナントウアギトアリ
Pheidole adrianoi	Rosemary big-headed ant	ローズマリーオオズアリ
Pheidole barbata	Bearded big-headed ant*	アゴヒゲオオズアリ
Pheidole dentata	Versatile big-headed ant	バンノウオオズアリ
Pheidole dentigula	Woodland big-headed ant	シンリンオオズアリ
Pheidole morrisi	Morris's big-headed ant	モリスオオズアリ
Pheidole obscurithorax	Large imported big-headed ant	クロムネオオズアリ
Pheidole psammophila	Sand-loving big-headed ant*	スナズキオオズアリ
Pheidole rugulosa	Rough big-headed ant*	シワオオズアリ
Pheidole xerophila	Dry-loving big-headed ant*	カワキオオズアリ
Pogonomyrmex badius	Florida harvester ant	フロリダシュウカクアリ
Pogonomyrmex californicus	California harvester ant	カリフォルニアシュウカクアリ
Pogonomyrmex magnacanthus	Little harvester ant*	コシュウカクアリ
Prenolepis imparis	Winter ant	フユアリ
Solenopsis geminata	Tropical fire ant	アカカミアリ
Solenopsis invicta	Imported fire ant	ヒアリ
Solenopsis nickersoni	Nickerson's thief ant	ニッカーソントフシアリ
Solenopsis pergandei	Pergande's thief ant	ペルガンドトフシアリ
Trachymyrmex septentrionalis	Tuberculate fungus gardener	アレハダキノコアリ
Veromessor pergandei	Desert black harvester ant	サバククロシュウカクアリ

注：英名の多くは、Mark Deyrup, *Ants of Florida* (Boca Raton, FL: CRC Press, 2017)に掲載されていたものを使用した。また、英名をもたないもの（＊印）については、国際的な取り決めに従い私が命名した。
訳者注：和名は、すでに定まった和名をもつ少数の種を除いて、すべて英名（あるいは学名）をもとにしている。

図4・4　アント・ヘブンで見つけたアリの巣の円盤。サイズ比較のために10セント硬貨を置いた。和名については表9・1も参照。（画像：著者）

涼しく晴れた日にはブルードを温めるのに使用される。フロリダアシナガアリの働きアリは、それよりは少しばかり自己主張が少ないと言えよう。このアリは、最初のうちは巣の入口周辺に特徴ある土の捨て方をするが、雨が降るとそれは流されてしまう。だが入口のまわりには、それ以外にも小枝がログハウスのように四角形に組まれており、そのおかげで巣の住民を特定することができる。

一方で、あまり目立たない巣や、癇癪を起こしたくなるほど発見が難しい巣を作る、もっと小さいアリも数多く存在する（図4・4）。そうした巣をさがしだすには、アリは常に空腹であるという事実を利用するとよい。アリの大半の種は、食糧を集めるために仲間を動員する。したがって、クッキーの欠片を載せた紙片

図4・5　10セント硬貨に群がるニッカーソントフシアリ（*Solenopsis nickersoni*）。このアリはアメリカ南東部でも最小の部類に入る。（画像：著者）

でも地面に置いておけば、そのうち腹を空かせたアリの隊列が引き寄せられてくる。一筋縄ではいかないが、理論上は、それを巣まで追跡すればよいというわけだ。

その際、地面に落ち葉が多いと追跡が困難になり、諦めざるをえない場合も出てくるので、調査決行の数日前までに周囲数平方メートルの落ち葉を取り除いておくとよいだろう。紙片を置いてしばらくすると、クッキーは消えている。もう何も残っていないようだ。しかしよく眺めてみると、そこにはオオズアリ属のシンリンオオズアリ（*Pheidole dentigula*）やトフシアリ属のニッカーソントフシアリ（*Solenopsis nickersoni*）の小さなブロンドの働きアリがいるのがわかる（図4・5）。初めて見た人は、一〇セント硬貨の数字一つ分ほどしかないその小ささにきっと驚愕することだろう。一平方メートルの落ち葉の下には極小の宇宙が隠されている。その宇宙に暮らす小さなアリたちにとって、クッキーを巣まで持ち帰るのは、あなたが兄弟を背負ってマンハッタンの北端から南端までを踏破するのと同じようなものだ。では、こうした小さなアリの巣の周辺はどうなっているのだろうか？　あるときは、小さなペレットの集まりが巣の目印になることもあるが、その面積は一〇セント硬貨のサイズにも満たない。またあるときは、何の目印もなく、ただ地面にあいた穴に働きアリが消えていくこともある。この穴は微小なものなので、アリがいなければ、砂粒の間のただの隙間に思えるはずだ。こうした光景を見れば、どんなに鈍感な人でも、自分や他の生き物が暮らしている世界のスケールの違いについて思いを馳せずにはいられないだろう。

スケールの違いはアリの世界内でも見られる。たとえば、オオズアリ属のローズマリーオオズアリ（*Pheidole adrianoi*）の巣が、サキュウオオアリの巣から数センチメートルのところにあったとしよう。ローズマリーオオズアリの働きアリは、黒い塵が動いているのかと思うほど小さいが、サキュウオオアリの働きアリはその一〇〇〇倍以上の重さがある。採餌範囲も前者が巣から一メートルほどなのに対し、後者は数十メートルにもなる。小さなテーブル表面と郊外の一軒家の敷地くらいの差だ。では、この二種のアリの世界は本当に交わっていると言えるだろうか？　それとも、同じ物理的空間の違う層に暮らしていると考えるべきなのか？　博物学では、一般的に体のサイズを重要視する。そこから考えれば、極小のアリと大きなアリは、生態系の異なる領域に生息し、異なる資源を利用し、平和裏に共存していると見るべきなのだろう――ただし、人間とハエが互いを迷惑だと思っているのと同じように、互いの存在を煙たがっている可能性はあるが。他方、極小のアリが互いに平穏に暮らしているかといえば、決してそうは思えない。利用する資源が多かれ少なかれ重なり、競争が生じるはずだからだ。もっとも、生態学者は競争という概念を好んで使うが、実はそれはただの理論にすぎない。その考えを実証するのに必要な実験をした者は誰もいないのである。

小さなアリたちを追って巣が見つかった。もちろん私は、その注入模型を作ってみることにした。アリの巣は、住民の体のサイズにスケールを合わせている。つまり小さなアリの巣は、内部の部屋も坑道もとても小さい。アリの巣に金属を流し込む作業では、熱について考えることがとても大切だが、それはこの小さな巣の場合でも変わらない。熱は物体表面を通じてのみ失われるので、熱損失率は表面積に比例する。一方で、失うことのできる熱量は体積に比例している。したがって、溶けた金属を小さなアリの巣の長くて細い坑道に注ぐと、その金属がどんなものであれ、非常に早く冷えて固まることになる。巣の表面積が大きい割に、体積はずっと小さいからだ。ここから考えれば、融点が低い金属をできるだけ高温に熱してから流し込めば、固まるまでの時間を稼ぎ、巣の奥深くまで到達させられることがわかるだろう。その点アルミニウムは小さな巣にはまるで役立たずで、ほとんどの場合、巣の入口で固まってしまう。亜鉛はまだ使えるが、これほど小さい巣だと、細い坑道をすいすい流れていくように背中を押してやる必要がある。私は吸虫管を使って砂を吸い取り、巣の入口を露出させた。そして、入口を漏斗《ろうと》の形に整えて、その底部に坑道がつながるようにした。これで巣の受け入れ態勢が整った。

流し込む亜鉛は、小さな炉内に置いたグラファイト製のるつぼで少量を溶かす。アルミニウムもそうだが、溶解金属の温度が高くなれば、それだけ巣の奥深くにたどり着ける。だが温度にも上限があり、それを超えると亜鉛は発火して煙を出し、作業者を咳き込ませることになる（図4・6左）。またその際には、るつぼの中に「わたあめ」のようなふわふわした沈殿物が生じる。言うまでもなく、燃えている

図 4・6　左：熱しすぎて発火してしまった亜鉛。白い煙は酸化亜鉛である。右：穴があいたるつぼ。過度な加熱による酸化作用と溶けた金属の溶媒作用が原因。（画像：著者／ Tschinkel (2010) より）

亜鉛では流し込みができないが、少し冷やしてから酸化物をスプーンですくい取ってしまえば、再び使える状態に戻る（ちなみに、亜鉛が発するシャルトリューズ色〔明るい緑色〕の美しい炎は抗いがたい魅力をもっている。一度見てしまうと、野外に出るたびに亜鉛に火をつけてみたい誘惑に駆られるようになるほどだ）。炉が度を越した高温になると、熱によってるつぼの外壁が焼け、溶けた金属が内壁を溶かすことがある。これは最悪の事態だと言える（図 4・6 右）。

次はいよいよ流し込みだが、ここで何よりも重要になるのが材料を正確に的に当てる技術である。溶けた亜鉛の最初のひと注ぎを、先ほど作っておいた漏斗にきちんと命中させなければならない。また、溶けた亜鉛で漏斗が常に満たされている状態にするのも肝要だ。それによって亜鉛を下方に押し込む圧力が働くからである。金属が無事地下に吸い込まれているのは、亜鉛の小さな池の水位が下がっていくことで確認できるだろう。ローズマリーオオズアリや、アメイロアリ属のスナズキアメイロアリ（*Nylanderia arenivaga*）の小さな巣の場合、亜鉛が固まる前に二五センチメートルの深さまで流し込めれば御の字だ。亜鉛を注いで二〜三分もすれば、全体が凝固する。それを回収するには、巣の横に穴を掘り、壊れないように気をつけて側面から取り出すようにする。

一度の流し込みで巣の底まで届かなかった場合、注入模型が途切れた箇所――下方につながる坑道がある場所――が砂で埋まってしまい、見つけにくくなることがある。そういうときは、坑道を埋めている砂を吸虫管を使って取り除くのがよいだろう。坑道が見つかれば、形を整えてもう一度漏斗を作り、亜鉛を注いでから再び掘り出す。二回目の作業で模型が完成するとは限らない。三回目、四回目の流し込みは、思わず神頼みをしたくなるほど厄介なものである。高温のるつぼを狭い穴の中で扱うのは、それほど難しいのだ。

ところで、模型が完成したこと、つまり金属が巣の底まで届いたことを、どうやって判断できるのだろうか？ その方法は意外に簡単だ。坑道の途中で固まった金属は、底の砂に触れていないため、先端が滑らかで丸みを帯びた形状になる。それに対し、巣の底まで到達してから固まったものは、そこが坑道であろうが部屋であろうが、その場所の砂の痕跡が残る。それを見極めればよいのだ。ただし、この見分け方が通用しないケースもある。崩れ落ちた砂で坑道が塞がれていたケースだ。しかしこの場合でも、たいていは金属の先端の形が明らかにおかしいと気づく。そして、そうした形に気づいた場合は、坑道の続きの探索に取りかかることになる。

フロリダシュウカクアリは巣建築の女王である

二〇～三〇種ほどのアリの巣の注入模型を作ってみると、自然と好みもわかってくるものだが、私の大のお気に入りはフロリダシュウカクアリである。このアリが作る地下の巣についてたとえ何も知らなかったとしても、フロリダシュウカクアリがカリスマ性あふれる生き物であることは、すぐにわかるに違いない。巣の入口周辺に広がるペレットの大きな円盤は木炭片で覆われていて、ダイオウマツとワイヤーグラスが点在する白い砂地と好対照をなしている。十分な知識がない人たちにとって、シュウカクアリはただの「赤アリ」であり、「さして大きくない」生き物である。だがそうした人たちは、この区域にいる一〇〇種のアリのうち約八〇パーセントが「赤アリ」で、アリ基準ではシュウカクアリは大きい部類に入ることを知らない。私にとって、フロリダシュウカクアリは多彩な魅力をもった生き物である。まず、大きくて人目につき、顕微鏡を使わずともその行動の多くが観察可能であること、そして、種子を集めるという独特の興味深い行動を見せることが魅力として挙げられるだろう。さらには、昼にしか行動せずふるまいも慎重だし（これは私も同じである）、好奇心をそそる多くの問題を広く提供してくれさえする――要するに、研究者にとっては夢のようなアリなのだ。それに加えて、前章で紹介したような美しく精巧な巣の構造を見れば、そのカリスマ性は飛躍的に増大するはずである。

アリの巣の注入模型に美的な感動を覚えるのは、私ばかりではないだろう――フロリダアシナガアリやビューレンクビレアリ（*Dorymyrmex bureni*）の巣の簡潔な直線構造、ヒメアリ属の仲間であるコウタクヒメアリ（*Monomorium viridum*）の部屋と坑道がぎっしり詰まった巣、ヒアリの巣の混乱と錯綜、ハキリアリ類（*Atta* sp.）の巣の巨大さ（図9・2参照）など、心に残るものはいくらでも挙げられる。だが、ごく少数の反対意見はあるかもしれないが、なんといってもフロリダシュウカクアリこそが、アリの巣の王（いや、女王と言うべきか）なのである。フロリダシュウカクアリの巣の特徴は多数あるが、なかでも第一に注目すべきは、そのサイズだろう（図2・2参照）。成熟したコロニーには五〇〇〇〜一万匹の働きアリがいるが、そのアリたちが作った巣は、人間の背丈と同じくらい、あるいはそれ以上の深さがあるのだ（一八〇〜二〇〇センチメートル）。私が掘った巣の最高記録は三一〇センチメートルである。作業穴にいる人の肩の上に立って、ようやく外が見渡せるほどの深さと言えば、そのすごさが実感できるだろうか。また、平均的な注入模型の場合でも、掘り終えたときに作業穴から地面が見渡せることはほとんどない（図3・10参照）。

巣が深くなれば体積も大きくなる。たいていの場合、成熟したコロニーの巣の注入模型を作るには、手持ちのなかでも一番大きなるつぼに、ぎりぎりまで材料を入れる必要がある。私が掘り起こした巣のなかでは、約一一リットルの体積が最高記録だ。このような空間の贅沢な使い方は、コロニーが誕生して間もない時期から見られる——働きアリが八匹しかいない初期コロニーが作った巣でも、深さが三〇センチメートル、体積が五〇ミリリットルもあった。この数値は、八匹のアリの体積を足し合わせた値の約二〇〇〇倍にあたる。コロニーの働きアリが一〇〇〇匹になると、巣の体積は一リットル（アリ全体の体積の一五〇倍）に、五〇〇〇匹では五リットル（同一二五倍）になる。その際、巣の深さは二〇〇〜二五〇センチメートルに達する。

これほどの体積の巣はどのように作られるのだろうか？　フロリダシュウカクアリの働きアリは、部

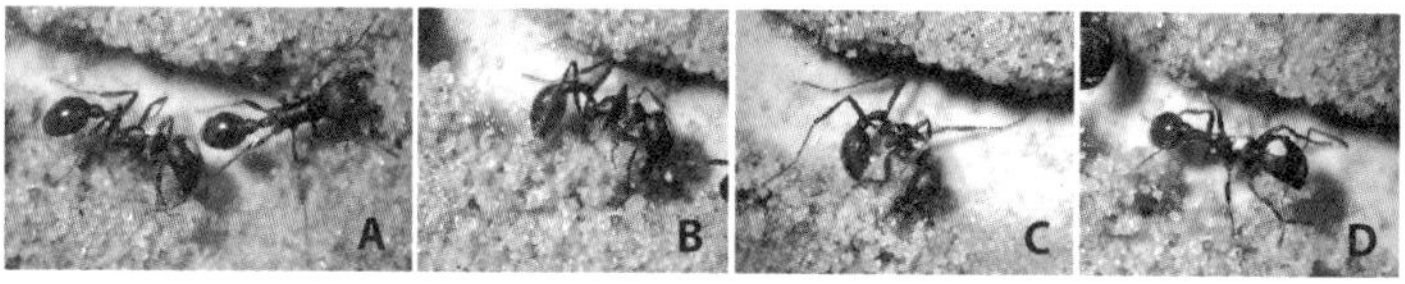

図4・7　フロリダシュウカクアリが砂でペレットを形成する様子。A：顎で砂粒を抜き取る。B：砂粒を後方に押し込む。C：体を丸めてペレットを押し固める。D：顎とサフォモア（第6章参照）の間に挟んでペレットを運び出す。（画像：著者）

屋の壁や坑道の突き当たりから砂粒を抜き取り、一度に一個のペレットを形成し、それを順番に巣の上方に運び、最後は地上の入口周辺に円状になるように捨てる。図4・7はペレットの作り方を示したものだ。そこからわかるように、働きアリはまず壁に噛みついて砂粒を抜き取り、顎を使って腹部の下へと持っていく。そして体全体を曲げることで砂粒を圧縮してペレットを作り、それを拾って地上へと運ぶ。なお、ペレットを形成するには砂が湿っている必要がある。薄い水の膜がなければ、砂粒がくっつかないからだ。

砂の「かさ密度」は、一リットルあたり約一・五キログラムである。つまり、もし一〇リットルの体積をもつ大きな巣があったとすれば、アリはそこから一五キログラムの砂を掘り出したことになる。アント・ヘブンで見つかるペレットは、平均一六〇個の砂粒で構成されていて、重量は約九ミリグラムだ（ペレットを運ぶアリの体重よりも重たい）。これをもとに、アリが掘り出した一五キログラムの砂をペレットに換算すると、少なくとも一六七万個という数が出る。言い換えれば、アリたちは一六七万回にわたって、ペレットを地上まで運んでいるわけだ。アリがペレットをくわえて上方に移動する距離は、巣の体積一リットルあたり、合計で六〇キロメートルほどと考えられる。一〇リットルの大きな巣であれば、五〇〇～六〇〇キロメートルになり、これはフィラデルフィアからクリーブランドまでの距離に相当する。驚くのは、次の章で詳しく見るように、この営巣作業がわずか四〜六日ですべて完了することだ。読者のなかには、アリの世界を何事も控えめな、平凡なものと考えている人がいるかもしれない。だが、それは大きな間違いだ。そう思えないのだとしたら、それはまだアリのスケールで世界を眺めていない証拠である。

巣の大きさや気の遠くなるようなアリの営巣作業は、確かに驚くべきものだ。だが、アリの巣の魅力として第一に挙げるべきは、やはりなんと言っても、その美しい構造だろう（図2・2参照）。地表のすぐ下には、相互に連結したトンネルが織りなす網構造があり、この部分は巣の中でも一番横幅が広い（図4・8）。ここで見られる大きさと複雑さは、巣が深くなるにつれて小さく、単純なものになっていく。一五〜二〇センチメートルの深さになると、網構造は見られなくなり、その代わり外縁に葉のような切れ込みのある単一の部屋が出現する（図4・9）。この深さでは、上下の部屋をつなぐ坑道の螺旋がはっきり認められるようになるが、こうした螺旋構造はこれ以降の深さで見られるもっとも際立った特徴だと言える（図4・10）。アリは螺旋の向きにほとんどこだわりがないようだ。一つの巣の中で、時計回りと反時計回りが混在しているケースもある。巣が深くなるにしたがい、部屋の形状はより単純に、サイズはより小さく、間隔はよりまばらになっていく。約四〇〜五〇センチメートル以降になると、部屋は豆のようなシンプルな形で安定し、螺旋状の坑道の常に外側に配置される。つるにぶら下がる平坦なブドウといった風情である（図4・10）。アリの体サイズに合わせているのか、部屋の天井までの高さは一センチメートルほど。床は、どんなときも完璧に水平、滑らかで、まるでダンスホールのようだ（図4・11）。アリが上下左右を正確に把握しているのは間違いない。それに加えて、滑らかさの感覚も備えているようだ——もっとも、私たちには滑らかに思えても、アリにとっては粗く見えているの

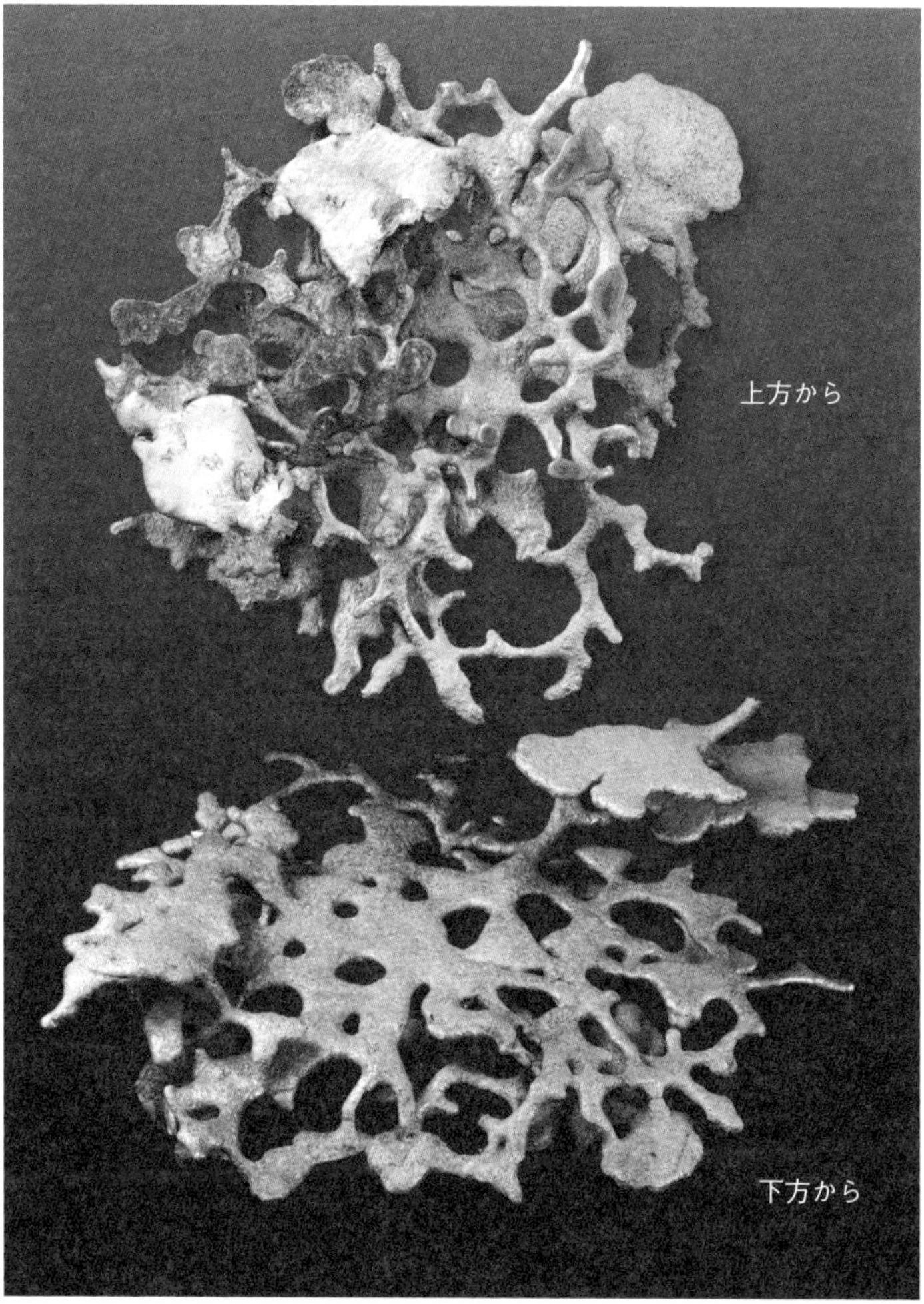

図4・8 フロリダシュウカクアリは、地表のすぐ下から約10cmの深さに非常に複雑な部屋を作る。こうした部屋は、水平方向に枝分かれした坑道が拡張され、融合した結果、生まれたものと考えられる。上の画像は部屋を上方から、下の画像は下方から撮影したものである。前者では、巣の入口（流し込んだ金属が地表に露出している場所）が2箇所確認できる。また上下どちらの画像でも、1本の坑道を伴った最初のシンプルな部屋が右上に見える。（画像：著者）

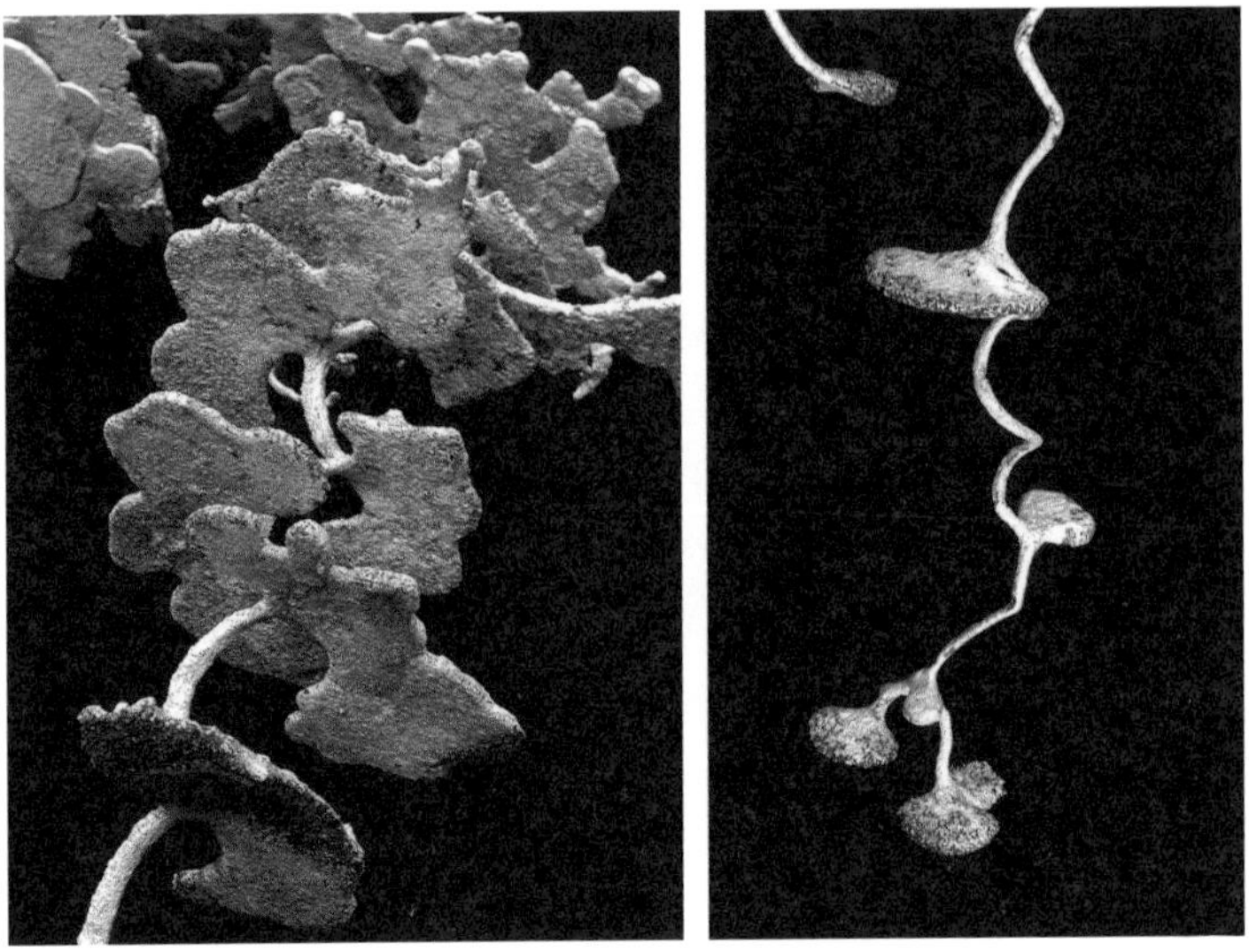

図4・9 左：深くなるにつれて部屋の間隔は広がり、形状は単純で小さくなる。また、外縁の切れ込みも消えていく。右：最深部では部屋の形状は豆のようなシンプルなものになる。この画像では坑道が螺旋状になっていることがよくわかるが、同じ巣でも、時計回りと反時計回りの螺旋が混在していることがある。（画像：著者）

かもしれないが。アリのスケールでは、砂のような粒状の物体を滑らかにしようとしても、明らかに限界がある。縦方向の坑道の直径は、部屋の高さと同様、平均して約一センチメートルである。地表近くでは通行量が多いため、坑道も幅広く、帯状になることが多い（図4・11）。車線の多い高速道路といったところか。

巣の構造が美しくあることは、アリにとって重要なのだろうか？　この質問は科学の範疇にはなく、したがってここで答えることはできない。アリの巣の美しさについて科学が何か言えるとすれば、おそらくそこには実際的な目的があるのだろうという仮定だけだ。実際、「美」には数多くの定義があるが、オックスフォード英語辞典には、「内在する優美さ、望まれる結果への適合性を通じて、知的、

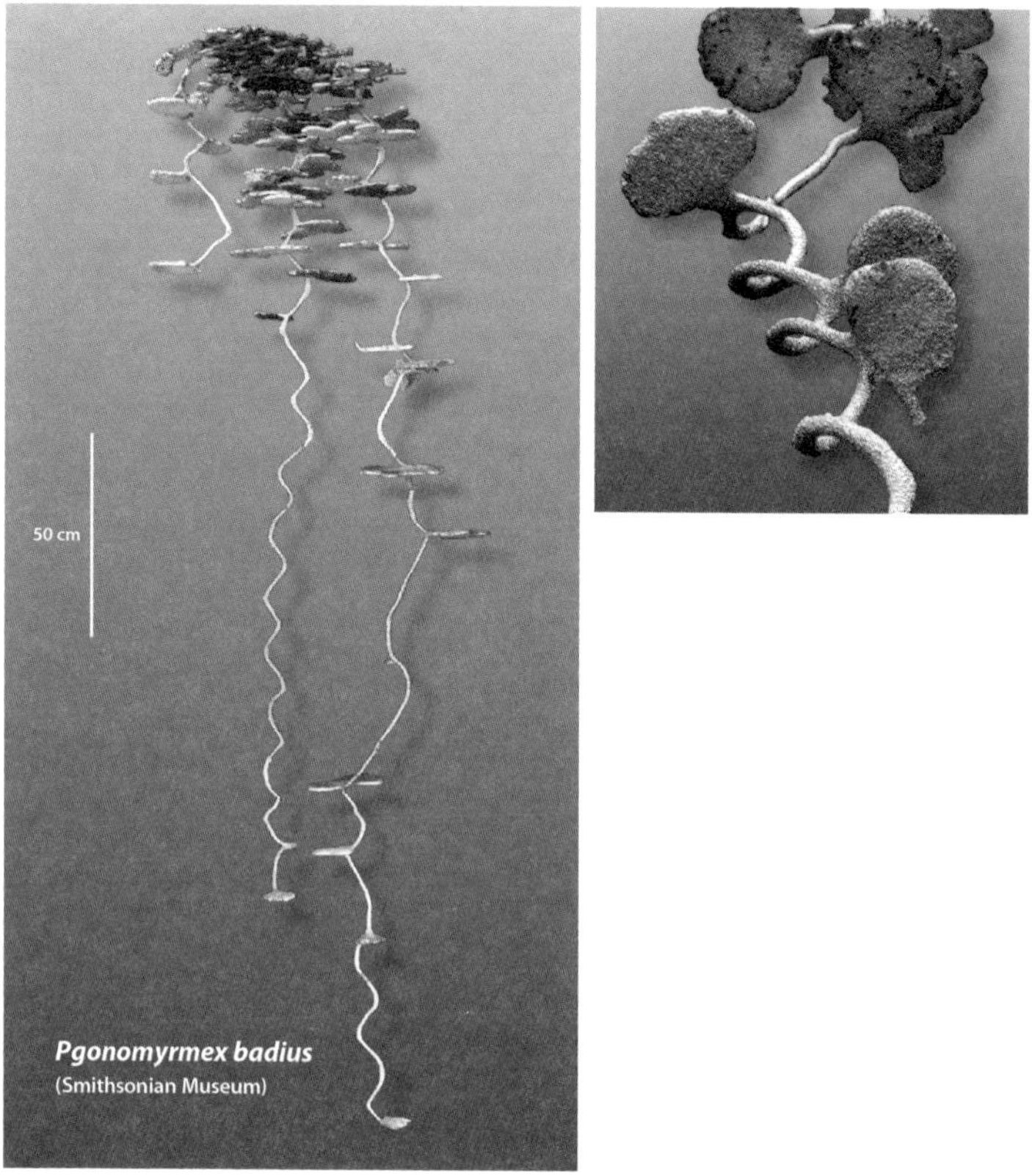

図4・10　左：フロリダシュウカクアリ（*Pogonomyrmex badius*）の巣の模型。部屋をもたない長い螺旋の坑道が目を引く。坑道の長さが違うことにも注目してほしい。右：部屋は螺旋の外側に配置されるのが一般的である。（画像：著者／Tschinkel (2015a) より）

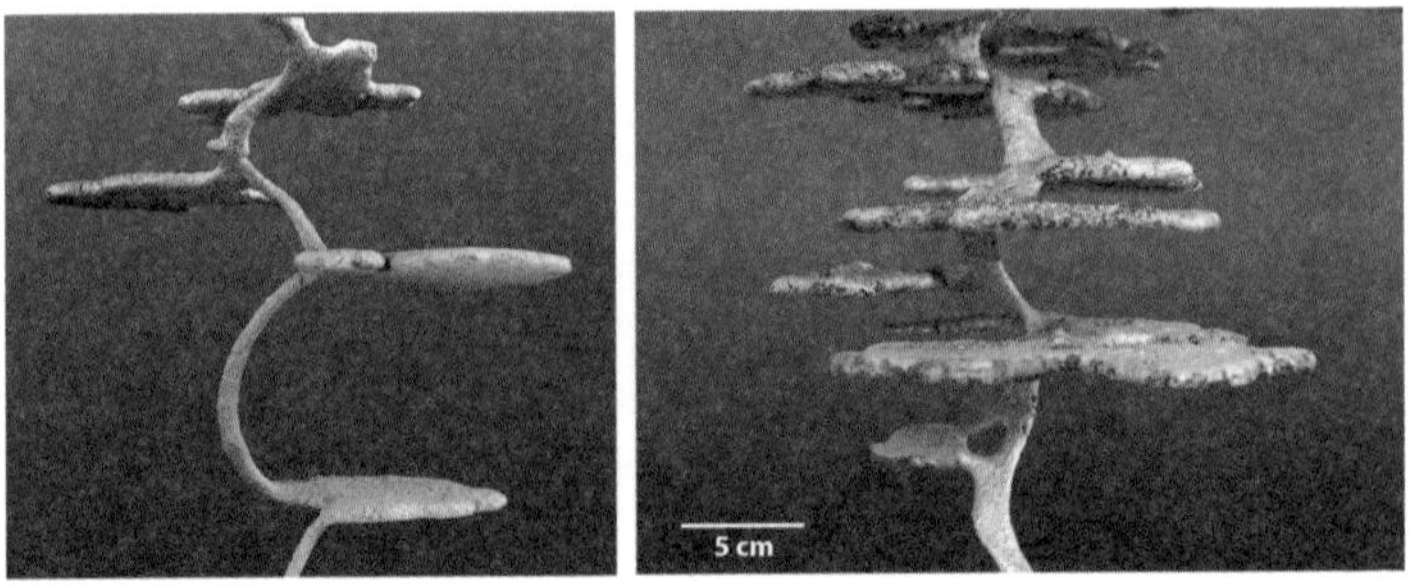

図 4・11　左：部屋の床は常に滑らかで水平である。右：巣上部にある坑道は、通行量の多さに対応できるよう幅の広い帯状になっているのが普通だ。高速道路の複数車線を思い浮かべてもらいたい。（画像：Charles F. Badland ／ Tschinkel (2004) より）

道徳的能力をもつ者を魅了する性質、あるいはその性質の組み合わせ」というものが載っている（傍点は著者）。要するに、美とは目的や機能にかなったものだというのだ。では、まっすぐな坑道を作れば目的地に早く着き体力も使わないのに、アリはなぜ螺旋状に坑道を掘るのだろうか？　垂直な坑道だと、種子を落としたときに底まで一直線に転げ落ちてしまうからだろうか？　その可能性はある。だがこれから見ていくように、コロニーに完全に垂直な坑道を与えると、アリたちはふつう何の不満も見せず、通常どおりの間隔をあけてそこに部屋を作っていく。だとすれば、やはりアリは美しいからという理由で螺旋を好むのだろうか？　アリの巣の構造が特定の実際的目的に果たす役割について、私たちはまだほとんど何も知らないため、この質問には答えることができない。私個人としては、美に関する謎は無理に追求しなくてもいいと感じている。だがもちろん、それとアリの巣の構造がコロニーに果たす役割を知りたいと私が思っていることは別問題である。科学が美を覆う神秘のヴェールを少しずつ剥がしにかかっていることを私は知っている。だが、ヴェールにほつれた箇所がいくつかあるにせよ、美の神秘の大部分はいまだ手つかずのまま残

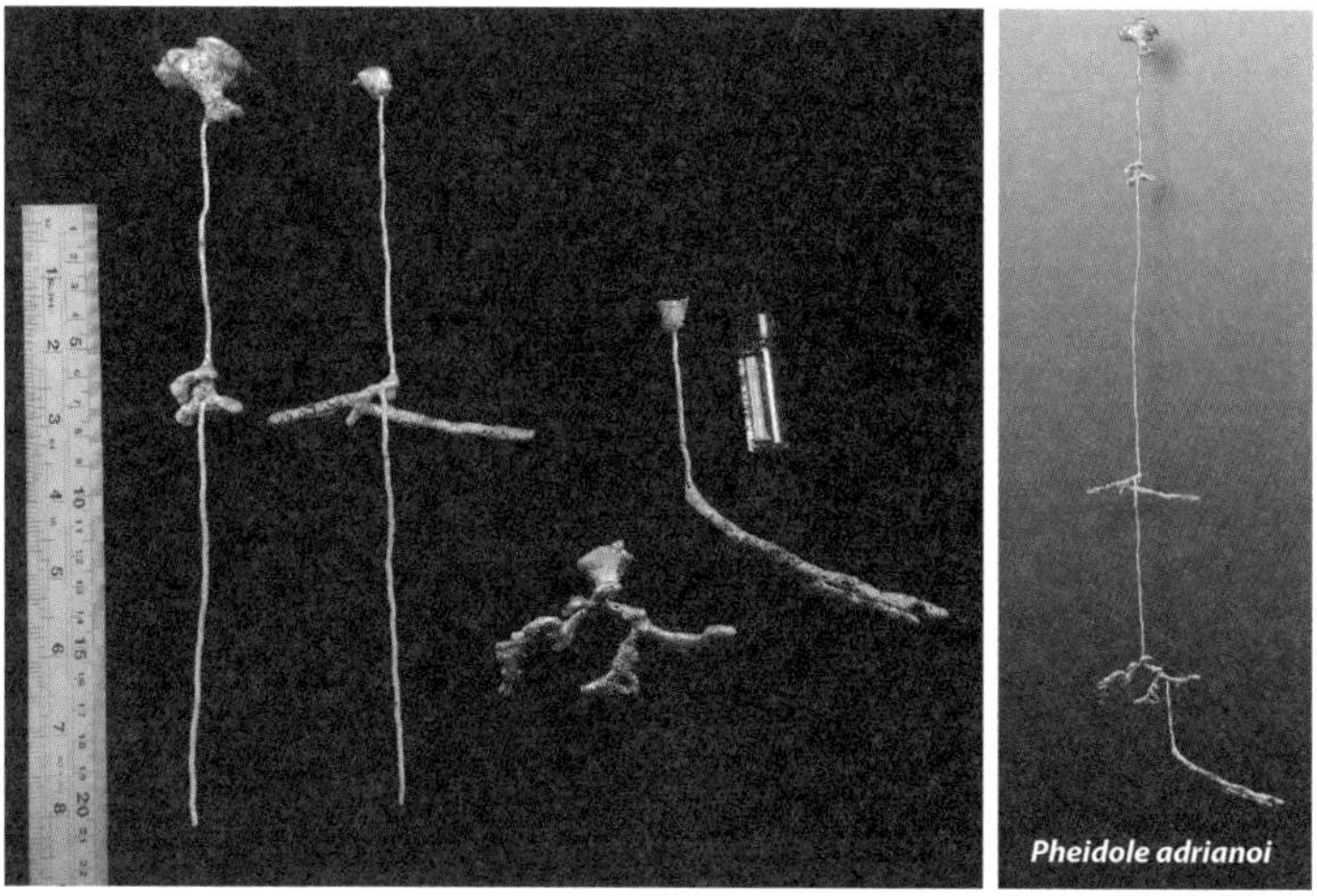

図4・12 左：ローズマリーオオズアリ（*Pheidole adrianoi*）の巣の亜鉛模型。合計で4回の流し込みを行った。右：それぞれの流し込みでできた部分を組み合わせた完成品。複雑な形をした4つの部屋を細い坑道がつないでいる。このような小さな巣の模型は作製するのが難しい。（画像：著者）

されている。フロリダシュウカクアリの巣もそれを証明する一例だと言えよう。

スケールの問題

小さな生物の研究によって得られる嬉しい余禄の一つに、生き物にはスケールというものがあり、そのスケールが異なれば生活も大いに異なる、という気づきがある。私はこれまで、巣のサイズやそれを作ったアリの個体群のサイズに関するデータを集めてきた。そうしたデータを見ていると、アリの作り上げたものや仕事を、アリの世界のスケールに対比させて考えてみたらどうだろう、というアイデアが自然に浮かんでくる。検討してみたい組み合わせはいくつかある。たとえば、働きアリの総個体数とその巣、個々の働きアリとその仕事の成果、個々の働きアリとそれが扱う材料、といったものだ。

ローズマリーオオズアリの巣は、このアリの小ささを考えれば、驚異的な深さと言える（図4・12）。「驚異的」という印象は、おそらく、このアリがフロリダシュウカクアリよりもずっと小さいという事実によって、知らないうちに強められているのだろう。では、アリのサイズを考慮に入れたとき、フロリダシュウカクアリの深さ二五〇〜三〇〇センチメートルの巣は、ローズマリーオオズアリの深さ六〇センチメートルの巣より、多少なりとも「驚異的」と言えるだろうか？　こうした二つの量（ここでは体のサイズと巣の大きさ）の関係のことを「スケーリング」あるいは「アロメトリー」と呼び、それを使うことによって、生き物の体サイズが大きくなるにつれて、他の指標がどれくらいの速度で増加するかを示すことができる。例を挙げよう。私たち人間の頭部は、体の他の部位に比べると大きくなるのが遅い。赤ん坊の頭が大きくて足が短いのに対し、大人の頭が相対的に小さく足が長いのは、そのためだ。別の例として、哺乳類では、体サイズに比べて代謝率がゆっくりと増加することが挙げられる。もし人間の一グラムあたりの代謝率がトガリネズミと同じになれば、私たちはおそらく静止大気中でも発火してしまうはずだ。力の強さもまた、体サイズに比べると増加率がずっと低い。アリの相対的な力の強さに驚いてしまうのはそれが理由で、私たちもアリのサイズになれば、同じくらいの怪力を発揮することだろう。同様に、もし言葉を話すゾウがいれば、人間の相対的な力の強さを見て感嘆の声をあげるだろうし、アリの力の強さに関しては理解の範疇すら超えていて口をあんぐりあけるだけかもしれない。自分の体重と同じ重さの物体を持ち上げられるゾウはいないが、そうした人間は珍しくなく、アリにいたっては自身の数倍の重さを軽々と持ち上げるのである。

スケーリングの原理を巣作りに当てはめてみると、次のような疑問が湧いてくる――アリのサイズに

図4・13 左：フロリダシュウカクアリ（上）とローズマリーオオズアリ（下）の大きさは著しく異なっている。体長は前者が6.0mmで後者が1.4mm、乾燥重量は4.0mgと0.04mgで100倍の違いがある。両者の縮尺は同じ。右：両者が10セント硬貨に集まったところ。GODの刻印のすぐ右にいるのがローズマリーオオズアリの働きアリである。（左の画像：April Nobile（AntWeb.org）の画像にWalter R. Tschinkelが手を加えた。右の画像：著者）

よって、相対的な営巣能力も変化するのだろうか、という疑問だ。生物学的指標の多くは、生き物の体サイズとは異なる速度で増加している。したがって、おそらく相対的なものであれば、アリのサイズから巣のサイズを予想できる可能性がある（図4・13）。私は、一〇種のアリ*について、こうした比較に必要なデータ――巣の体積、働きアリの体重、個体数――を長年にわたって集めてきた。いま挙げた指標はすべて、種によって大きく異なっている。たとえば、フロリダシュウカクアリの働きアリは、ローズマリーオオズアリの働きアリと比べて、乾燥重量がおよそ一〇〇倍（前者が四ミリグラム、後者が〇・〇四ミリグラム）、巣の体積が六〇〇倍（三〇〇〇ミリリットル、五ミリリットル）、コロニーの働きアリの個体数が一五倍（三〇〇〇匹、二〇〇匹）、コロニー全体の重量が一五〇〇倍（一二グラムと〇・〇〇八グラム）である。

特段驚くことではないが、働きアリのサイズが大きい（二

* 私が集めた一〇種は以下のとおりである。*Pogonomyrmex badius*, *Pheidole adriani*, *Ph. morrisi*, *Camponotus socius*, *Aphaenogaster floridana*, *A. treatae*, *A. ashmeadi*, *Odontomachus brunneus*, *Formica dolosa*, *F. pallidefulva*.

〜七ミリグラム）種は、一匹あたりが土を掘る量も多くなる（一〜四ミリグラム）。これが中型の働きアリ（〇・五〜二ミリグラム）になると、一匹あたり〇・三〜〇・五ミリリットル、小型の働きアリ（〇・〇四〜〇・二ミリグラム）では、一匹あたり〇・〇二〜〇・〇六ミリリットルになる。要するに、働きアリの体サイズが大きくなるほど居住スペースが必要となり、そのスペースを掘る力も有しているということだ。しかし、営巣能力を比較するのに、この数字をそのまま使うわけにはいかない。一匹あたりの土の掘削量を見るのは公平な比較とは言えないからである。そこで、働きアリの体サイズの違いを補正するために、その乾燥重量一グラムあたりの掘削量を利用することになる。それによって、働きアリの体サイズがもつ影響を除去し、すべてのコロニーを同一のスタートラインに立たせることができるのだ。このやり方で補正をすると、フロリダシュウカクアリは、働きアリの重量一グラムあたり約二五〇ミリリットル、一方ローズマリーオオズアリは約六〇〇ミリリットルの土を掘ることがわかる。小さな巣を作るローズマリーオオズアリの方が、大きな巣を作るフロリダシュウカクアリよりも、相対的に大きな仕事をしていたのである。

この結果は、働きアリの単位重量あたりの営巣能力が、アリのサイズが大きくなるにつれて低下し、大型のアリよりも小型のアリの方が優れた仕事をする、ということを意味しているのだろうか？　残念ながら、この疑問に答えを出すには、私の集めた一〇種のアリのデータでは不十分だ。働きアリ一グラムあたりの掘削量が一二〇〜一三〇〇ミリリットルであることまではわかっているが、働きアリやコロニーのサイズに関連した明確なパターンは見つかっていない。一〇種のうち七種は一グラムあたり一〇〇〜三〇〇ミリリットルの土を、残りの三種は五〇〇ミリリットル以上の土を掘る。もちろん、これらの数字はどれもアリたちの卓越した営巣能力を示している。もし私が、自分の乾燥体重一グラムあたり三〇〇ミリリットルの土を掘り起こしたとしたら、その量は一万三〇〇〇リットル、重さにして二〇トン分に相当する。考えただけでうんざりする数字ではなかろうか。

最後にもう一つ、重要なスケールの組み合わせがある。それは、個々の働きアリとそれが掘り起こす土の粒度だ。当たり前の話だが、アリはサイズが小さくなるにつれ、土の粒子のサイズに近づいていく。私のお気に入りの調査地であるアント・ヘブンの砂地では、アリが運ぶ最小の単位は一粒の砂だ。その砂は石英で、同じ体積のアリのおよそ二・四倍の重さがある。アント・ヘブンの砂粒の平均体積は働きアリの半分強なので、一粒の砂はアリの乾燥重量の約一・四倍となる。これを平均的な人間の男性に置き換えれば、約一一五キログラムの巨石を運んでいる計算だ。小さなローズマリーオオズアリにしてみれば、岩場に巣を作っているようなものなのである（図4・14左上）。

反対に大きい働きアリにとっては、土の粒度や粗さは相対的に小さく感じられる。たとえば、モリスオオズアリの働きアリの体重は〇・一八ミリグラムで、平均的な砂粒のおよそ三倍の重さだが、フロリダシュウカクアリの働きアリは四ミリグラムで、砂粒との差はおよそ七〇倍になる。掘り出した砂を効率良く運ぶために、大部分のアリは湿った砂の粒を圧縮してペレットを形成する。一例を挙げれば、フロリダシュウカクアリが作るペレットには平均で一六〇個の砂粒が含まれ、その重量は九ミリグラムになる。それを運ぶ働きアリの体重の二倍以上に相当する重さだ（図4・14下）。アリがペレットのサイズを最適化しているかどうかについては、まだわかっていない。

私たち人間が、スケールに関してアリに絶対的な優越感を抱くのは、しごくもっともな話だ——なに

図 4・14　左上：ローズマリーオオズアリの働きアリの頭部と、そのアリが営巣する土壌の比較。右上：大型の働きアリ（メジャーワーカー）と小型の働きアリ（マイナーワーカー）が営巣場所の砂地にいるところ。平均的な砂粒は小型の働きアリの 1.4 倍の重さがある。アリにとっての砂は人間にとっての岩のようなものだろう。下：着色した砂の中に巣を作るフロリダシュウカクアリ。このアリが作るペレットには平均で 160 個の砂粒が含まれ、1 粒の重さは働きアリの 70 分の 1 である。ローズマリーオオズアリにとっての砂粒は、フロリダシュウカクアリにとっての砂粒よりも、ずっと大きく感じられるはずだ。（画像：著者）

しろ、実際に私たちはアリよりもずっと大きなスケールの世界に暮らしているのだから。私はここまで、アリの偉業を人間のサイズでイメージしてもらおうと骨を折ってきたが、突き詰めて考えてみれば、これは的外れな試みだったかもしれない。というのも、アリの偉業にしろ人間の偉業にしろ、それは例外なく自身のスケールに見合ったものでしかないだからだ。言い換えれば、もし私たちがアリほどの大きさであれば、アリの偉業も平凡な結果にしか見えないはずで、何の問題もなく同等の仕事をこなせるはずである。

本書ではここまで、アリが作り、完成させた巣について、そのスケールも含めて多くの事例を見てきた。だが、アリが実際に巣を作っていくプロセスについては、まだ何も触れていない。コロニーは、すでにある巣(創設巣)を拡張していくだけなのだろうか？　それとも新しい巣を作って、引っ越しをするのだろうか？　巣作りはどのくらいの期間で行われるのだろうか？　次の章では、再びフロリダシュウカクアリに注目して、営巣のプロセスと期間について見ていくことにしよう。

第5章　巣の引っ越し

アリは、巣作りに非常に多くの時間と労力を費やす。したがって、アリが自分の作った巣に長期間にわたり、ときにはコロニーが存続する限りずっと暮らしつづけると考えるのは、もっともな話に思える。事実、コロニーが原則的に一箇所に定住するという考えは、長らく多くのアリ研究者の共通見解になっていたし、生態学者もコロニーには「植物的な特徴」があると指摘してきた。生態学者によると、アリと植物はどちらも一つの場所に根を張り、固定された近隣地域とだけ相互作用をし、その近隣地域からすべての資源を得ている。どちらもモジュール（コロニーでは働きアリ、植物では葉や茎）を追加することで成長し、モジュールを切り離すことで衰退する。そして、どちらも珠芽《しゅが》（コロニーでは交尾済みの有翅女王、植物では種子）を放出することで繁殖を行う。こうした比較は、それ自体確かに興味深い。だが一九八〇年代初頭になると、複数の科学文献によって、アリのコロニーがそれまで考えられていたよりもずっと自由に移動することが示されるようになった。

中空の小枝やドングリや木の実、腐った丸太など、既存の空洞に巣を作るアリにとって、巣の素材の劣化は、引っ越しをする十分な理由になるように思える。そうしたアリにしてみれば、頻繁な移動はごく日常的な出来事であり、時間もかからなければ、リスクもほとんどない。森林では、中空の小枝や中身のなくなった種子さやなど、巣に利用できる空洞がいたるところに散在している。老朽化した巣にわざわざ住みつづける必要はないのだ。こうした巣の移転は、実験室でも次のような手順で簡単に調査できる。まず樹皮などの巣の覆いを取り除き、パニックになったアリたちが、事前に準備しておいた代替の巣のどれを選ぶのかを観察する。そして、その選択の手順、移動にかける時間、移動の管理方法などを記録する、それだけである。おかげで現在では、この種のアリの移動や、アリが必要な判断をどう下しているかについて、かなりのことがわかっている。

だがそれとは対照的に、膨大な労力を費やして土中に巣を作るアリの引っ越しの理由を考えるのは一筋縄ではいかない。新しい巣を作るには再び大量の時間と労力がかかり、地上を移動する際には、捕食、乾燥、熱によって死ぬリスクさえあるのに、それでもアリは巣の移転を行う。ハキリアリ（*Atta* and *Acromyrmex* spp.）の大所帯のコロニーですら、非常にまれとはいえ、その巨大な巣を放棄する場合があることが知られている。これまでの調査では、アリの巣の移転が行われる明白な（あるいはそれなりに明白な）理由はほぼ何も見つかっていない。だが現実にアリの引っ越しは行われており、そうであれば、その行動は適応に有利に働いた結果、集団内に保持されてきたと考えるべきだろう。

フロリダシュウカクアリの引っ越し

私は、コロニーの成長と季節ごとの生活史を調査するために、一九八〇年代半ばからフロリダシュウカクアリ（*Pogonomyrmex badius*）の巣を掘りはじめたが、当時からすでに、そのアリが頻繁に巣の移転を行うことに気づいていた。目印をつけておいた巣に後日訪れてみると、風雨によって砂と木炭片が散逸した、幽霊みたいな存在感の円盤だけが残されているケースを少なからず目撃していたからだ（図

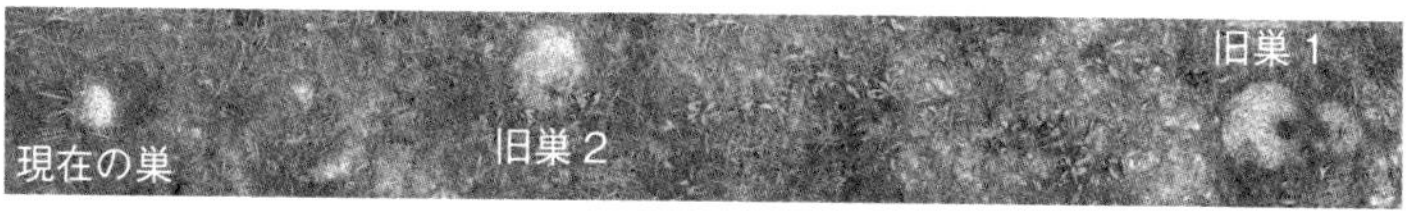

図 5・1 フロリダシュウカクアリは頻繁に巣の引っ越しを行うが、普通はそれほど遠くには移動しない。住人がいなくなった巣の円盤は、数カ月（あるいは数年）にわたり「亡霊」のように存在しつづける。（画像：著者／Tschinkel (2014) より）

5・1）。そうした巣には、円盤上をせわしなく動き回るアリも、巣の中から現れてペレットやゴミを捨てるアリも見当たらなかった。コロニーは死滅してしまったのだろうか？　それともたんに休憩中なのか、あるいは引っ越してしまったのだろうか？　あたりを見回してみると、できたばかりと思われる円盤が近くにあるのがわかった。木炭片が敷き詰められたその円盤には、日常業務をこなす元気なアリたちの姿が見られた。目印をつけておいた他の近隣の巣にはすべてアリたちがいたことから、見捨てられた巣と新しくできた巣の住民は同じであり、したがって引っ越しが行われたのは間違いなかった。

巣の移転は、それを行う理由がどうであれ、巣作りを一から研究する好機である。フロリダシュウカクアリの美しくも複雑な巣全体、その内容物の分布は、古い住処から新しい住処へと移ってから、わずか数日で作り上げられる。引っ越し作業は、コロニーの一生から見れば、ごく短い期間に行われるのだ。かくして、住む場所を気ままに変えるというコロニーの性質は、巣の構造研究に格好の題材を提供してくれる。これから見ていくとおり、アリの巣は、創設巣を時間をかけて拡張した産物ではなく、引っ越しを通じてコロニーの一生の間に何度も繰り返し作られるものだ。よって、巣の移転を研究することは、アリの生態に加えて、巣の構造を理解するための出発点だと言える。

これから引っ越しをするアリが、何かしらの目立つ合図を送ってくれることはない。ある特定のコロニーが移動するか否かを予測するのは今のところ不可能だ。したがって、研究に必要なだけの引っ越しのサンプルを確保しようと思えば、調査区域のコロニーすべてを監視して、まさに現在移動中の個体群を見つける必要がある。私はすでに、アント・ヘブンでかなりの時間と労力を注いでフロリダシュウカクアリの個体群の調査を行っていた。だから、対象としてどのアリの種を選ぶかは考えるまでもないことだった。ところで、科学における多くのプロジェクトがそうであるように、私の今の話は、時間を逆向きに語ったものである。つまり私は、巣の移転の原理を研究しようと思い立ってから、もっともふさわしい対象としてシュウカクアリを選んだのではない。実際は、シュウカクアリの移動をアント・ヘブンで頻繁に目にしたことが、このプロジェクトのアイデアのもとになったのである。

コロニーを追跡する

個体群を監視するための第一歩は、二三ヘクタールの面積をもつ調査区域にいるすべてのコロニーに番号を割り振り、識別可能な状態にすることだった。二〇一〇年にアント・ヘブンの「中心地」を調査したときは、二〇〇以上のコロニーが見つかった。私は、その巣の一つひとつに数字入りのタグをつけたピンを刺して、それを目印にした。タグもピンも金属製にしたのは、アパラチコラ国有林が火災予防のために定期的に行う火入れで焼失させないためである。翌二〇一一年には調査対象をアント・ヘブン全域に広げ、番号を振ったコロニーの数も四〇〇〜四五〇にまで増えた。このときに見つけて印をつけたコロニーは、一〇年が経過した今日、この原稿を書いているまさにこの瞬間も、まだ多くが健在である。

巣の移転の研究には地図が必ず必要というわけではないが、それでも地図を作ることで、データの空間的分析という強力な武器が手に入る。要するに、地図を用いることによって、各コロニーがどの方向にどれだけ移動したかばかりでなく、他のコロニーや近隣環境との関係の把握が可能になるのだ。ここで心強い助っ人として登場するのがＧＰＳ技術である。私の場合はオークションサイト（eBay）で、トリンブル社製のＧＰＳレシーバー（GeoXT）の中古品を（ため息が出るような）定価の四分の一で購入した。説明によると、そのレシーバーがあれば、地上の位置を五〇センチメートル以内の誤差で特定できるそうだ。調査に使うには十分である。ＧＰＳは一秒ごとに位置を記録するように設定し、その測定結果を二、三〇回分積み重ねる。正確さと作業時間を天秤にかければ、こうして出てくる結果が納得のいく妥協点だと言えるだろう。だが、この方法で算出した位置の平均も、実際の位置から数メートルずれていることがある（この誤差は測定時期によって変化する）。その場合は、一〜二センチメートル以内の誤差で経緯度がわかっている近くの「基地局」を参照して、誤差を修正するとよい。基地局の位置データはオンラインで入手できる。たとえば、二〇一一年五月一四日午後三時二五分にＧＰＳ衛星が報告した基地局の位置は、実際の経緯度から一・六メートル北東にずれたものだった。このずれはコロニーの位置にも当てはまるので、それと同じ数値を、レシーバーが報告した位置から差し引けば修正は完了となる。この方法を使って、調査対象コロニーのほぼすべての位置を、最終的に五〇センチメートル以内の誤差で特定することができた。地球が一万二七五六キロメートルの直径をもち、自転による遠心力で四三キロメートルの歪みがあることに思いを馳せてみれば、実に驚くべき精度だと言える。

こうして、すべてのコロニーに番号を振り終え、その正確な位置も特定できた。これによって、少なくとも理論上は、巣の引っ越しを簡単に追跡できるようになったはずである。だが、これはあくまで「理論上」の話で、現実はそれほど甘くはない――実際に追跡するには、定期的に全コロニーを訪れて、どれがどこに移動したかを確認する必要があるのだ。具体的な作業として、引っ越しをしたコロニーを見つけたときは、GPSで新しい巣の位置を測定し、円盤の直径を記録した。また、古い巣にある数字入りタグを新しい巣へと移動させた。コロニーの点検回数は年に五〜七回とした。それまで観察した移転頻度から、それで十分だと判断したのである。そして各点検時には、コロニーが活動しているか否か、引っ越しをしたか否か、あるいは未登録の新しいコロニーがあれば新たに記録した。こうした作業を繰り返すことで、巣の移転に関する詳細な情報が手に入った（この情報はまた、コロニー寿命の推定にも利用できたが、それについては第8章で説明する）。この野外調査は六年間にわたって行われ、フリオ・ドミンゲス、ニコラス・ハンリー、タイラー・マードック、ニール・ジョージが、コロニーの番号や場所、アリたちのふるまいに精通した優秀なアシスタントとして同行してくれた。彼らが皆、アント・ヘブンの気持ちの良い林を歩き回って、コロニーを訪問するのをいつも心待ちにしていたことをよく覚えている。

衛星を利用した技術により可能になったことがもう一つある。コロニーの位置をアント・ヘブンの（本物の天国《ヘブン》から見たような）航空写真上に再現できるようになったのだ。GPSで測定した正確な緯度と経度は、グーグルアースに「場所」として追加でき、それによってコロニーの位置を示した俯瞰図が得られる（図5・2）。各回の調査結果は、オンとオフが切り替えられる「レイヤー」の形で追加され、

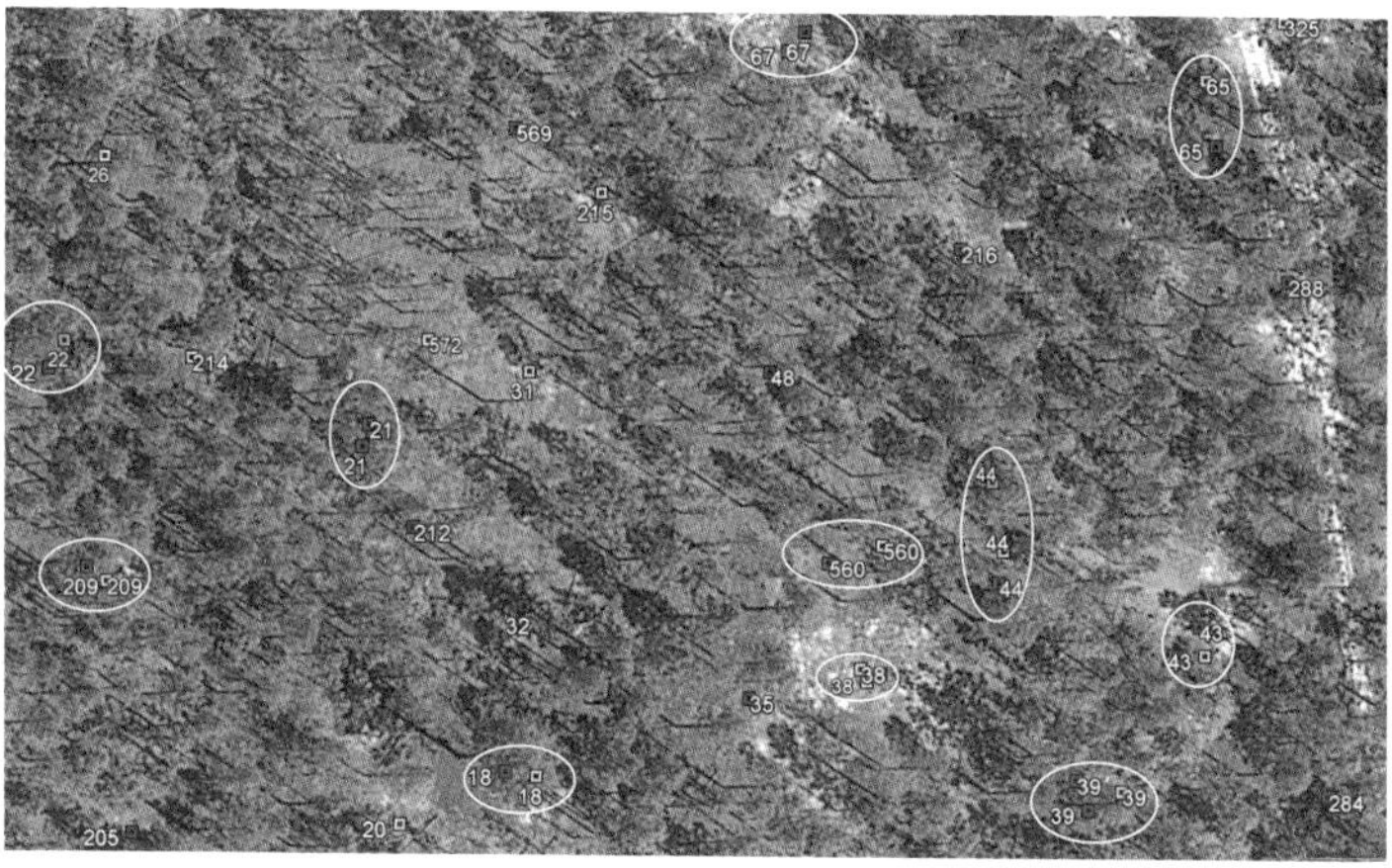

図5・2　グーグルアースで見たアント・ヘブンの一部。2013年のコロニーの位置を示している。調査ごとにシンボルの色を変えている。また、同年に引っ越しをしたコロニーの位置を楕円で囲った。（画像：Tschinkel (2014) より）

コロニーを示すシンボルには、サイズや調査日など（私の忍耐力がもつ限り）あらゆる情報を付け加えた。過去の調査結果をプリントアウトしたものは、次の調査で役に立った。コロニーを確認するたびにプリントアウトの方に線を引いて消していけば、見落としがなくなるからである。

GPSとはそもそも、潜水艦から核ミサイルを発射して正確に命中させるために開発された技術だった。その数十億ドルのシステムの力を借りれば、飛来するICBMの正確さをもって（実際にはそれ以上の精度で）もれなくコロニーを突き止め、マッピングすることができるのである。

いつ、どこで、どれくらいの頻度で移動するのか？

この調査から結局何がわかったのか？　まっさきに指摘しておくべきは、巣の移転が頻繁に行われているという事実だろう。シュウカクアリのコロニーは全体的に落ち着きがなかったが、なかでも特に腰の落ち着かない集団もいた。三年に一度しか引っ越しをしない鷹揚なコロニーがある一方で、ひと夏で四回も巣を変えた神経質なコロニーもあったのである。流行り言葉で恐縮だが、こうしたコロニーの「パーソナリティ」の違いは、私が見つけ出すことのできたどんなアリの特徴とも関連していなかった。全コロニーの引っ越し回数の平均は、年に一回前後で推移していた（二〇一二年は〇・七二回、二〇一三年は一・一五回）。もしかすると読者のなかには、新しい巣を掘ってそこに移動するのは大仕事なので、コロニーもそれに見合うようかなりの距離を移動するのではないかと考える人もいるかもしれない。だが、それは正しくない。怠惰なコロニーでは、わずか一メートルほどしか移動しないケースもあった。古い巣の円盤の縁から新しい巣が望めるくらいの距離である。一方、もっと活動的なコロニーでは、一〇メートル以上離れた場所に巣を作るケースもいくつか見られた（最大は四〇メートルだった）。人間に換算すると約八キロメートル、目安としてはセントラルパークの往復距離程度だ）。とはいえ、全コロニーの移動距離の平均はわずか四メートルで、これは道路を横断するのとだいたい同じ距離である。

引っ越しに際して、コロニーが好む方角はあるだろうか？　全体として見た場合、コロニーはランダムな方向に移動していることがわかった。個別に見ると、繰り返し目指す好みの方向をもつコロニーもあったが、ランダムにジグザグに移動した結果、何度も引っ越しを重ねるうちに、いつの間にか一番最初の巣に近づいていたというコロニーも珍しくなかった。ブラウン運動のようなランダムウォークをある一つの点の周囲で行っていると言えばイメージできるだろうか。たとえば、二年間で一回しか移動しなかったコロニーは、平均的には最初の巣から四メートル離れた場所にいることになるが、二年間で六回引っ越しをして、延べ三〇メートル移動したコロニーでは、最初の巣から一メートルしか離れていない事例もあった。この事実は、アリが何かから遠ざかったり、何かに近づこうとするためではなく、まだ知られていない理由により引っ越しを行っていることを示唆している。

巣の移転には季節が深く関係していることもわかった。具体的には、一一月から五月下旬にかけては引っ越しをするコロニーがほとんど見られなかったが、六月半ばになると熱心に移動をはじめるようになった。ピークは七〜八月で、毎日およそ全体の一パーセントのコロニーが移動を行った。一カ月で全体の二五〜三五パーセントが引っ越しをする計算だ。事実、この時期にアント・ヘブンを散策すると、新旧の巣をつなぐルートを行ったり来たりするアリの行列を必ず一度は目撃することになる。

なぜ新しい巣を作るのか?

では、なぜアリたちはこれほど頻繁に巣の移転を行うのだろうか? より環境の良い地域を求めて? 住民が増えて手狭になったから、もっと大きい巣が必要で? 巣内のゲストにうんざりして、それを置き去りにするため? 巣が厄介な病気に汚染されたから? それとも、ゴミがたまってどうしようもなくなったから?

引っ越しによって近隣環境が改善するとは考えにくい。というのも、一回の平均移動距離が四メートルなのに対し、もっとも近いコロニーは一六メートル、次に近いコロニーは一八メートルも離れているからだ。実のところ、アリは四方を他のコロニーに囲まれているのが普通で、そうした領域を移動するのは、ナポレオン軍がロシアに進軍するのにも喩えられる。つまり、良いアイデアとはとても言えない。

もしかしたら、アリだけが知る理由によって、アント・ヘブンの一部区域が、他の場所よりも定住生活に向いているという可能性はないだろうか？　伐採、植樹、火入れなどの来歴が違うため、場所によって樹冠率、樹木の構成、リター（枯死有機物）密度などが異なっているのは事実である。だが、どの区域においても引っ越し率に差は見られなかった。

では、コロニーが大きくなりすぎたので、もっとゆとりのある巣が必要になった可能性は？　私たちはこの仮説を確かめるために、今は使われていない古い巣と、入居後一～二週間の新しい巣の両方を掘り起こし、個体数調査を実施した。結論から言えば、古い巣と新しい巣にはほとんど違いがなかった（図5・3）。新しい巣は、古い巣よりほんの少しだけ小さく、浅かったが、営巣作業が継続していたので、それは問題にならない。部屋、成虫、ブルード、種子の垂直分布も、両者はよく似ていた。したがって、引っ越しの動機が巣のサイズを大きくすることだとは、やはり考えにくい。そもそも、巣のサイズが問題なのであれば、人間の家に寝室を建て増しするように、巣を拡張すればすむ話である。

招かざる不快なゲストから逃げるためというのも、理由としては弱いように思える。アリにとってどこから見ても迷惑な存在は、巣に戻ってきた働きアリから食糧を盗むクチキムシの幼虫くらいのものだからだ。アリを食べるクモやサシガメは活動範囲が広く、アリの巣内には住んでいない。種子の貯蔵庫にいる大量のトビムシは（おそらく）カビを食糧としており、サクラグモ（*Masoncus pogonophilus*）の餌はそのトビムシだ。コオロギやセイヨウシミはスカベンジャーなので、アリの脅威にはならない。さらに言えば、ゲストの多くは、新しい巣ができたとしても、自力で歩いたり、種子や働きアリにただ乗りしたりして、コロニーの後を追うことができる。よって、この仮説も見込みなしだ。

他に考えられる動機は、巣が汚染されたり、病気や寄生生物が蔓延したというものだが、この仮説は

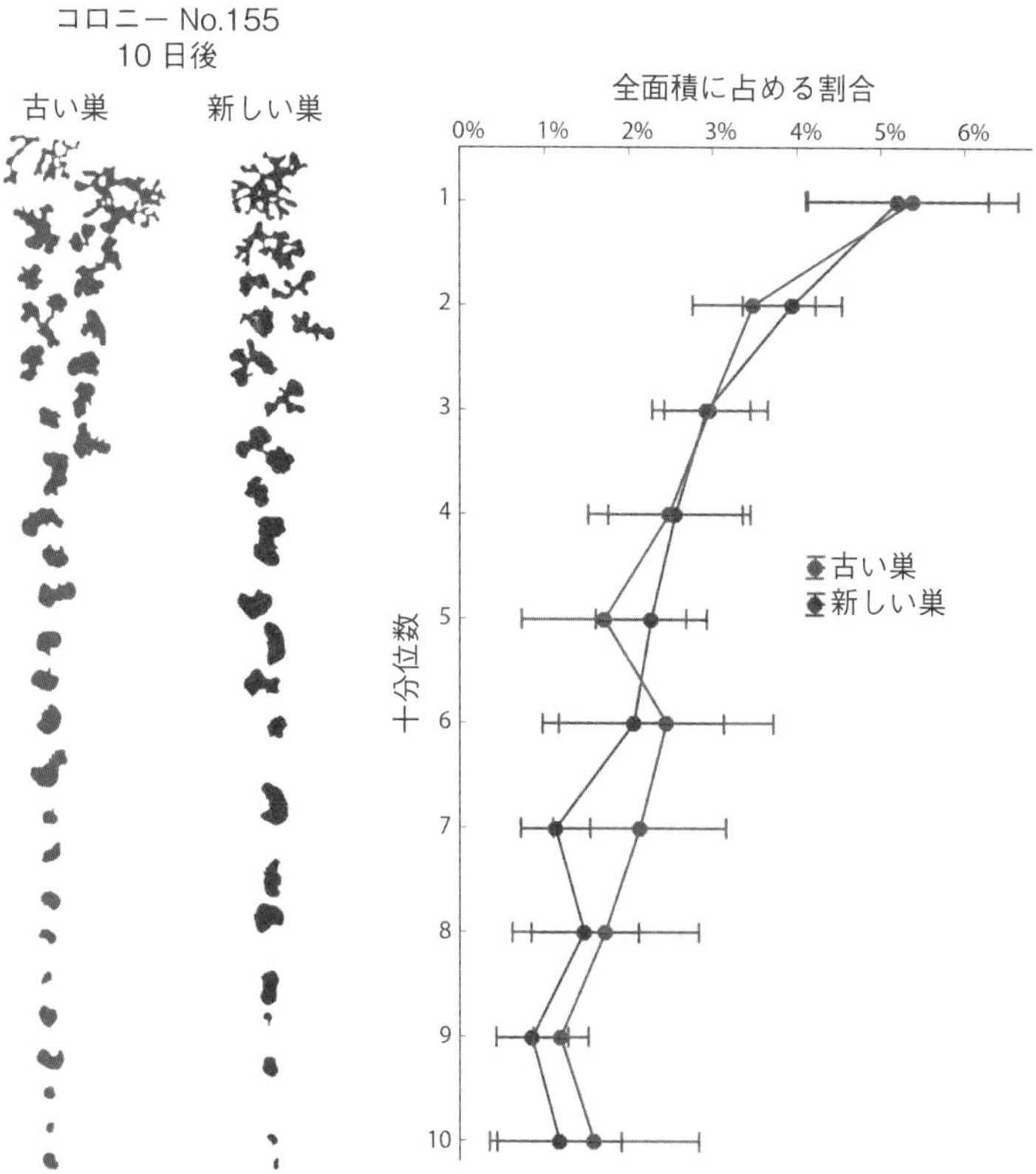

図5・3 引っ越しで作られる新しい巣は、古い巣と非常によく似ている。左：古い巣の形を青で、新しい巣（引っ越しの10日後）の形を赤で示した。右：複数の巣の平均を取ってみると、古い巣（青）と新しい巣（赤）では部屋面積の分布も似ていることがわかった。（Tschinkel (2014) のデータをもとに作成）

まだ検証されていない。確かに、長い期間使われている巣では、上部の部屋の床が菌糸（と思われるもの）で覆われているケースが珍しくない。砂と結合した菌糸が、取り外し可能な黒いマット、あるいはリノリウムの床のようになっている場合もある。だが、このマットが病原性をもつ証拠はどこにもない。有害かどうかは何とも言えないのだ。アリは暗闇では目が見えないので、黒い床を嫌うことも考えられない。とはいえ、最初に述べたように、衛生面に関する何らかの要素が引っ越しの動機だというこの仮説に関しては、まだ検証が行われていない。候補の一つとして保留しておくべきだろう。

アリの世界と人間の世界は別物である。そのため実際には、アリの行動が私たちの想像もしない理由から生じている可能性もある。だがどちらにせよ、行動というものには何らかの理由があると私たちは信じて疑わず、その確信こそが研究を進める原動力になっている。私たちができるのは、自分が思いついた仮説を検証することだけだ。そのように謎の周辺を行ったり来たりするうちに、最終的には納得のいく理由を見つける。そして、別の強力な証拠が出てきて自説を捨てざるを得なくなるときまで、それで勝負を続けるわけだ。ただし、自分の考えたストーリーがすばらしいものであれば、それを捨てるのも非常に難しくなるだろう。現時点では、アリの頻繁な引っ越しには、何らかの長期的なメリットがあると考えられる。だが、そのメリットが何かはまだわかっていない。

引っ越しのコスト

新しい巣を作り、移転するには、それだけのエネルギーと時間が必要になり、ときには命の危険も伴う——要するに、引っ越しにはコストがかかる。そのコストが自然選択を通じて支払われる場合、それは適応度の低下という形で観察されるはずだ。アリのコロニーにとって、適応度の低下とは生殖個体の能力の低下や数の減少を意味するが、これは測定するのが難しく、私も調査を行っていない（ここで生殖個体とは、新しいコロニーを作ることを目的とする有翅メスと、そうしたメスと交尾することを目的とする有翅オスを指す）。次善の策は、コロニーの規模を適応度の代理として採用することだ。コロニーが大きくなるほど、生殖個体も平均して多くなるからである。コロニーの構成員数は、入口周辺の円盤の面積と強く相関することがわかっているため、その円盤を利用して、コロニーのサイズを間接的に測定することができる。具体的には、もし適応度が低下しているならば、引っ越しを頻繁に行うコロニーの円盤は、面積の増加率が低くなるか、もしかすると増加すらしない可能性もあることになる。私たちは、このテーマについて二年間の追跡調査を行った。さて、巣の円盤の面積はどのように変化しただろうか？

実際の結果を見る前に、次のことを頭に入れておこう。すなわち、働きアリの数が二五〇〇匹未満のコロニーでは、円盤面積が増加する傾向にある一方で、それ以上の規模のコロニーでは減少する傾向にある、ということだ。したがって、先の質問は実情に合わせて次のように言い換える必要がある――頻繁に引っ越しをするコロニーは、そうでないコロニーに比べて、円盤面積を減らすことが多いのだろうか？　答えは「イエス」である。面積は減っていたのだ。引っ越しをまったくしなかった、あるいは一回だけしたコロニーでは、円盤面積は〇〜五〇パーセント縮小していたが、引っ越し回数が二〜四回のコロニーでは、およそ八〇パーセント縮小していた。このような面積の減少は、生殖個体を生み出すコロニーの力が落ちたこと、すなわち適応度が低下したことを示唆していると言える。もちろん、引っ越しに関する他の要素が、この面積減少の原因になっている可能性もある。

引っ越しのスケジュール

巣の移転の定量的な説明は、結果の数字だけ見ると誰でもできそうなのだが、そのデータを得るためには実はとてつもない時間が費やされている。実際、一人で行うには無理のある作業だが、非常に忍耐強いアシスタントニール・ジョージは、それを独力でやってのけた。ジョージは、数取器《かずとりき》を片手に働きアリの通り道の横に陣取り、事前に決めたポイントを通ったアリの数、そのアリが運ぶ種子、ブルード、木炭片の数を二分間にわたり数えた。この作業は、巣の活動がはじまる朝九時から活動が終わる夕方六～七時まで、一時間に数回のペースで行う必要があった。しかも、短期間で効率良くデータを集めるために、同時期に引っ越し中だったコロニーを三つ並行して観察し、それぞれの通り道を繰り返し訪れては、その活動状況を記録した。またその際には、赤外線温度計を使って通り道の地面温度も測定した。

そこからわかったことは何か？　まず一目瞭然なのは、アリの引っ越しが迅速に行われ、よく組織されていたことだ。コロニーが引っ越しをはじめたことは、新しい巣の入口周辺に新しい小さな円盤ができ、新旧の巣の間にアリのまばらな行列が現れることで判断できる。たいていの場合、引っ越しの先遣隊は採餌アリだ。最初期の巣を掘る働きアリにプリンターの蛍光インクで印をつけたところ、引っ越し完了後、そのほとんどが採餌アリ――働きアリのなかでも最高齢の集団――として活動したのである。

引っ越しのプロセスが進むにつれて、行き交うアリの数は増えていった。それに伴い掘削作業が活発に行われるようになり、入口周辺の円盤も徐々に大きくなっていった。またその際、目につきやすい通り道を作ることもあった（図5・4）。引っ越しはたいてい四～六日間で完了し、活動量の増減はどのコロニーも同じ推移をたどった。すなわち、最初は穏やかにはじまり、中間期にピークを迎え、作業が

図 5・4　まれなケースだが、働きアリが引っ越しのときに目立つ通り道を作ることもある。画像上部に見える木炭に覆われた円盤が古い巣のもので、掘り出されたばかりの砂でできた下部の円盤が新しい巣のものである。（画像：著者／Tschinkel (2014) より）

終わりに近づく頃には低い位置で横ばいになる（図5・5）。引っ越しが終わったときには、ほぼすべてのアリが新しい巣へと無事に移動をすませていた。だが、例外的に取り残されたアリも数匹いて、古い巣のまわりを所在なげに歩き回っていた。

アリたちは、日中に仕事をするという習慣をきっちり守っていた。穴掘りや荷物の運搬を開始するのは、決まって朝八時半以降であり、終えるのは夕方六〜七時だった。仕事が終われば、アリたちは古い巣と新しい巣の両方を閉鎖し、そのどちらかで一晩を過ごした。地面の温度が四五〜五〇度、ときには六五度に達して生命の危険があるほど暑い日には、二、三時間にわたりアリの行き来が見られなくなった。また大雨の場合もアリの行列はなくなるが、少しくらいの雨であれば、かまわず作業を続けていた。

通り道における一日の活動パターンは、季節に応じて変化するようだ。たとえば、晴れて暑い日が多い六月では、通り道の通行量は早朝がもっとも多かった。気温の上がる昼間には通行量が減るが、午後遅くになると再び増加し、仕事が終わる夕方までその状態が続いた。また、曇りがちな七月には昼間の通行量の減少がそれほど目立たなくなり、八月は雨によって、一〇月は冷え込みによって、それぞれ朝がもっとも活動的な時間帯となった。

コロニーの働きアリたちは、掘削作業が進み、巣のサイズが大きくなるにつれて、徐々に新しい巣へと移っていく。この変化は、通り道を行き来するアリのうち、新しい巣に向かう働きアリの方が古い巣に戻る働きアリよりも多くなる、という状況が続くことで生じている（図5・5）。どちらの向きの流れが優勢になるかは時間によって変わる場合があるが、私たちの観察によると、通り道における一分間あたりの平均の通行量は、新しい巣に向かう働きアリが一二・四匹、古い巣に戻る働きアリが一一・二匹

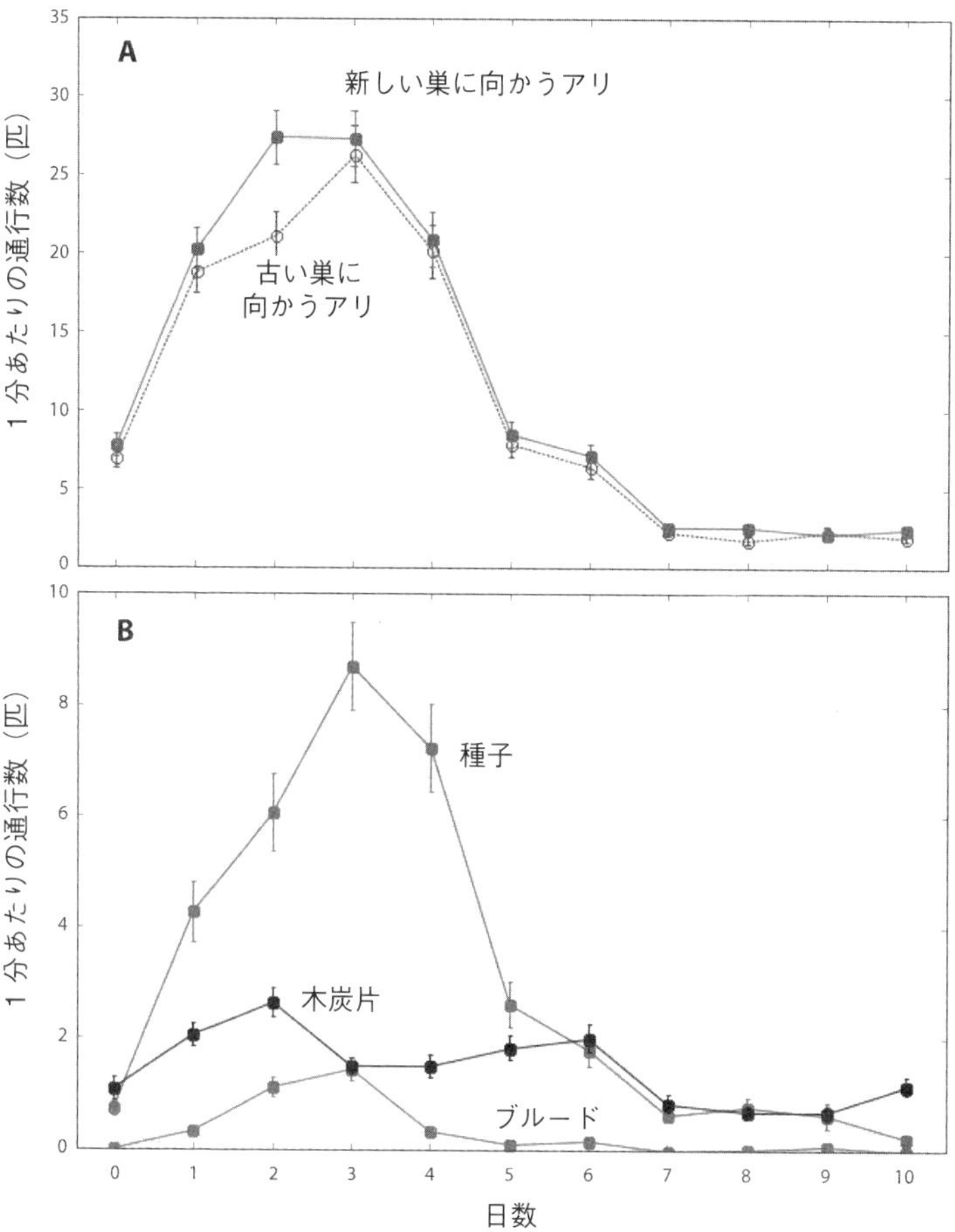

図5・5　A：新しい巣へと向かう働きアリの平均通行量は、ほとんどの場合、逆の向きの通行量よりもわずかに多く、これによって新しい巣の住人が次第に増えていくことになる。B：種子やブルードの運搬は働きアリの移動と並行して行われるのが一般的だが、木炭片については、引っ越しの後半に運ばれる傾向があった。2つのグラフでは縦軸のスケールが異なっていることに注意。（Tschinkel (2014) のデータをもとに作成）

だった。こうした微妙な数の違いによって、新しい巣は大きくなっても常にアリで「満タン」の状態が維持され、反対に古い巣は空き家に近づいていく。引っ越し全体を見ると、古い巣から新しい巣への働きアリの移動は平均で三万二一〇〇回、新しい巣から古い巣への移動は二万八四〇〇回だった。新しい巣への移動の方が三八〇〇回多いのは、アント・ヘブンのコロニーの平均個体数（三〇〇〇〜四〇〇〇匹）と概ね一致している。また、その平均個体数を考慮すれば、一匹の働きアリが何度も往復をしているのは間違いない。

種子、ブルード、木炭片は、古い巣から新しい巣へと運ばれるのが普通で、その逆のケースはまず見られなかった。この三つの荷物の数は、働きアリの通過数と比べるとずっと少なく、そこからほとんどの働きアリが手ぶらで移動していると結論できる（図5・5）。ブルードの運搬は特に少なかった。だが、これはおそらく、ブルードには集中して運ばれる時期があって、私たちのサンプリング頻度では見逃すことが多かったからだと思われる。

アリはなぜ引っ越し作業をもっと効率的に行わないのだろうか？　一回の移動で必ず何らかの荷物を運ぶようにすれば、ほんの数回の移動で十分事足りるのではないか？　これほど多大なエネルギーと時間を注いでいるのに、働きアリのほぼ八〇パーセントが手ぶらで、しかも何度も移動する理由とは、いったい何だろうか？　なぜ繰り返し危険に身をさらす必要があるのだろうか？　つまるところ働きアリは、種子、ブルード、木炭片を、古い巣から新しい巣へと片道だけ運んでいるにすぎない。だとすれば、なぜそれを一回で、あるいはそれが無理なら最小限ですませようとしないのか？　働きアリは実際には、すべての種子を運び終えるまでに一一回、木炭片の場合は一〇回、ブルードの場合は三九回の移動を行っている。

往復の通行量をほとんど同じにすることで、いったいアリは何を実現しているのだろう。一つには、移住率のコントロールが容易になり、新しい巣のサイズに関するコミュニケーションの必要がなくなるという可能性が考えられる。次のような状況を想像してほしい。古い巣にいる働きアリが新しい巣へと移動するのは、そこに十分なスペースがあると「告げられた」場合だけだ、という状況である。このやり方がうまくいくには、一部の働きアリが、新しい巣を上から下まで一通り測定してから古い巣に戻り、仲間たちにその情報を伝える必要がある。働きアリがすべての部屋と坑道を踏破して、歩数をかぞえるなどの方法で、新しい巣の暫定的なサイズを測定することは、理論的には可能だと思われる。事実、すでにある空洞に巣を作るアリやミツバチの偵察係は、そうした方法を用いて、巣の候補となる空洞を測定している。だがシュウカクアリの場合は、それと比べると測定すべき巣がずっと大きく、またその作業を（アリの巣ではあるが）蜂の巣をつついたような騒ぎのなかで遂行しなければならない。土を運んだり、押し合いへし合いしている仲間があちこちにいる状況で、そうした作業が行われているとは、ちょっと考えにくい。

ではここで、今度はそれと違った状況を思い浮かべてほしい——新しい巣に向かうアリの列と古い巣に戻るアリの列が、それぞれ連続的に行き来しているという状況だ。一匹の働きアリが新しい巣に急ぎ足で向かい、中に入る。働きアリは、巣を少し掘ったり土を運び出したりしながら、その間に巣の混雑具合を察知する。そして、そこにはまだ十分なスペースがないと判断すると、古い巣に戻っていく。あるいは反対に、気に入ったスペースがわずかでも見つかれば、新しい巣に残ることにする。このように、新しい巣に入った働きアリのうちごく一部だけがお気に入りの場所を見つけて居残れば、それによって往復の通行量の非対称性がわずかに生じるというわけだ。巣が大きくなるにつれて、より多くのアリが自分のスペースを見つけて、巣に残るようになる。その結果、アリの通行量は次第に減っていく。この状況では、新しい巣に残るかどうかは、それぞれの働きアリが自身の経験に基づいて判断しているため、面倒なコミュニケーションは不要だ。古い巣から新しい巣への移動は、働きアリによる集合的、民主主義的投票を通じて自己組織化され、最終的には、大半の働きアリが新しい巣にスペースを見つけて、古い巣は空き家同然になる。

　注意したいのは、仮にいま説明したような考え方が正しかった場合でも、働きアリがみな同じ回数だけ移動しているわけではないことだ。所属するサブグループによって移動回数が異なる可能性があるのだ。たとえば、採餌アリは若いアリよりも数多く移動を行っているようだ（そもそも、若いアリには古い巣から新しい巣へと一度しか移動しないものがいると考えられる）。同様のことは、巣の内容物の運搬にも言えるかもしれない。つまり、あるサブグループの働きアリは、他のサブグループの働きアリよりも多くの荷物を運んでいるということだ。予備的な証拠からは、巣の掘削作業の参加度においても同じ傾向が見られることが示されている。新しい巣の周辺に砂を捨てている働きアリに蛍光インクで印をつけたところ、そのインク付きの働きアリの多くが、引っ越し後には採餌活動に従事し、数週間にわたってその役割にとどまっていることがわかったのだ。ここから、砂を捨てていたアリは、平均的な働きアリよりは高齢だが、採餌アリのなかでは若い部類だという予測が立つ。いま見たような問題については、詳細はいまだよくわかっていない。だがそれでも、引っ越しが舞台舞踊《バレエ》のように綿密に調整された活動であるのは間違いないだろう。誰がどのパートを踊っているのかは定かでないが、その見事な振り付けは誰でも目にすることができるのである。

アリは現在地をいかに知るのか?

新しい巣は、全体のサイズ、部屋の間隔や形状や垂直分布など、あらゆる点で古い巣とよく似ている。同じことは、ブルード、働きアリ、種子の垂直分布にも言える。具体的には、ブルードと若い働きアリは巣の奥深く、種子は中央の狭い範囲、高齢の働きアリは上部によく見つかる。特に採餌アリは、地面から二〇センチメートル以内の浅い領域にしか存在しない。こうしたある種の秩序は、働きアリが自分のいる深さを「知っている」ことを示唆している。その深さの知識に応じて、巣を掘ったり、自身を含む内容物を配置したりするわけだ。だがアリたちは、いったいどのような手がかりを利用して、そんな芸当をやってのけるのだろうか? 深さを教えてくれる手がかりは、信頼性が高く、いつ見ても変化がないものでなくてはならない。そう考えると、土壌の温度や湿度は候補から外れるだろう。雨が降ったり日が差したりすれば、どちらも簡単に上下してしまうからだ(今日は巣の上部が暖かく乾燥していても、明日は冷たく湿っているかもしれない)。また、話が飛躍していると思われるかもしれないが、高齢の働きアリが常に若い働きアリより上部にいるのであれば、手がかりは純粋に社会的なものである可能性もある。その場合は、他の働きアリの年齢に関する手がかりと、空間的な上下の感覚が必要になるだろう(後者は間違いなくもっている)。

土壌の温度や湿度が手がかりとしてほぼ信頼できないと気づいたあとに私の頭に思い浮かんだのは、

巣の内部には二酸化炭素の濃度勾配が存在しているはずだ、という考えだった。なぜなら、アリの代謝によって生じた二酸化炭素は、巣の入口を通じて大気中に排出されるので、巣が深くなるほどその濃度は滑らかに上昇していくに違いないからだ。もしこの考えが正しく、濃度勾配のグラフが得られれば、私のフロリダシュウカクアリの論文を充実させる良い材料になるだろう。またそれによって、アリが二酸化炭素濃度を利用して深さの情報を得ていることも示唆できるはずだ。

では、どのようにして二酸化炭素濃度を調べるのか？ 仮に長さ二メートルの針をもったシリンジ（注射器）というものがあれば、巣を掘り起こすことなく、巣内の気体を採取することができるだろう。問題はそんな都合の良いシリンジがあるかどうかだが、解決策は拍子抜けするほど簡単に見つかった。実験器具を売る店に、直径二ミリメートル、長さ二メートルのステンレス製の管を発見したのだ。その両端を尖らせれば、即席の注射針の出来上がりというわけだ。

多大な労力と資金を必要とするプロジェクトを行う場合、それに着手する前にまずパイロット研究を実施しておくと間違いがない。そこで私はまず、知り合いの植物生化学者から、二酸化炭素の濃度を測定する機材を借りることにした。もう使われていない古い赤外線式濃度計である。次に、アリの巣から気体のサンプルを採取するため、ゴム製のセプタム〔針を刺せる栓〕で五〇〇ミリリットルの三角フラスコに栓をしてから、真空ポンプで内部の空気を抜いた。そして、同様のフラスコを一ダース準備してから、野外のアリの巣へと向かった。アリの巣に二メートルのステンレス管を差し込んでいくと、途中で管が抵抗なくすんなり進む瞬間がある。管の下端が巣内の部屋に届いた証拠だ。その地点に達したところで、用意しておいた真空フラスコに管の上端を差し込み、部屋の空気をフラスコ内に吸い上げる。

一種の採血のようなものだ――採血専門家《フレボトミスト》があなたの静脈に針を刺すのだが、その針は真空の試験管から伸びているのである。なお、試験管にたまる血液は誰の目にも明らかでも、フラスコに吸い込まれた気体は判別することができない。そこで必要になるのが、物理学への信頼だ。それさえあれば、確かにその中に望んだものが入っていると確信できるはずである。

フラスコに採取した気体を研究室に持ち帰り、赤外線式濃度計で測定してみたところ、私の予感が正しかったことがわかった。二酸化炭素濃度は、部屋の位置が深くなるにつれ対数的に増加し、部屋の面積、働きアリの年齢と強く（負に）相関していたのだ。つまり、高齢の働きアリが若い働きアリより低い二酸化炭素濃度を好み、低い濃度のときによく巣を掘るのであれば、実際に見られるような働きアリの年齢分布、そして部屋の相対的な面積の違いをうまく説明できることになる。部屋面積と深さの関係を示す曲線は、二酸化炭素濃度と深さの関係を示す曲線を鏡に映したような軌跡を描いていた。さらに心強いことに、昆虫は二酸化炭素の匂いを感知して、行動的反応を示すことがわかっている。触覚に専用のセンサーすら備えているほどだ。私には、この仮説こそが本命であるように思えた。あとは、アリがその情報を使いこなせるほど賢いと示せばよいだけだ。

この仮説を数年にわたり、満々たる自信をもって語りつづけた私は、あるときついに、これは実験で検証すべきだと決断するにいたった。私は大枚をはたいて、野外で使用可能なバッテリー式の濃度計測器を購入し、実際のアリの巣で何度もサンプリングを繰り返した。そこからわかったのは、二酸化炭素濃度はやはり巣が深くなるにつれて対数的に増加するということで、これは先行の研究結果を裏づける結果となった。しかしながら一方で、アリが一匹も住んでいない放棄された巣や、アリの巣の形跡がない土壌でも、同様の濃度勾配が見られることも判明した。このことは、二酸化炭素の濃度勾配は土壌そのものの性質であり、アリの巣は周囲の土壌の影響を漫然と受けているにすぎないことを明らかに示していた。よく考えてみれば、わずかな数の疲れた働きアリの代謝程度では、土中にいる何十億もの微生物の活発な代謝には、ほぼ何の影響も与えられない。土壌科学者ではない私は、それにすぐに気づくことができなかったのである。とはいえ、濃度勾配がどのようなメカニズムで生じたとしても、それが深さの情報を与える点に変わりはない。だとすれば、次に突き止めるべきなのは、そうした濃度勾配が、場所、時間、土壌の種類、深さによって、いかに変化するかだろう。アント・ヘブンをはじめとした複数の場所で、あらかじめ決めた深さから気体を採取する、簡便な方法を考える必要があった。

アリの巣のような空間をもたない普通の土中から気体を取り出すのは、時間がかかるうえに難しい。それに対処するために私が考えた方法は、ずいぶんローテクなものだ。まず、プラスチック製のバイアル〔小型の容器〕の蓋に孔をあけ、底部に外科手術用の細長いチューブを取り付ける。それを地中の所定の深さ（一五、三五、七五、一七五センチメートル）に上下逆さまにして埋める。埋めるための穴は新調したばかりの検土杖であけた（それに必要なハンドルも奮発して購入した）。チューブの上端は地表に出るようにし、そこにシリンジを接続する（図5・6）。これで、土中のバイアルから気体を採取し、それを濃度計で直接計測することができるようになった。

二酸化炭素の採取は、アント・ヘブンほか平地林のいくつかの場所で行ったが、濃度勾配の程度は場所によってさまざまに異なっていた。たとえば、地下水面が浅いところにある区域（湿地帯の近くなど）では勾配は急になり、地下水面のすぐ上の濃度が四〜五パーセントに達することもあった。一方、アン

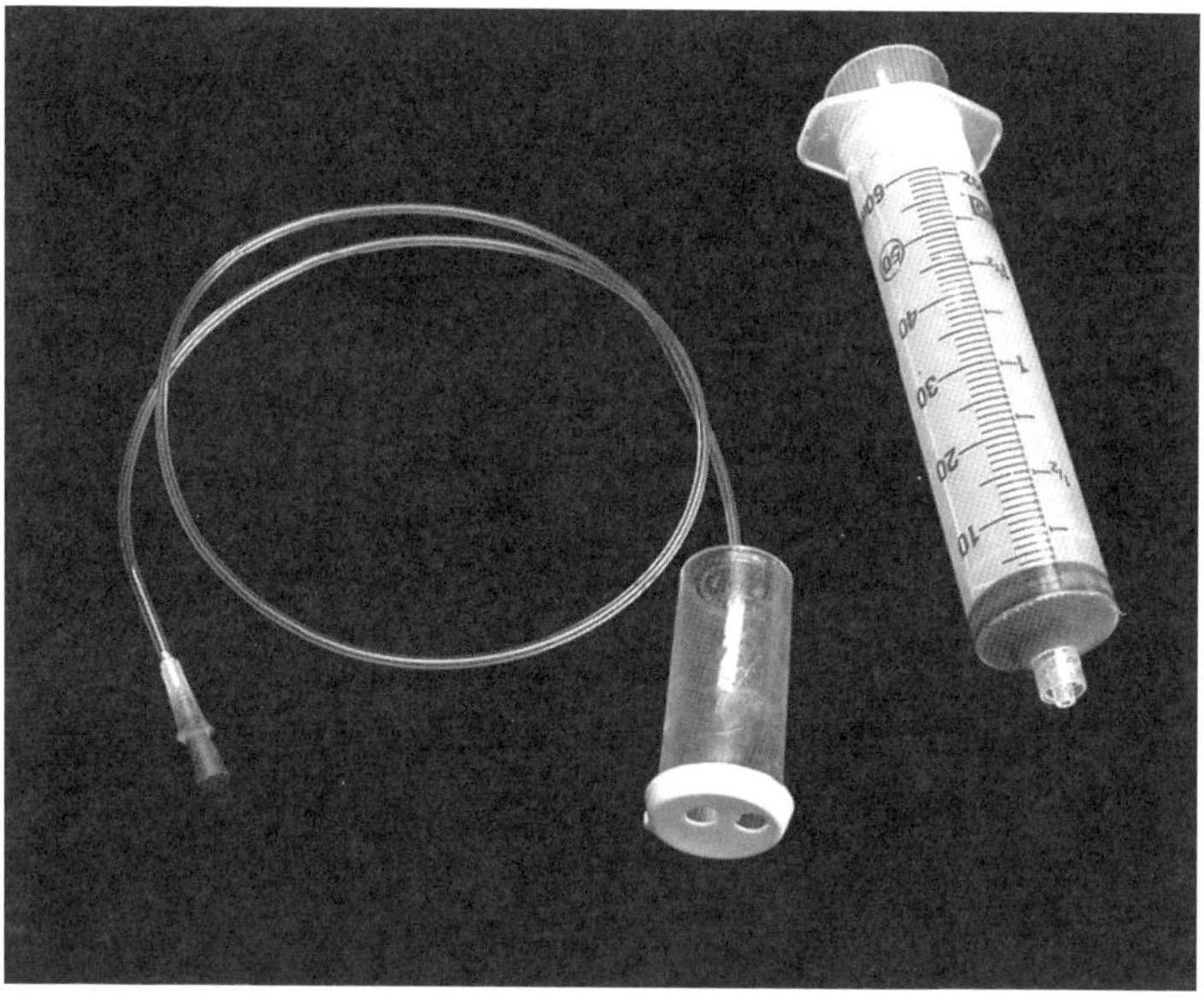

図5・6　地中から気体を採取する装置。所定の深さにバイアルを上下逆さまにして埋め、付属のチューブは地表に出るようにしておく。バイアル内の気体は隣接する土壌と同じものである。地上のチューブとシリンジを接続すれば、土中の気体の採取が可能になる。（画像：著者／Tschinkel (2013a) より）

ト・ヘブンでは地下水面が非常に深いところにあるため（五メートル超のケースもあった）、勾配は緩やかで、二酸化炭素濃度も二メートルの深さで〇・三～〇・八パーセントだった。湿地帯付近に比べると一〇～二〇倍の差があり、アント・ヘブン内でも二倍の差が見られたことになる。こうして私たちは、調査したすべての場所で、濃度勾配と深さの関係についての確かな情報を手に入れることができた。

しかしながら、濃度勾配がどこでも見られると示したところで、アリが実際にその情報を使って深さを感知していることの証明にはならない。それを証明するには、従来の巣と、濃度勾配を取り除いた巣を比較する必要があるだろう。だが、二酸化炭素濃度のよう

図5・7　地中の気体を大気中に排気させることで、二酸化炭素の濃度勾配を取り除く仕掛け。黒い塩ビパイプは煙突の役割を果たし、深さ2mの穴の底から気体を吸い上げる。円状に配置されたパイプの中心には、サンプル採取用のバイアルが埋められている。（画像：著者／Tschinkel (2013a) より）

なものをどうやって取り除けばいいのか？　アント・ヘブンの土壌は多孔質な砂地である。したがって、そこに含まれている気体の拡散も早いと考えられる。ここまで見てきた濃度勾配自体が、その証明だ——微生物が放出した二酸化炭素が地表面から大気に排出されることで、あの勾配が生まれているのだから。だとすれば、大気との接触面を増やすことができれば、二酸化炭素はその面からも排出されるに違いない。

この考えを実現するのは、実はそれほど難しくない。先ほども活躍した私の高級検土杖を使えばよいのである。まず先の調査と同じように、二酸化炭素採取用のバイアルを、深さを決めて複数個埋める（深さは二

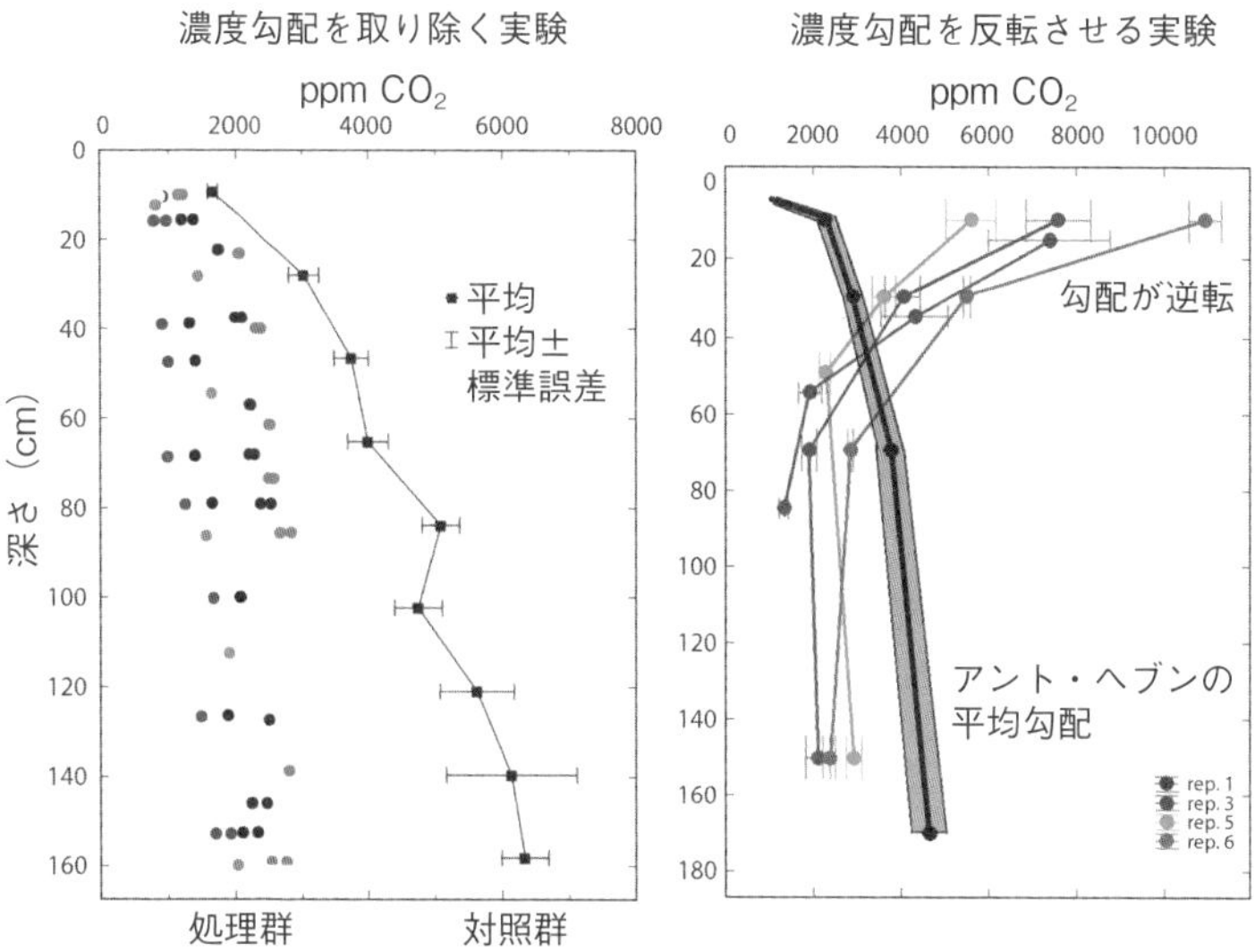

図5・8 左：パイプを利用して気体を取り除いた5つの巣（青）では、排気をしていない対照群（茶色）と比較して、二酸化炭素の濃度勾配が消えているのがわかる。右：巣上部に二酸化炭素を供給することで、濃度勾配が逆転した（詳細は本文を参照）。（Tschinkel (2013a) のデータをもとに作成）

メートルまでにする）。次に、その周囲に深さ二メートルの穴をいくつか掘る（図5・7）。それぞれの穴には、換気促進のために長さ三メートルの塩ビパイプを挿入し、パイプ下端の側部には通気用の孔をあけておく。このとき、地表に飛び出している部分を黒く塗装しておくと、太陽の熱で煙突効果が生じ、底部の気体を吸い上げる力が働くようになる。また、偶然通りかかった生き物が落ちてしまわないよう、穴には落下防止スクリーンを設置しておく。バイアルから採取した二酸化炭素を分析してみると、およそ一日ほどで濃度勾配が消えることがわかった。二酸化炭素濃度と深さとの関係が失われたのである（図5・8左）。

ここまで来れば、次はいよいよアリに巣を作ってもらう段階に入る。濃度勾配が失われた場所を選んで巣を掘らせるのはさぞかし難しいと思うかもしれないが、実はそうでもない。私たちがとった方法はごく単純だ——コロニーが引っ越しするのを待ち、新しい巣が掘られるのを確認したら、すぐにその周囲を半ダースの通気パイプで包囲したのだ。その結果、一日も経たないうちに濃度勾配は失われ、アリたちはその状況で巣を掘りつづけることになった。言い換えれば、濃度勾配が与えていたかもしれない深さの情報を奪われた状態で、巣作りを続行したわけだ。私たちは、これと同じ処理を五つのコロニーに対して行い、他方で換気をしなかったコロニー（対照群）も同数観察した。さて、濃度勾配が失われたコロニーはどのような巣を掘り、働きアリ、種子、ブルードをどう配置したのだろうか？

それを突き止めるために、私たちは一〇個の巣をすべて掘り起こし、部屋ごとの記録をとり、個体数調査も行った。結果は、私の「濃度勾配仮説」にとって残念なものだった。どの指標を見ても、勾配を取り去った巣と普通の巣では、何の違いも現れなかったのである。部屋の相対的な垂直分布（要するに巣の形状）も、暗い色の働きアリと明るい色のキャロー、幼虫、蛹、種子の分布も、基本的に同じだった。要するに、手がかりだと仮定した濃度勾配の欠如に、アリはまったく気づいていなかったということだ。

この結果は、私の仮説の立場を悪くするものに思える。だが、調査の精度が不十分だったり、実施するタイミングが悪かったのだとしたらどうだろう？　あるいは、かすかに残った濃度勾配をアリが感知した可能性は考えられないか？　各指標と二酸化炭素の濃度勾配との間には強い相関があり、そこに何もないと考えるのは難しかった。しかし科学者にとっては、「相関関係の存在は因果関係の証明にはならない」というのが古《いにしえ》からの真実である。そして私の最初の実験は、この見事な相関関係が因果関係ではないことを示唆していた。

偉大な理論はしぶといものだ

一度すばらしく魅力的な仮説を考えついてしまうと、それにかけた期待はなかなか捨てられないものだ。今回の濃度勾配仮説も例外ではなく、そこで私は、より間違いのない検証を試みることにした。土中の勾配を逆さまにして、そこに巣を掘らせてみようと考えたのだ。これを実現するため、私は前回と同じように円周上にいくつかの穴をあけ（今回は六つ）、地表から二酸化炭素を供給して、巣の奥の方まで拡散するようにした。現場に大きな二酸化炭素タンクを持っていくのはパイオニア精神にもとるし、タンクが盗まれたり、銃の標的にされる危険もある（ここがフロリダであることを忘れてはいけない）。私が選んだ代替案は、セメント会社（フロリダ・ロック）に行って、バケツ一杯分の粉砕石灰石（炭酸カルシウム）をもらってくることだった。石灰石は塩酸と反応して二酸化炭素を生成する。塩酸を加える速度を調整すれば、二酸化炭素の生成量も調整することができる。実際の実験では、塩酸の入った容器を木に取り付け、その下に石灰石の入った容器を置いた。そして、プラスチック製のチューブを通じて塩酸を注入し、滴下速度はピンチコックで調整した。生成した二酸化炭素もプラスチックのチューブで誘導し、最終的に多孔質チューブから排出されるようにしておいた。なお、その上にはプラスチックシートを敷き、大気中に二酸化炭素が漏れないよう工夫した（図5・9）。

この仕組みによって、実験場所の二酸化炭素濃度勾配は一日ほどで完全に逆転し、地表面近くの濃度が底部の五〜一〇倍になった（図5・8右）。あとはコロニーがここに巣を掘れば、アリが濃度勾配を手

図5・9　二酸化炭素の濃度勾配を反転させるための仕掛け。A：「煙突」パイプを通じて土中の気体を排出している。B：砕いた石灰石を入れた容器に塩酸を垂らすことで二酸化炭素を発生させる。C：シュウカクアリのコロニーは、排気した土壌の上に設けた囲いに放す。囲いの床部には中央に孔のあいたシートが敷かれ、その孔を通じてアリは土壌にアクセスできる。D：排気した土壌の上部に二酸化炭素を供給するための多孔質チューブ。（画像：著者／Tschinkel (2013a) より）

がかりに巣の形状や配置を決めているかを判断できる。前の実験とは異なり、今度のコロニーは自らその場所を選んで巣を作るわけではない。他の場所で採集したコロニーを連れてきて、巣を掘るよう促したのである（実験場所には囲いを設け、営巣作業ができるように中心に孔をあけたシートを敷いた。図5・9Cを参照）。アリがもし濃度勾配を手がかりにしているのであれば、一番小さな部屋が巣の上部に、一番大きな部屋が底部に作られるはずである。同様の実験を四回繰り返し、その結果を通常の濃度勾配の巣と比較した。

しかし残念なことに、ここでもまたどの指標を見ても、濃度勾配を逆にした巣と通常の巣の間に違いはなかった。深さと部屋面積の関係は、どちらの場合もこれまで観察されたものとまったく同じだったのである。こうして私はついに、たとえどれほど魅力的に見えたとしても、自分の仮説は誤りなのだと認識すべきことを悟った。少なくとも、これまでの実験結果からは、アリが深さの情報源として濃度勾配を利用していないことを認めなくてはならない。アリとウォルター（私）の試合は、一〇〇対〇で私の完敗だった。というわけで、アリが深さの手がかりとして何を用いているかは、いまだ謎のままだ。巣の垂直方向のパターンがどう生じているかについては、また違った視点から検討する必要があるだろう。

その他の仮説

濃度勾配仮説が崩れ去った今、フロリダシュウカクアリの営巣メカニズムをどうすれば説明できるだろうか？　部屋の体積は巣が深くなるにつれて指数関数的に減少していくが、そこからは巣作りには何らかの確率的プロセスが関与している可能性が読みとれる。もしかすると、次のようなことが起きているかもしれない――営巣時に新たに掘る場所を求めて下方に移動する働きアリの集団において、その集団から離れて掘削作業に向かうアリの割合は常に一定である。言い換えれば、働きアリの集団は各階層に作業をするアリを残して、自身はさらに深い場所へと移動していく。その結果、各階層に残って掘削作業を行う働きアリは、自分がどの深さにいるか「知らない」にもかかわらず、巣が深くなるにつれ、その数を減らすことになる。たとえば、一〇〇〇匹の働きアリで構成された集団があって、そのうちの一〇パーセントが各階層にとどまって掘削作業を行うとしよう。その場合、最初の階層に残されるのは一〇〇匹、次は九〇匹（九〇〇匹の一〇パーセント）、その次は八一匹、七三匹、というように次第に数を減らしていくことになる。作業を行う働きアリの数が少なくなれば、当然ながら掘り出される土の量も減る。こうして、巣上部でもっとも大量の土が掘り出され、巣が深くなるにつれてその量が減少していくという状況が生まれる。こう考えれば、シュウカクアリの一般的な巣の形をかなり忠実に再現することができる。それに加えて、働きアリの年齢も影響を与えているかもしれない。すでに知られた事実として、若い働きアリは深い領域を好み、土を掘る量は少ない。他方、高齢の働きアリは浅い領域を好み、掘る量は多い。その好みが、巣の上部は部屋が大きく下部は小さいという傾向を、さらに増幅するのではないか。

以前行った実験からは、この考えに合致する結果が得られている。その実験では、シュウカクアリを巣の上部、中部、下部からそれぞれ二〇〇匹採集して、別々の飼育ケージに入れた。すると、巣上部から採集した働きアリが一番大きな巣を作り、次いで中部、下部という順番になった。また、地表に出てきて再度捕獲された働きアリの数も同じ順番になった。これらの結果は、働きアリの「掘る力」が、年齢と巣内の位置が上がるにつれて増加することを示唆していると考えられる。一方で、巣の形状には明確な違いがなく、どの巣でも深くなるにつれて部屋の体積がほぼ同じ割合で減少していた。いずれの結果も、営巣が確率的プロセスを通じて行われているという見方と矛盾しない。

では、この考えこそが正しいのだろうか？　濃度勾配仮説のような見当違いではないと言い切れるだろうか？　有望ではあるが相関に基づいた仮説に直面したときには、実験を通じた検証を行うしかない。私が行ったのは次のような実験だ。長さ四〇センチメートルの銅管を土に埋め、その下端、つまり深さ四〇センチメートル地点からしか巣を掘れないようにした環境に、あらかじめ採集しておいた働きアリの集団を放す（処理群）。このとき、その集団が深さの情報をもっていなければ、四〇センチメートルの深さに掘る部屋のサイズと分布は、対照群（二センチメートルの銅管を使用）の巣の最上部と同じになるはずだ。なぜなら、その深さを掘る働きアリ集団の数はまだ減っておらず、どちらも同数だからである。掘る土の量がもっとも多いのは、アリが最初に掘れる箇所、つまり銅管の下端部分であり、全体の形状も対照群の巣をそのまま四〇センチメートル下方にずらしたものになるだろう。一方、もしアリが深さに関する情報をもっていて、それを営巣に利用しているのであれば、四〇センチメートル地点の部屋のサイズは小さくなるはずだ。それに加えて、数も少なくなり、間隔もまばらになるに違いない。この実験では、結果を解釈しやすくするために、単純な設定を用いた。銅管の先に前もって、部屋をもたない直線の坑道を作っておいたのである（この坑道は地面に対して五〇度の角度で下方に延びている）。それまでの研究から、アリはまっすぐな坑道を螺旋の坑道と同じように喜んで受け入れ、そのまっすぐな「スターターキット」に通常と同じように部屋を付け足していくことがわかっていた。

実験結果は、アリが深さの情報をもっていて、巣を掘る作業にそれを利用していることを示唆していた（図5・10）。具体的には、処理群が四〇センチメートルの深さに作った部屋は、対照群が同じ深さに作った部屋と同様、サイズが小さく、数も少なく、間隔もまばらだった。また、対照群が作った部屋の総面積は処理群の四倍で、働きアリ一匹あたりの面積では二・五倍だった（この面積には脱走防止用のシートと地面の間に掘られた空間は含まれていない。シートを取り外せばそこは地表となり、注入模型の範囲外となるからだ）。要するに、どちらの集団も、その深さに通常見られるような部屋を作っていたのである。ということは、アリは自分がいる深さをやはり知っていたのだろうか？　どうやらそうとも言い切れないようだ。実のところ、この実験では深さと移動距離が混同されている。アリは深さそのものに反

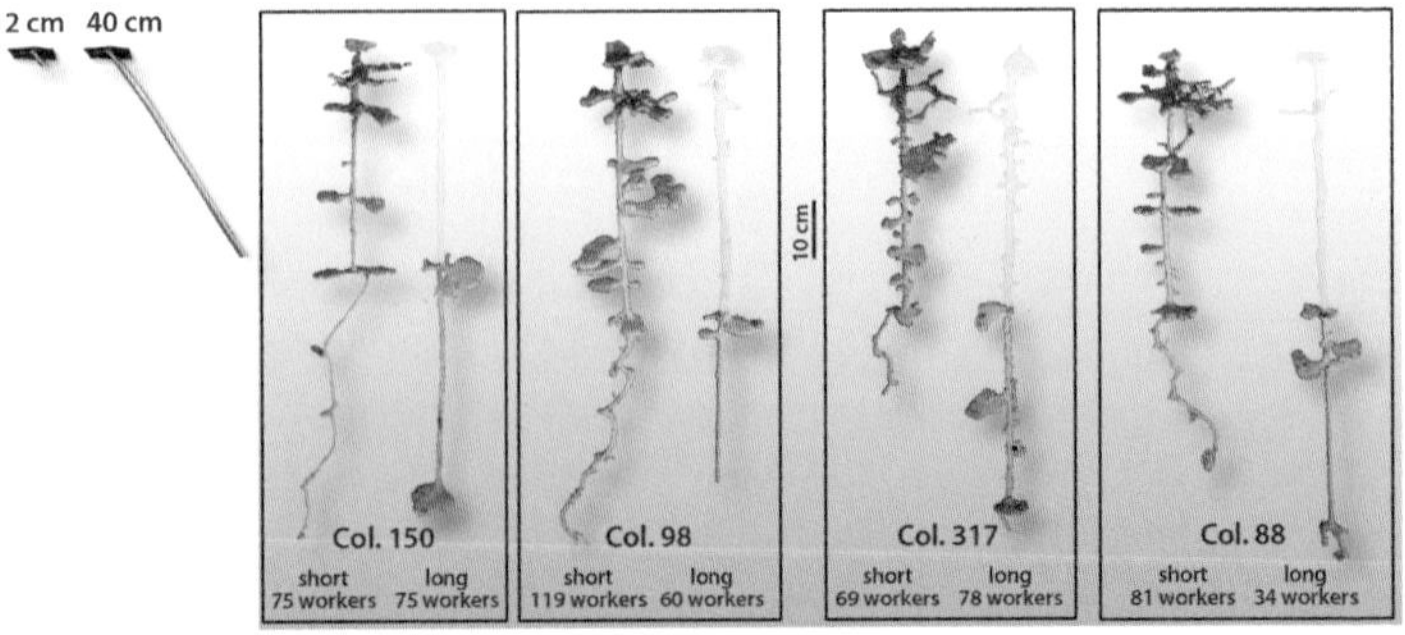

図5・10　最初に触れる土壌が深さが2cmであれ40cmであれ、200匹の働きアリは、普通の巣の同じ深さで見られるものと似たサイズ、分布で部屋を作った。ここから、働きアリは深さの情報をもっていて、部屋を掘る際にその情報を利用していることが示唆される。10日後に確認された働きアリの数は、処理群では約70匹、対照群では約80匹だった。なお上記画像では、40cmの銅管部分の色が薄くなるよう加工している。（画像：著者）

応したのではなく、下方に向かって移動した距離を推定しているにすぎない。おそらく、採餌活動中の一部のサバクアリがするように、自らの歩数を数えているのだろう。

私は、この「移動距離仮説」を検証しようと思い立ち、そのためには四〇センチメートルの銅管の角度を浅くするだけでよいことに気づいた。それによって、移動距離は四〇センチメートルだが、下端の深さは四〜五センチメートルという状況を作ることができる。対照群では四センチメートルの銅管を垂直に使用する。つまり、深さは四センチメートルで同じだが、移動距離は一〇分の一になるわけだ。前回と同様、どちらの集団でも、銅管の先には部屋をもたないまっすぐの坑道をあらかじめ作っておいた（長さは四〇センチメートルで、以前と同様に五〇度の角度がついている）。初回の実験では、アリたちは銅管と地中の接合部から上方に四センチメートル掘り進むことで、この実験場所《アルカトラズ》から脱走してしまった。そこで次の実験では、接合部をシートでしっかりと囲って監

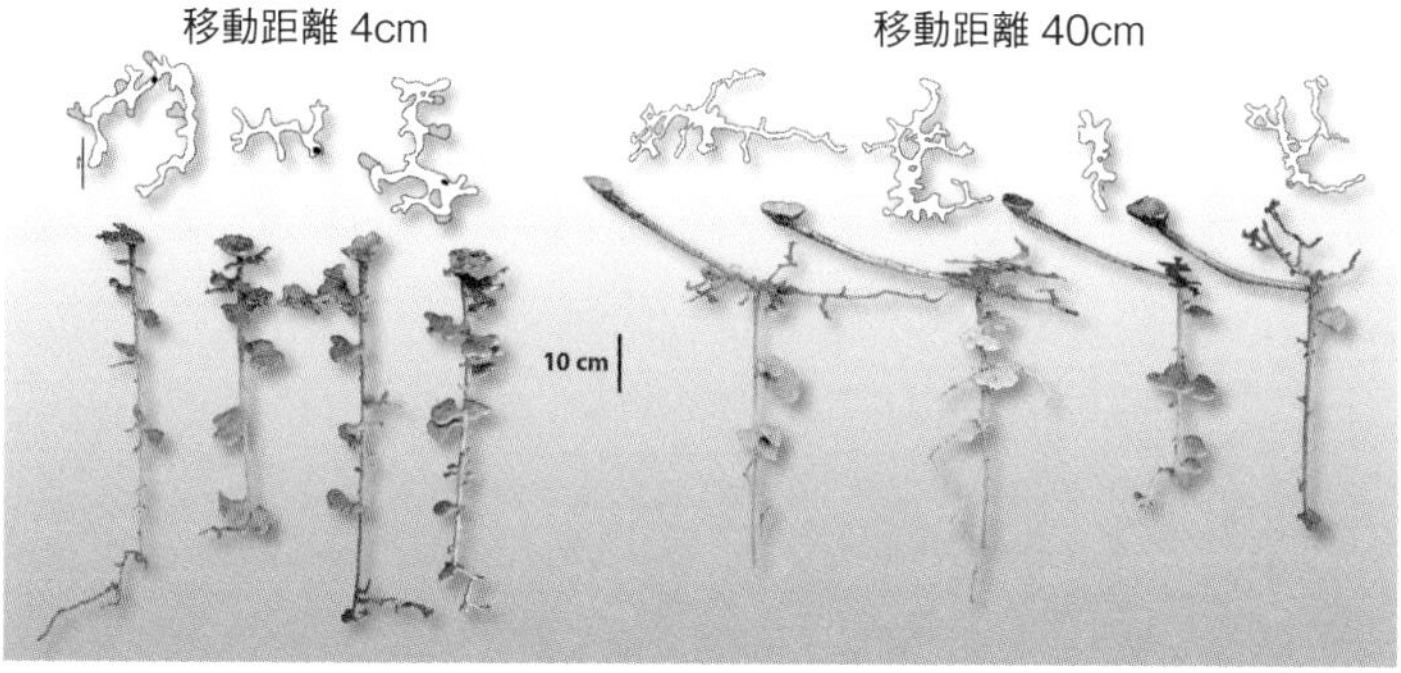

図5・11　この実験では、どちらの集団も最初に触れる土壌は深さ4cmだが、移動距離は4cm（左）と40cm（右）で10倍の違いがあった。左の対照群は脱走防止用のシートの下にも部屋を掘ったが、シートを取り去ると地表面になるため、模型には反映されていない。よって上に示した3つの部屋は、この実験で観察されたものではない、他のコロニーの代表的な輪郭図である。一方、右の処理群ではシートを4cmの深さに埋めていたので、最上部の部屋も模型に含まれている。（画像：著者）

獄のセキュリティを高め、準備しておいた坑道でアリが作業せざるをえない状況にした。おかげで脱走は見られなくなり、一〇日後にはアルミニウム製の注入模型を作って、アリの労働の成果を確かめることができた（図5・11）。

処理群である長距離移動組は、最初に土と接触した場所に複雑な部屋を作ったが、それらの部屋は脱走防止用に埋めたシートより下にあったので、注入模型にもその形が反映されることになった。一方、対照群である短距離移動組もシートの下に部屋を作ったが、最初の実験と同じように、シートを取り去ると地表面となったため、注入模型には含まれていない。よって、図5・11の上にある部屋の輪郭図は、長距離組ではこの実験で実際に作られたものを、短距離組ではこの実験で観察されたものではない一般的な形状を示している。とはいえ、どちらの集団も、ごく浅い領域に複雑な部屋を作ったのはれっきとした事実だ。そしてこの事実は、自分が地表のすぐ下にいるのをアリたちが「知っていた」ことを示唆している。今回の実験だけを見れば、アリは最初に土と接触した場所で常に複雑な部屋を作るのだと考えてしまうかもしれない。だが、最初の実験の結果を知っていれば、それが誤った考えであることがわかる。最初の実験では、アリは深さ四〇センチメートルの地点で初めて土と接触したが、作られた部屋は複雑なものではなかった。

図5・11からは、長距離組の部屋の総面積が短距離組より小さい印象を受けるが、実際には統計的に有意な差はない（これは最上部の部屋面積を除外しても同じである）。その一方で、長距離組の部屋の数は少なく、その点は最初の実験で深さ四〇センチメートルの地点から巣を掘りはじめた集団と同様である。加えて、長距離組の一番深い部屋は、短距離組の一番深い部屋よりも浅い領域に見つかった。どうやらアリたちは、自身が地表付近にいるときはそのことを「知っていて」、どんな部屋を作るかを決める際にその知識を利用しているようなのだが（断言するにはさらなる実験が必要とはいえ）、巣に部屋を追加するかどうかの目安には移動距離を利用しているらしいのだ。これはなんとも煮え切らない答えである。アリたちは、本当に地表付近でしか深さがわからず、さらに深さが増すと移動距離を目安にするのだろうか？　ある用途（ブルードや種子の配置）に関しては深さの情報をもっているが、それ以外の用途（部屋の数）に関してはもっていないのだろうか？　こうした疑問は今後の実験の課題と言えるだろう――もちろん、実験を行えばまた新たな疑問が出てくるものではあるが。

生物学研究の多くに言えることだが、アリの引っ越しと営巣作業に関する私の研究もまた、相関関係を因果関係と捉える誘惑の大きさ、そしてたんなる相関関係と因果関係を選り分ける困難さを示している。相関関係を因果関係だと誤って思い込むケースは、一般社会でも枚挙にいとまがない。もしあなたが、秋に咲くアキノキリンソウが花粉症の原因だと信じているのなら、入院することが人が死ぬ原因だと思い込んでいるのとそう変わらない。確かに、アキノキリンソウと花粉症、入院と死には、どちらの場合も強い関連が見られるが、そこにあるのは相関関係だけだ。多くの迷信は、そんな相関関係を原因と結果の関係に結びつけることで生まれたものだ。その一方で、科学というものは主に、因果関係というシステムを構築して、身のまわりに見られる無数の複雑なパターンや相関関係を説明することで前進していく。それを実現するための重要なツールが実験――原因と思われる要素に変更を加えて、その結果を測定し、それを原因に何の変更も加えていない対照群と比較すること――なのである。そうした実験によって、非常に強い関連が観察されたにもかかわらず、結局はただの相関関係にすぎなかったとわかる場合もある。二酸化炭素の濃度勾配とアリの営巣パターンの関係も、まさにその一例と言えるだろう。

優れた実験を設計し実行するのは案外難しい。実験は環境をコントロールすることで行われるが、そのコントロール自体が実験で実際に検証されるものを決めることになる、というのが大きな理由だ。たとえば、四〇センチメートルの銅管を使った最初の実験では、わかっているだけでも、深さと移動距離が混同されていた。また、周囲の土壌を換気した実験では、二酸化炭素濃度以外の要素にも間違いなく変化が生じていたはずだ。もちろん、実験では各回ごとにその条件にランダムな差異が生じる。例を挙げれば、働きアリの構成比の違い、実験場所の土壌の違い、土中にいる生物の違い（他種のアリを含む）、日当たりの違いなどだ。実験を繰り返し行うのが重要なのは、こうしたコントロールのきかない差異を（多少なりとも）相殺することにつながるからである。

原因と結果という一つの科学的事実を立証するために、どれほどの労力と時間、そしてお金がかかるかを理解している人はめったにいない。テレビやラジオや雑誌、あるいは本書のような書籍を通じて人々の目に触れる科学は、さまざまな興味深い事実やストーリーを紹介するばかりで、それを手に入れるためにどれほどの苦労が重ねられたかについては、ふつう口を閉ざすものだからだ。科学的事実を知るために必要な忍耐力、単調さに耐え忍ぶ力をもっている人は少ないし、これほど長い間（数年におよぶこともある）にわたって満足感を先送りにできる人もまずいない。だが科学者とは、あふれんばかりの好奇心をもっていて、自然の秘密の謎を解くことに喜びを感じる人々のことだ。たとえ成功が遠い未来のことであっても、その道のりが厳しく退屈で、多くの失敗で敷き詰められていたとしても、それはかりは変わらないのである。

本章では、アリは自分のいる場所の深さを間違いなく知っているはずだという結論が得られた。だが、深さを知るためにアリがどのような情報を使っているかについては、ほとんどわからないままだった（使わない情報ならば、いくつか判明したわけだが）。次の章では、この問題と同じくらい難しい疑問、アリが巣を掘るときの「ルール」は何かという疑問について考えてみたい。

第6章　アリはどのような巣を好むのか？

第5章で見たように、フロリダシュウカクアリ（*Pogonomyrmex badius*）は引っ越しを機に巣作りを行う。新しい巣の建築は、採餌アリ（と思われるアリ）の小集団によって着手され、その後、古い巣から徐々に応援の働きアリがやって来て作業に加わる。このあとから加わる働きアリの大半は、採餌アリではないことが判明している。アリの巣には、種ごとに独自の構造が見られる。そのため、アリは建築計画、つまり営巣時に使用する何らかの「穴掘りのルール」をもっているのではないかと問うことには、十分な妥当性があると言えるだろう。巣全体のサイズ、部屋のサイズ、形状、間隔、総体積と総面積、深さごとの分布といった、すぐに目につく巣の特徴の数々は、いったいどのようなメカニズムを通じて生まれているのだろうか？　たとえば、シュウカクアリに見られる浅い切れ込みをもった部屋や螺旋状の坑道は、どんなルールに従ってできたものなのか？　どういったルールを適用すれば、深いところほど部屋のサイズが小さく、間隔がまばらになるのか？　これらの疑問に答えるためのプロジェクトは、大規模で重要なものになるだろう。だが、それを成功させるには、プロジェクトを小さな問いへと分割して、各特徴を一つずつ（あるいはごく少数ごとに）検証していく必要がある。

巣のサイズ

研究者でなくとも容易に想像できるように、アリの巣には、大きなコロニーほど大きな巣を作り、小さなコロニーほど小さな巣を作るという傾向が見られる。では、コロニーはどうやって自分たちに最適なサイズの巣を掘るのだろうか？　巣を掘っているシュウカクアリは、どのくらいのサイズにすればよいのかを「知っている」のだろうか？　そうだとすれば、小さなコロニーから連れてきた働きアリは、大きなコロニーから連れてきた働きアリよりも、小さな巣を作るはずだ。私はさっそく、その検証をしてみることにした。まず、大小のコロニーから働きアリをそれぞれ四〇〇匹ずつ集めた。次にそれを別々のケージに入れた。ケージの床の中心には孔があけられていて、そこから巣を掘れるようになっている。もし働きアリが、自分がいたコロニーの巣のサイズを記憶していれば、新しく作る巣もその記憶を反映した大きさになるはずだ。しかし、実際にはそうならなかった。当たり前と言えばそうかもしれないが、巣のサイズは、かつて住んでいた巣の大きさではなく、作業をする働きアリの数に応じたものだったのだ。この結果は、掘削作業を制御する「記憶」というものが存在しないことを示唆している。言い換えれば、巣のサイズに関する情報は、知識が豊富な熟練工たちが握っているのではなく、働きアリの総数の中に宿っているものなのだ。

だが言うまでもなく、この実験は現実を忠実に再現したものではない。なぜなら、引っ越しの際の巣作りでは、巣を掘る働きアリの数は最初から固定されているわけではなく、徐々に増えていくものだからだ。そこで次の実験では、働きアリの数が四〇〇匹になるまで毎日一〇〇匹ずつ増やしていくパターンも加えてみたが、それでも巣のサイズに変化は見られなかった。ここから読みとれるのは、巣の構造を決めているのは、作業集団の個体数の増え方ではなく、最終的な個体数であるということだ。また、多くの室内実験では、巣のサイズから何らかのフィードバックがなされると営巣作業が鈍化し、巣が働きアリの個体数に応じたサイズになると作業が停止することが示されている。引っ越しの間にこの種のプロセスが生じていて、その影響によって新しい巣が古い巣と同じサイズになっていることは間違いない。だが、そのフィードバックの正体が何なのかは、今のところまだわかっていない。巣の混雑度ということも考えられるが、巣の上部と下部では混雑度がまるで違うため、それが答えである可能性はかなり低いだろう。残念ながら、この問題は今のところ未解決事件ファイルに入れておくしかないようだ。

巣を掘るときの難易度や作業速度は、必然的に営巣場所の土壌の性質に大きく左右される。たとえば、シュウカクアリは砂地に生息している。そこで私は働きアリを四〇〇匹採集し、そのうち半分には暮らし慣れた砂地で、残りの半分にはタラハシーのレッドヒルズから取ってきた粘土質の土壌で、それぞれ巣を掘ってもらうことにした。私も体験して知っているが、粘土と砂では、前者の方が掘り進めるのはずっと大変である。そして実際、実験の結果もそれを裏づけるものだった。粘土質の土壌に作られた巣は、砂地の巣に比べて平均で四〇パーセント小さかったのだ（図6・1）。この結果は、巣のサイズが巣作りにかかる労力や時間（あるいはその両方）と比例していることを示唆している。また、粘土質の土壌の巣は構造もシンプルだったが、これはたんにサイズが小さかったことが原因かもしれない。どちらにしても実験からは、土壌の性質が巣のサイズに影響を与えること、そして巣の構造にも影響を及ぼす可能性があることがわかった。この結果は、すべてのアリの種に当てはまると考えられる。

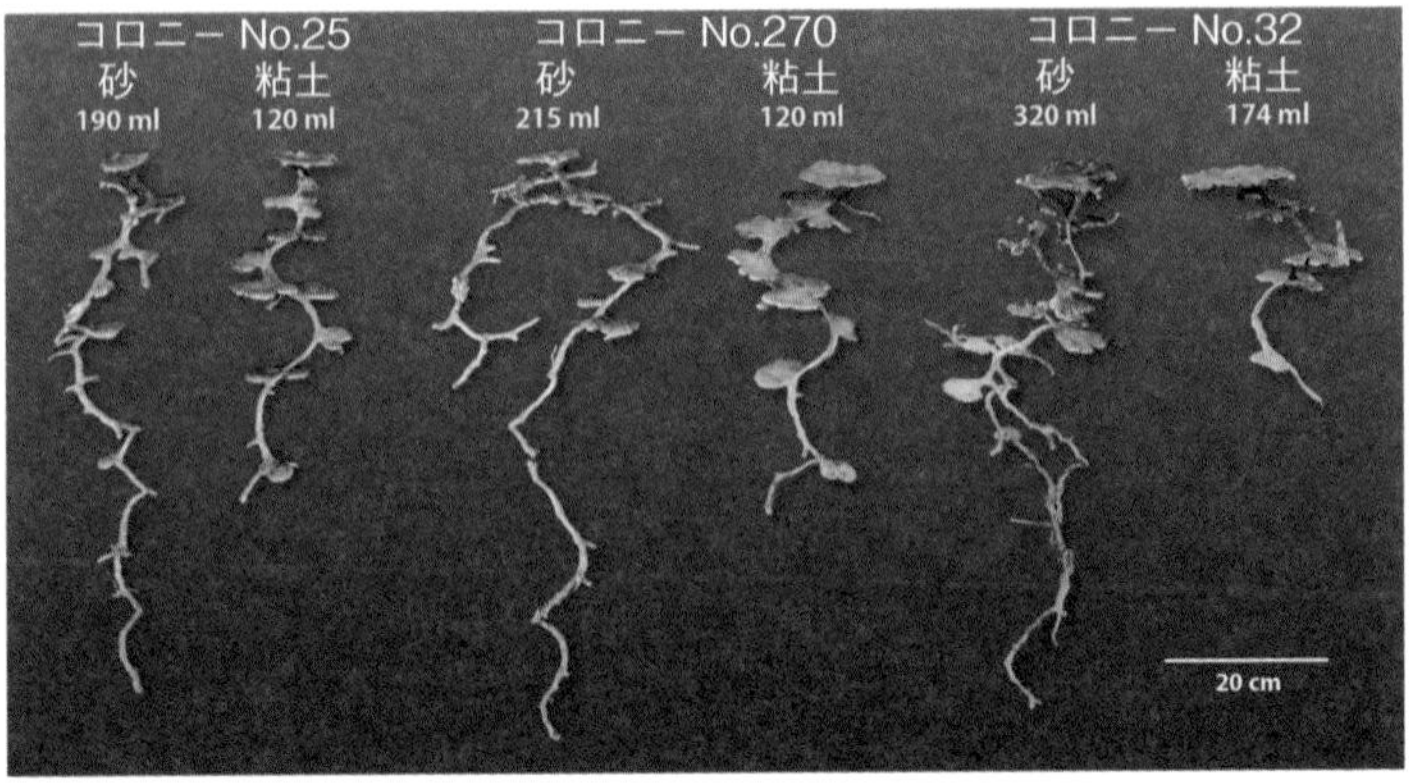

図6・1　密度の高い粘土質の土壌に掘られた巣は、砂地に掘られた巣より小さく、シンプルである。どちらの土壌の巣も、同一のコロニーから集めた200匹の働きアリによって掘られたものなので、直接比較することができる。土壌の種類の下に示した数字は、巣の総体積である。（画像：著者）

建築計画をアリに尋ねる

アリたちが真っ暗な地中で複雑な巣をどのように作っているかを突き止めるのは、容易なことではない。第一に私たちは、地中のアリの動きを見ることができない。仮に見ることができたとしても、各個体が何をしているか、互いにどう交流しているか、建設中の巣から発せられる合図にどう反応しているかを理解する必要があるだろう。私が行ってきた営巣実験の多くは、フロリダシュウカクアリを囲いに閉じ込めて、私の命令に従わせることを出発点としている。これが成功するのは、シュウカクアリが根っからの穴掘り好きだからだ。砂を与えられるとついつい掘ってしまうのである。アリたちは、砂が湿っていれば、それを固めてペレットを作り（図4・7参照）、乾いていれば、犬のように前脚でせわしなく掘りつづける（砂は後脚の間を通って後方に掻き出される）。また乾いた砂を、頭部の下半分にバスケット状に生えている長い毛の中にしまいこんで運び出すこともある（この長い毛は「サモフォア（Psammophore）」と呼ばれる。ギリシャ語で「砂を運ぶもの」の意である）。アリたちがもつこうした能力のおかげで、私は数日のうちに求めていた答えが得られるわけだ。なお、このときに心がけるべきなのは、はっきりとした答えが得られるように実験を設計し、実行することである。

砂をガラス板で挟み（これが本当のサンドウィッチだ）、そこにアリを入れると、喜んで巣を作りはじめる。この場合、アリはガラス越しに見えているので、どの個体がどんな行動をとり、どの程度それを継続するかを観察することができる。この方法だと、営巣がどのように組織化されているかを観察でき、確かに興味深い。だが、私の経験に照らせば、ガラスケース内で作られる巣は、自然環境下で作られる巣とはまるで似ていない。たとえば、ガラスケース内では、フロリダシュウカクアリは蛇行して枝分かれした坑道を掘る。また部屋の形も、自然の巣の最上部で見られる複雑な部屋にいくぶん似た、不規則なものになる。深いところで見つかるシンプルな楕円形の部屋はまず作らない。とはいえ、悩ましいことに、ときにアリたちが特に理由もなくシンプルな部屋を作る場合がある。そして、この種の部屋を継続的に掘るようになる条件を、私はまだ見つけられていないのだ。いずれにせよ自然の巣は、形状やサイズや間隔が異なる多くの部屋から成り立っている。したがって、巣全体がいかに作られるかという疑問は、ただ一つのタイプの部屋を掘るか掘らないかという問題より、はるかに複雑なものにならざるをえない。

確かにそれは難問だ。だが、自然の巣はどうあるべきかについてのご意見をお伺いしたいとアリに申し出ることができたら、どうだろう？　そんなことができるわけないと思うかもしれないが、実は方法がある——私たちが自分で巣を完成させ、それをアリに提供できれば、その申し出をしたのと同じことになるのだ。つまり、これまで見てきた自然の巣とは異なる特徴をもつ人工巣（フランケン巣《ス》タインとでも言おうか）を与えてみて、その特徴がどれほど違っていれば、アリが修繕したり、放棄したりという反応を見せるかを観察するわけだ。アイデアとしては非常に単純である。問題はどうやってそれを実現させるかだ。自分で設計したとおりの空間をいったいどうしたら地中に作り出せるのか、私は何カ月もその問題に頭を悩ませ続けた。そしてある日、とうとう閃いたのである。氷ならば、どんな形にでも凍らせられるではないか。氷を土中に埋めれば、やがてそれは跡形もなく溶け去り、あとには自分の望んだ形の空洞だけが残る。私はさっそく、銅の台座の上に細く切った銅板をはんだ付けして、シュウカクアリの巣で観察されたさまざまな部屋の形状やサイズを再現してみた（図6・2上）。水を入れて凍らせ、その氷を型から外すと、自然の巣と同じ一センチメートルの高さをもった部屋の複製が出来上がったのである（図6・2下）。

ここまで準備ができれば、次は実践である。野外の実験場に向かい、穴を掘り、その底に一番下の部屋を再現した氷を置く。そして、プラスチック製のチューブを上に乗せてから、氷が溶けてしまう前にすばやく土をかける（図6・3左）。その後も穴をどんどん埋めていき、次の部屋を置く高さに来たら、今度はチューブに隣接するように氷を埋め、この作業を地表すぐ下の最上部の部屋を埋め終わるまで繰り返す。最後にチューブを引き抜くと、各部屋につながった坑道が開通し、部屋の氷が溶けたところで、事前の計画どおりの地下空間が出来上がるという寸法だ。こうして私は、どんな部屋の形状、サイズ、間隔でも、どんな深さの巣でも、望むがままに作り出す技術、「アイスネスト」を手に入れたのである。

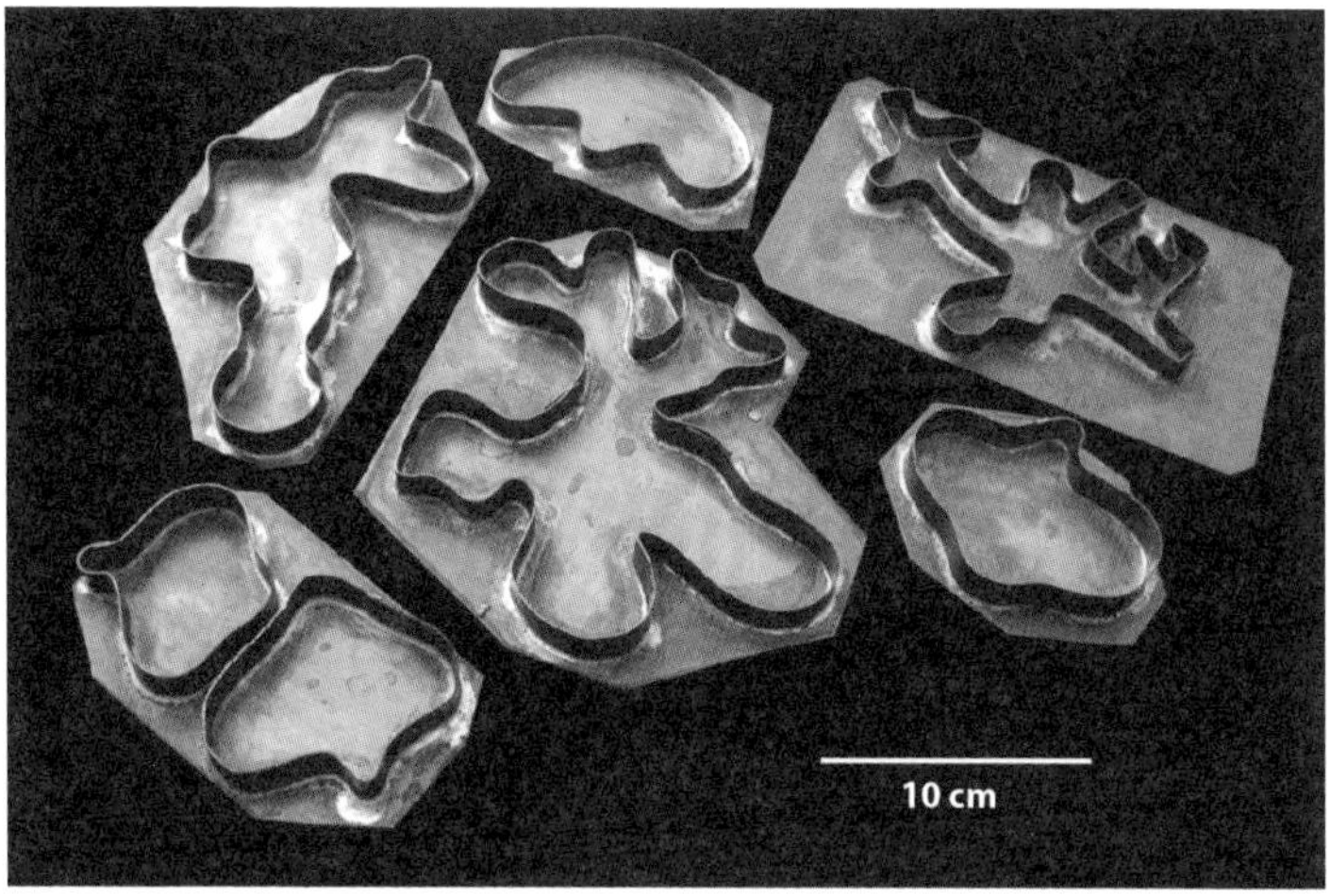

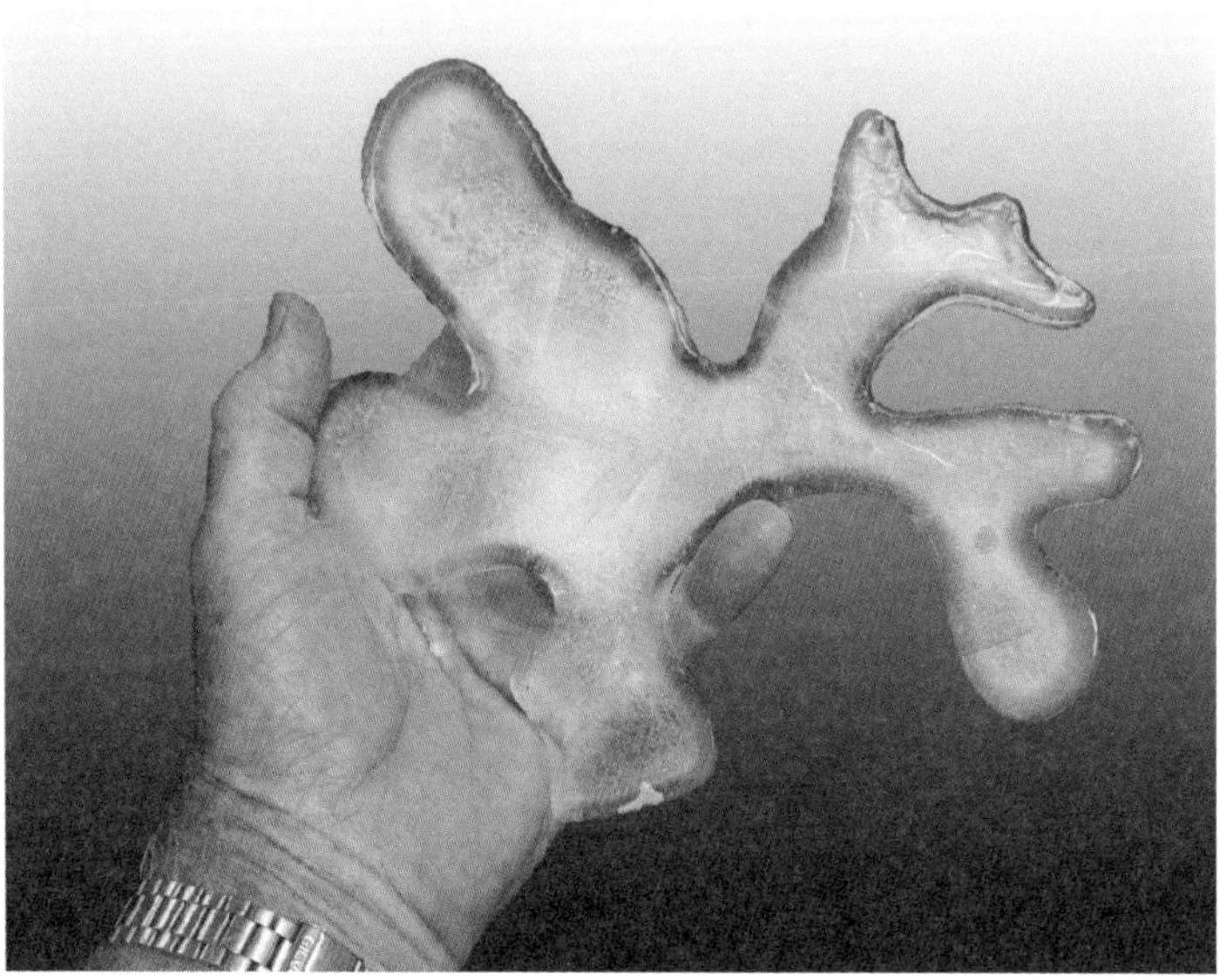

図 6・2　銅製の型（上）に水を入れて凍らせることで、巣の部屋を模した氷（下）が出来上がる。（画像：著者／ Tschinkel (2013b) より）

図6・3　左：氷の部屋は、プラスチックチューブに常に接するように埋めていく。すべて埋めたあとにチューブを引き抜き、氷が溶けると、地中に人工の巣が出来上がる。右：人工巣のアルミニウム製模型。自然の巣と瓜二つなのがわかる。（左の画像：著者／ Tschinkel (2013b) より。右の画像：著者）

アイスネストを利用した人工巣で作ったアルミニウムの注入模型は、自然の巣と（少なくとも私の目には）ほとんど見分けのつかないほどの出来栄えだった（図6・3右）。

アイスネストによる人工巣をアリに与え、それがどう修正されるかを観察すれば、その度合からアリたちが人工巣をどれほど気に入ったかを判断できるだろう。実際の実験では、アリが逃げ出して夕闇の中に紛れてしまわないように、脱走防止用のケージを準備した。ケージの外に出るには、床にあけられた孔を通るしかないが、その孔は私の人工巣の入口へとつながっている。実験に参加してもらったのは、その地域で採集した大量のアリである。ケージに入れられたアリたちは、ものの数分で人工巣の中に入っていき、一〜二時間後には忙しそうに砂を運び出しはじめた。三〜六日ほど待ってから、私は実験場のアリを可能な限り回収し、もといた場所へとお引き取り願った。お勤めは終わったのである。あとはアルミニウムで注入模型を作るだけだ。注入模型を調べて、ある特定の特徴が常に修正されていたり、あるいは常に何の手も加えられていないことがわかれば、そうした情報から、アリたちが自然の巣をどう捉えているかが見えてくるはずだ。ただし、ここで次のことをはっきり認識しておく必要がある――私たちがさがしているアリの「意見」とは、個々のアリがもっているものを指しているのではなく、コロニー全体を一つの単位として見たときに現れる集合的な意見のことである。

部屋の順序

一番大きくて複雑な形の部屋が最上部に、一番小さくてシンプルな形の部屋が最下部にというように、深さによって部屋の形状とサイズが変わるのは、自然の巣に見られる顕著な特徴である。これと同様の人工巣を与えてみると、アリはあまり手を加えず、修正は総面積のわずか数パーセントにとどまった（図6・4左）。これは、アリたちがあまり違和感を抱かなかった結果と言えるだろう。ところが、自然の巣とは反対の配置にした巣――上部に小さくてシンプルな部屋、下部に大きくて複雑な部屋がある巣――を与えると、アリは大いに不満を感じたようだった。地表のすぐ下に、自然の巣のように枝分かれ

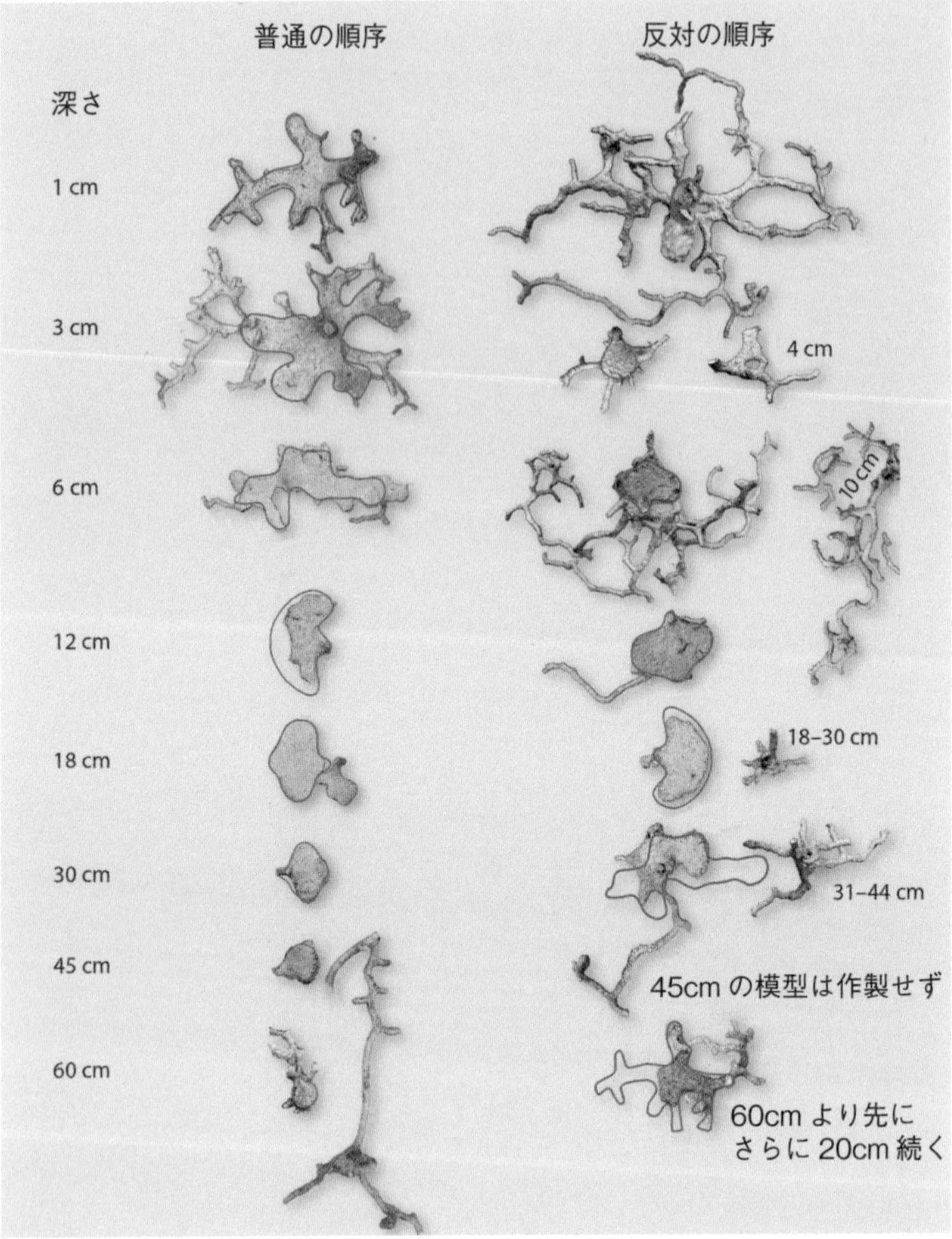

図6・4　アイスネストを利用して、普通の巣と同じ順序で部屋を配置した人工巣（左）と反対に配置した（ただし部屋の間隔は同じ）人工巣（右）を作り、アリに与えた。もともとの氷の形状をピンクの輪郭線で示し、実験開始から4日後に作製した模型と重ね合わせた。反対の配置の人工巣では、もとの部屋から形状が大幅に変更されていることがわかる。（画像：著者）

した大きな部屋を掘り、最初にあった小さな部屋の痕跡を消し去ってしまったのである（図6・4右）。これにより、上部の部屋の面積は当初に比べ三五〇パーセント以上も増加した。またそれと並行して、中部と下部の大きな部屋が部分的に埋められて、面積が三〇～四〇パーセント減少した。一方、普通の配置の巣では、上部の部屋がわずかに埋められただけで、面積の減少率は五パーセント未満にとどまった。この二通りの配置の人工巣を「判断する」ように求められたのは、どちらも同じコロニーから連れてきた働きアリである。したがってこの結果は、所属コロニーの違いを反映したものではなく、与えられた人工巣に対する反応の違いと考えてよい。つまり、配置が逆の人工巣を普通の配置に戻す力が働いたのである。

配置が逆の巣でアリが行ったのは、部屋の拡張や埋め立てだけではなかった――何もなかった場所に部屋を追加したのである。それによって、巣の総面積は二〇パーセント増加した。また、その増加分のうち八五パーセントは、巣の上部一〇センチメートル以内の領域にあった。対照的に、普通の配置の人工巣では追加の部屋は作られなかった。図6・4に示した事例を見れば、この違いは一目瞭然である。

部屋の間隔

アリの巣の顕著な特徴のうち、部屋の順序以外に検証可能なものとして、もう一つ、部屋の間隔が挙げられる。通常、一番上の部屋は地表面から一～二センチメートルの深さにあり、それ以降は一～三センチメートルの間隔をあけて部屋が続く。最下部では、上部の数倍の間隔があいているのが一般的だ。そこで実験では、一番上の部屋（形状は自然の巣と変わらない）が地表面から一〇センチメートルの深さにあり、次の部屋はその一五センチメートル下にある人工巣を作った。間隔は深さが増すにつれて次第に狭くなり、最下部の部屋では一〜三センチメートルの距離になる。この人工巣について、自然の巣とサイズ、順序、間隔を比較した。

実験では三つの人工巣を作製したが、そのうちの二つで、地表のすぐ下に大きくて複雑な部屋が作られているのが確認された。だが、全体として見れば、自然の巣との大きな違いは見られなかった。おそらく、普通の巣と変わらない大きさの部屋が、深さ一〇センチメートル足らずの場所で利用可能だったからだと思われる。とはいえ、アリは地表のすぐ下に大きくて複雑な部屋があるものと期待しており、それが見つからない場合には、自分たちで作る傾向があるようだ。

床の水平性

部屋の床が例外なく水平であることも、自然の巣の驚くべき特徴である（図4・11参照）。そしてこの特徴もまた、アイスネストを利用して検証が可能だ。少々意地が悪いかもしれないが、実験では、部屋の形状、サイズ、間隔、順序は自然の巣と同じだが、すべての床が二〇度ほど傾いている人工巣を作って、アリの意見を聞かせてもらうことにした。驚いたことに、家具があれば滑り出しそうなほど傾いたその床に対して、アリはまったく無関心のようだった。そのまま放置しておけば、いつかは何らかの反応を見せる可能性は確かにある。だが、少なくとも最初のうちは、傾いた部屋をありのままに受け入れたのである。アリが追加で作った部屋は確認されていないが、もし作ったとすれば、その床が水平なのはまず間違いない。自然環境下のアリは皆そうしているからである。

坑道の種類

図4・10を見ると、フロリダシュウカクアリが螺旋状の坑道をこよなく愛しているのがよくわかる。螺旋坑道は、シュウカクアリの巣の代表的な特徴であり、巣を調べると必ず現れるものだ。ということは、このアリは螺旋以外の形を受け付けないのだろうか？　螺旋と直線という二種類の坑道に対するアリの反応を比べることで、この疑問を簡単に検証することができた（この検証では部屋は用意しなかった）。アルミ棒を螺旋状に加工して地面にねじり入れ、それを引き抜くと、その形のままの坑道ができる。実験では、螺旋の半径が五〜七センチメートルの坑道を、地表面に対して五三度の傾斜角がつくように作った（この角度は自然の巣と同じである）。一方、直線の坑道にはまっすぐなアルミ棒を使い、角度は一〇度、五三度、九〇度の三種類を用意した。一〇度の坑道の最奥部は地表面から一三センチメートル、五〇度は三〇センチメートル、九〇度は五〇センチメートルの位置にあった。それぞれの坑道の入口の上には、読者の皆さんにはすでにおなじみの床に孔のあいたケージを置き、各ケージには一五〇匹の働きアリを入れた。そして四日後に、その坑道を容認したか、部屋を追加したか、それ以外の修正をしたかを確認した。

意外なことに、アリたちはほとんどの場合、螺旋と直線の両方の坑道を受け入れ、使用していた（図6・5）。まず、螺旋状の坑道は常に受け入れられ、部屋も作られていた。一方、自然と同じ五三度のまっすぐな坑道は、一四例中一三例のコロニーで受け入れられていた——拒絶された唯一の例では、働きアリは提供されたまっすぐな坑道を捨てて、自分たちで螺旋状の坑道を作り直していた。傾斜角が一〇度しかない直線坑道は、四例中すべてにおいて、二本の螺旋状の坑道が付け加えられ、より深い場

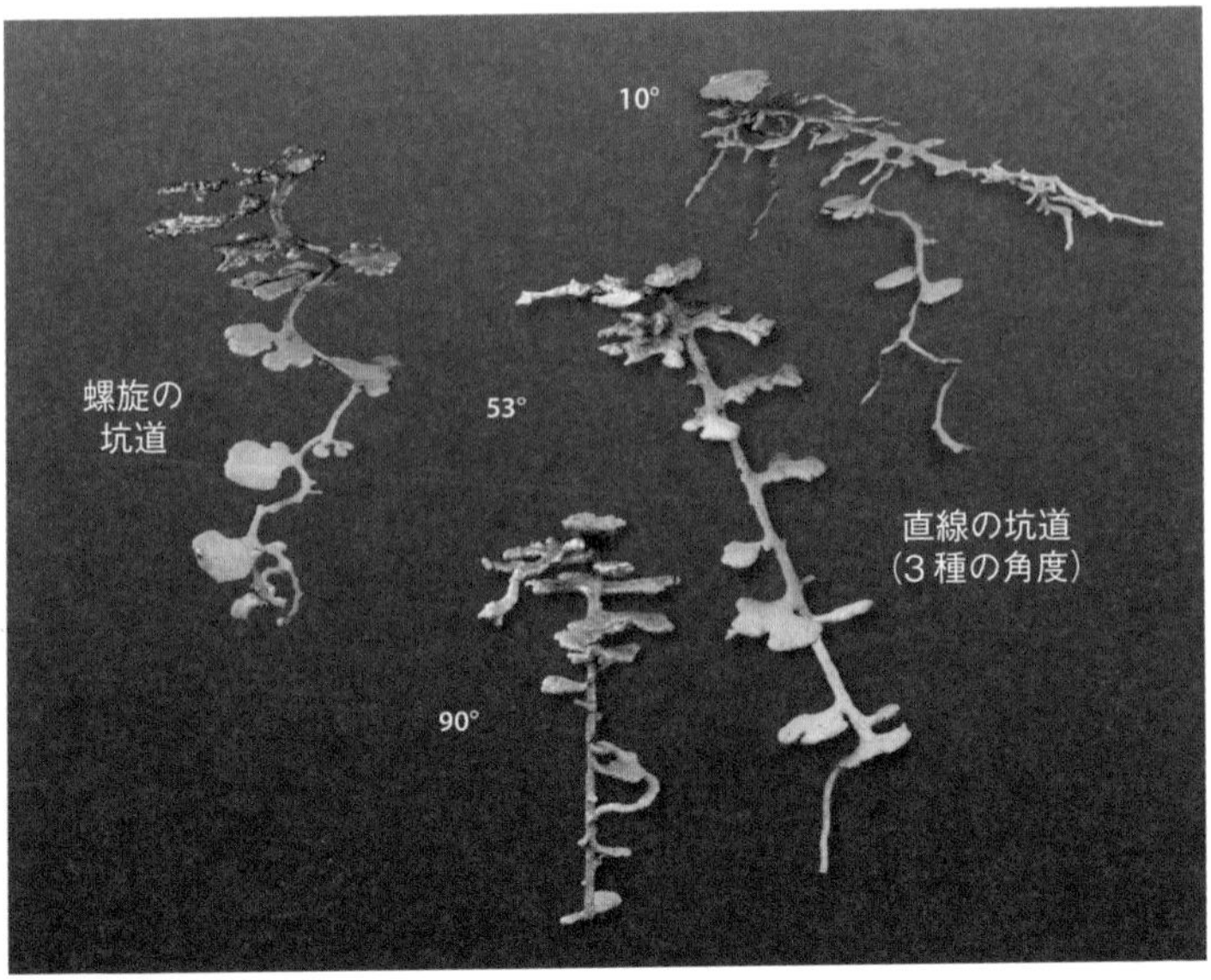

図6・5　部屋をもたない坑道をアリに与えて反応を見る実験。アリは螺旋の坑道を常に受け入れ、それに部屋を追加した。また直線の坑道も、螺旋と傾斜角が同じ53度の場合はほぼ常に受け入れ、90度の場合は多くのケースで受け入れていた。一方、傾斜角が10度の直線坑道の場合は、いつも螺旋の坑道が付け足されていた。(画像：著者)

所へと移動できるようになっていた。また、九〇度の直線坑道を与えられたコロニーでは、四例中一例で拒絶され、自分たちで螺旋状の坑道を作っていた。若干驚いたのは、アリたちが坑道の形よりも角度を気にしているように見えたことだ(図6・5)。まっすぐな坑道の突き当たりに達すると、アリは自分たちの特徴である螺旋状の坑道を掘って、巣をさらに深いものにした。

坑道と部屋の位置関係

螺旋状の坑道と直線の坑道は、どちらもほぼ分け隔てなく受け入れられたが、部屋の位置に対する反応は、二種類の坑道で大きく異なっていた(図6・6)。螺旋状の坑道の全三例のうち、ほぼすべての部屋（二五のうち二二）が螺旋の外側に置かれていた。残りの三つは坑道を挟んで両側に広がり、内側だけに作られた例は一つもなかった。蛇行する川の水のように、アリもまたカーブでは外側に逸れようとする強い傾向があるようだ。それとは対照的に、傾斜角五三度の直線坑道では、一四例とも坑道の両側にほぼ同数の部屋が作られ、互いが対になっているケースも多かった（図6・6）。具体的には、全部で一〇九室の部屋のうち、五五室が両側に、三一室が右側、二三室が左側にあった。どうやら、あまり好みはうるさくないようだ。傾斜角一〇度では、坑道は両側に幅を広げるのが一般的で、部屋との境がはっきりしないことも多かった。また傾斜角九〇度では、坑道が部屋の中心を通ることはなく、常に隣接していた（どちら側に接するかはランダムのようだ）。

二つの未解決問題

アリを相手に実験を続けていると、この生き物には問題をさらにややこしくする特別な能力が備わっているのではないかと思うときがある。たとえば、私はこれまでに何度か、アリに対して、部屋の形状を気にしているのか、それとも最低限の大きささえあれば形はどうでもいいのか、という疑問をぶつけてきた。この疑問を確認するには、円形や（坑道を頂点とする）三角形の部屋をもつ人工巣をアイスネストで作り、実際にアリに暮らしてもらえばよい。あるケースでは、アリはどちらの形状の部屋も受け入れた（アリが部屋を受け入れたのは、そこに種子が蓄えられていたことで判断できた）。またあるケースでは、部屋の一部を土で埋めてしまうこともあった。しかし、ここまでは想定内の結果である。実験の反応で一番頭を悩ませたのは、アリが枝分かれした新しい坑道（いわば「天然もの」の坑道）を作って、し

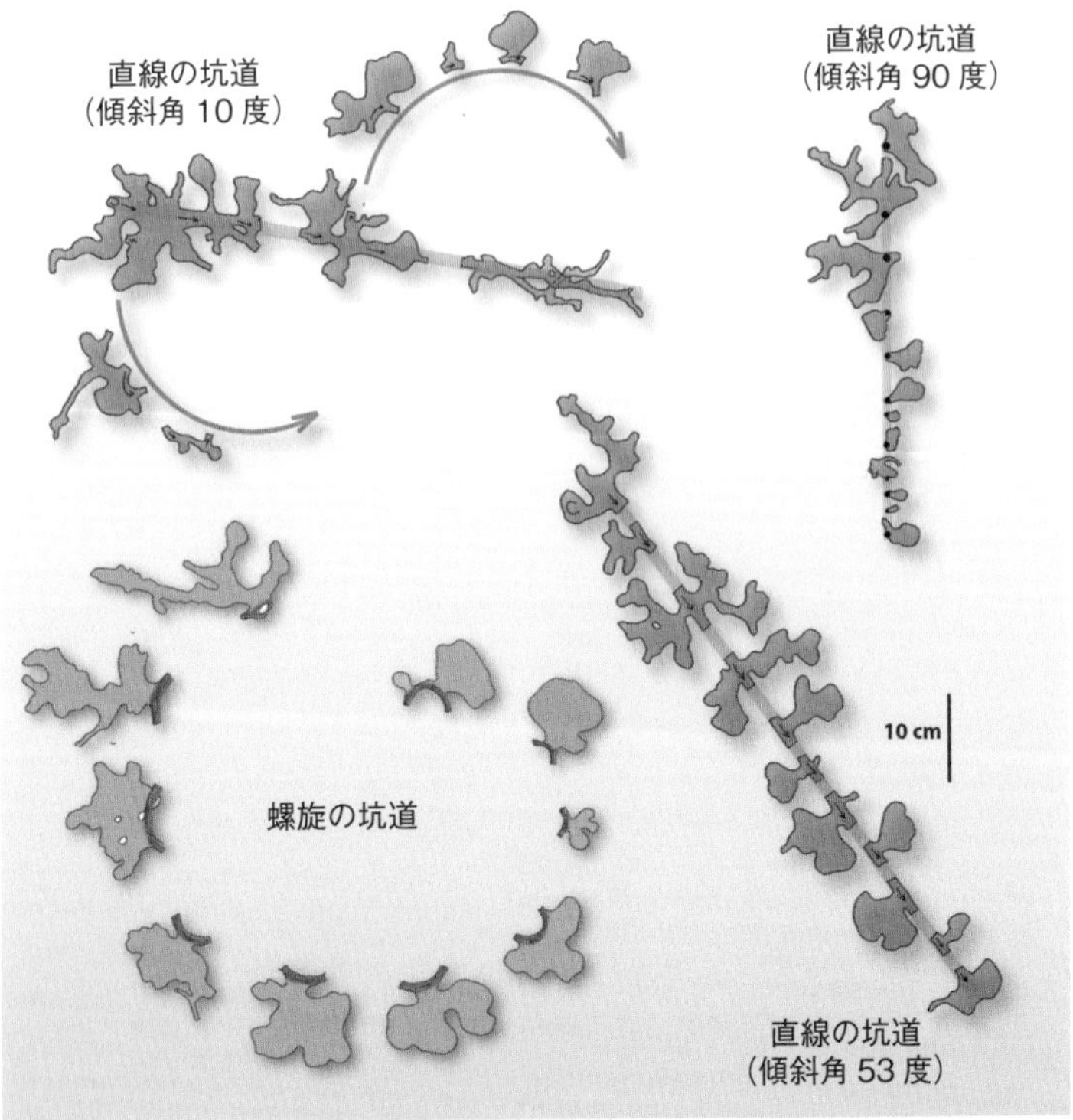

図6・6　螺旋・直線坑道実験における部屋の配置。螺旋坑道の場合、部屋は螺旋の外側に置かれるケースが大半だったが、傾斜角53度の直線坑道では、左右どちらか、あるいはその両方に置かれていた。90度の直線坑道では、部屋は常に左右どちらかにランダムに配置されていた。10度では、坑道が両側に拡張され、部屋との境界も判然としなかった。また下りの螺旋坑道が常に付け加えられていた。（画像：著者）

ばしば巣を飾りつけたことだ。この反応は、部屋のスペースが十分にあれば、坑道の新設にエネルギーを注ぐことを意味しているのだろうか？　円形や三角形の部屋は受け入れられたと考えてよいのか、それともそうした規格外の部屋に対する「抗議」として坑道を作ったのか？　どの仮説を信じるべきか、私はいまでも決めかねている――アリの心を覗き込むのはかくも難しいことなのだ。

また、部屋を作る目印についても謎が残る。自然の坑道であっても、私が実験で用いた坑道であっても、あらゆる部屋は、螺旋の外側にできたわずかな角《かど》や突起から生まれたもので、その出っ張りは部屋と似通った間隔で見つかる（図6・7）。部屋の基礎となるその小さな突起は、いったいどのようなメカニズムで生じているのだろうか？　この疑問は重要だ。というのも、その突起こそが、「ここを掘れ！」と書かれた標識やプレースホルダのような役割を果たし、最終的な部屋の間隔を決定するからである。そうした突起は、日常的に交通渋滞が起こる箇所で、アリが通り抜けるために坑道が少し広がってしまったものなのだろうか？　また、部屋として拡張される突起とされない突起があるのはなぜだろうか？

再び、深さの手がかりについて

アリの巣が垂直方向に何らかのパターンをもつためには、自分のいる深さをアリが知っている必要がある。深さの情報が二酸化炭素の濃度勾配とは関係ないことは、すでに第5章で見た。だが、もしアリが土壌そのものがもつ他の手がかりを通じて深さを「知っていた」としたら、どうだろうか？　これが可能性の低い、八方破れの仮説であることは否定しない。とはいえ、ともかく検証はしてみるべきだろ

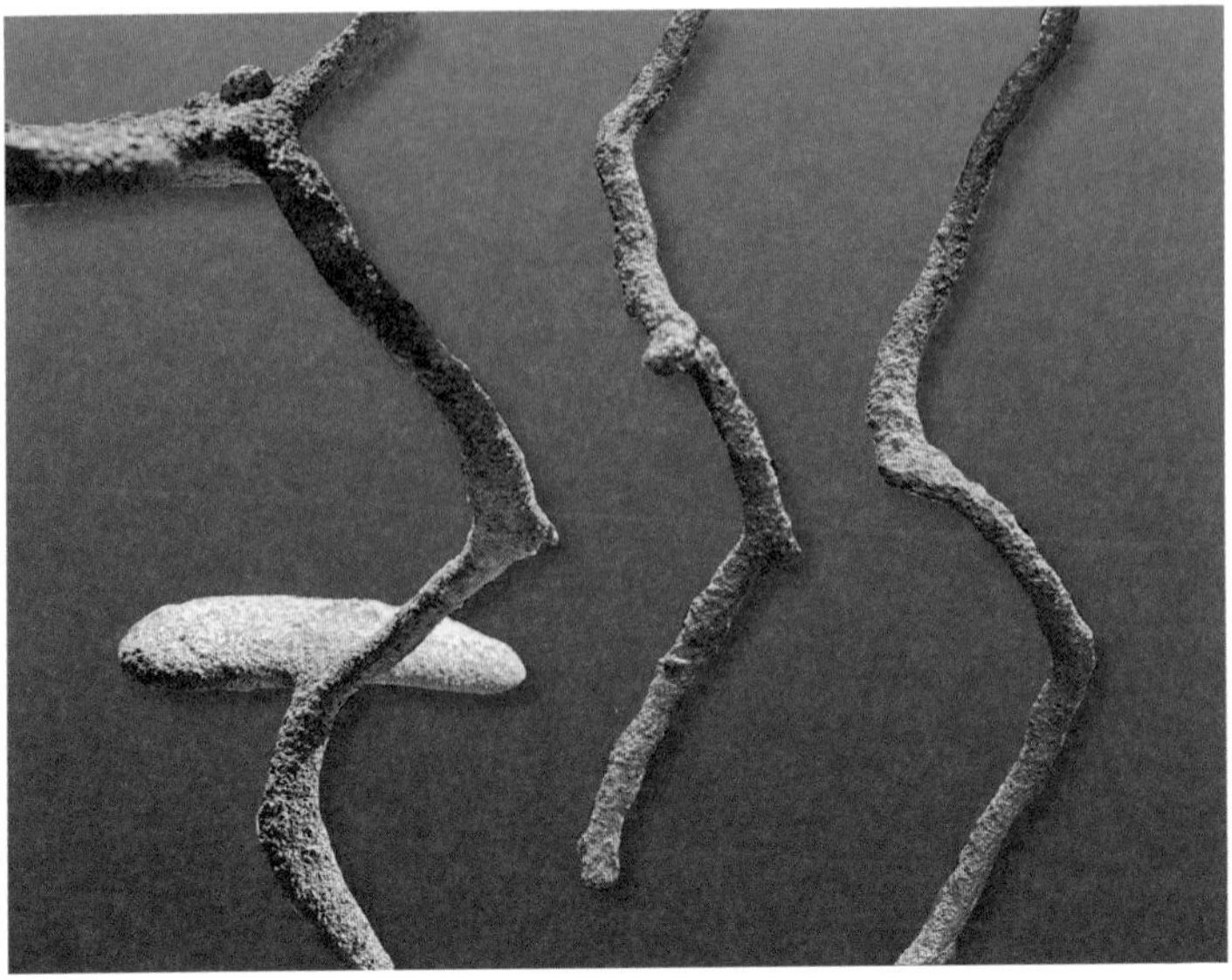

図6・7　一般的に、巣内の部屋は螺旋坑道にできた小さな突起を起点に出現する。こうした突起は建設中の巣で特に顕著だが、すでに一通りの営巣作業が終わった巣の深い領域でもよく見られる。突起の間隔は部屋の間隔と似ており、巣の拡張に伴い次の部屋をどこに作るべきかを知らせる印として機能していると考えられる。（画像：著者）

う。実験では、底に孔のあいたケージに働きアリを入れておき、一つのグループは地表面から、もう一つのグループは深さ五〇センチメートルの穴の底から、巣を掘ってもらった。もし後者のグループが、穴の底を「これは深さ五〇センチメートルの土壌だ」と知覚するならば、最初に掘る部屋は、地表から掘りはじめたグループよりも、より小さく簡素なものになるに違いない。要するに、その深さで一般的に見つかる形状とサイズの部屋になるわけだ。だが悲しいかな、実験の準備には大いに汗をかいたにもかかわらず、二つのグループが作った部屋に差は見られなかった。つまり、土壌にはアリが使えるような深さの情報は「内在」していないということだ。私たちは、一見理にかなっている仮説についてアリに問いただしてみるが、アリ側からはこのように否定的な意見が返ってくる場合もある。だが、そこで落胆してはいけない。否定的な結果からも学ぶことはできるからだ。

私はここまで、フロリダシュウカクアリが精巧な巣をいかに作るのかを突き止めようとしてきた。だがその成果は、せいぜい問題の上っ面を引っ掻いた程度のものでしかない。根本的な謎はほとんど手つかずのままで、問題にさらに踏み込む余地はまだ多く残されている。次の節では、同じように答えが切に求められている、もう一つの問題に目を向けてみよう。

巣の構造はいかにコロニーに役立っているか？

アリの巣はふつう、アリのシェルター、微小生息域としての役割を担っていると言われる。だが、そうした一般的な視点よりも、ずっと面白い見方がある──ある「デザイン」が、それが他のデザインだった場合と比べて、コロニーの特定の機能を向上させるかどうか、もしさせるとすれば、どういった方法でそれを実現しているのかという問題を、繁殖成功の最大化という観点から考えてみるのだ。デザインによって機能が向上する可能性は、種によって巣の構造が大きく異なっていることからもうかがえる。巣の特定の構造は、それを作ったコロニーに特別役立つように、進化によって誂《あつら》えられたものなのかもしれない。ときには、構造の目的が一目瞭然の場合もある。たとえば、ハキリアリの巣の卵型をした部屋は、他種に見られるパンケーキ型の部屋よりも、明らかに菌類の栽培に適している。他方、細長い切れ込みの入った部屋が、シンプルな楕円形の部屋に比べて、いかなる点で好都合なのか、似た形の部屋の間隔を狭めて（または遠ざけて）配置することが、そうしない場合に比べて、なぜコロニーにとって有利に働くのかということは、いまだはっきりしていない。

巣の構造が何らかの適応の結果であるという考えは、「あらゆるものは自然選択の最適な産物でなければならない」という生物学の信念を素朴に応用したものにすぎないのだろうか？　こうした信念（「適応主義」と呼ばれることが多い）は、たしかに科学的探究心は刺激するものの、常に真であるとは限らないし、少なくともそれを裏づける証拠を得るのは困難、または不可能である。先に見たように、シュウカクアリは、巣のある部分には強いこだわりを示す一方で、他の部分にはまったく頓着しない。たとえばアリたちは、地表面のすぐ下に枝分かれした複雑な部屋を作ることや、螺旋状の坑道の外側に部屋を配置することにはこだわったが、まっすぐな坑道の場合、どちらの側に部屋を配置するかには執着を見せなかった。与えられれば直線の坑道でも受け入れるが、自分たちで作るときは螺旋状にした。坑道は傾斜が急なものを好み、傾きが非常に小さい場合は満足いかない様子を見せるが、こだわりはそれほど強くないようだった。また、垂直な坑道を受け入れる場合と拒絶する場合がどちらも数多く見られ、そこからはアリたちもある種の逡巡を感じていることがうかがえた。これらの実験結果は、アリが自分たちの素敵な巣をいかに作るのかについて多少のことは教えてくれるが、そうした独特の特徴をもった巣をなぜ作るのかについては、ほとんど何も語ってくれない。巣作りのルールの一端を垣間見ようとするのは、たしかに価値のあることだろう。だが、そのルールによって生じた結果がコロニーの適応度にどう貢献しているかを突き止めるのは、それとはまったく別の、より難しい問題なのである。

「なぜ」を問う質問に答えるには、巣の特定の特徴がコロニーの適応度に与える影響を（一つひとつでも、複数同時にでも）判定しなければならない。ここで適応度とは、コロニーが次世代の娘コロニーを生み出すのに成功するかということだ。これを立証するための実験は、理論面はともかく、実践面では幾重にも困難がある。次のような例を考えてほしい。自然の巣に見つかる顕著な特徴、たとえば螺旋状の坑道が、コロニーの適応度に影響を与えるか否かを知りたいとする。この場合は、コロニーの適応度を示す妥当な指標として生殖個体の数と質を取り上げ、それを螺旋と直線の坑道で比べればよい（坑道の角度は同じにする）。だがこのとき実験者は、自分たちが与えた人工巣が年間サイクルを通じて改変されないよう手配しておく必要がある。そうでなければ、人工の巣と自然の巣で生まれた生殖個体を正当に比較できないからだ。同じような配慮は、部屋の形状やサイズや分布、巣の総面積や深さなどの特徴に関しても言えるだろう。これらの特徴のなかには、研究室内で実験可能なものもあるかもしれない。しかし、室内では自然界で見られる死亡率や採餌コストが再現できず、適応度の測定にも未知の影響がおよぶことになる。また、いかに研究室であっても、長い期間にわたってコロニーを活動的で健康に保つのは容易ではない。したがって、どう考えても、この種の実験は不可能と言わざるをえない。

ミッチェナーのパラドックス

とはいえ、巣の特徴のなかには比較的検証しやすいものもある。短期間の実験で満足のいく結果が出せるものであれば、とくにそう言えるだろう。私もそうした検証を行ったことがある。そのとき対象としたのは、フロリダシュウカクアリほど気難しくないアリ、すなわちヒアリ（*Solenopsis invicta*）だ。一九六四年、著名なハチ研究者であるチャールズ・ミッチェナーは、ミツバチ、カリバチ、アリのコロニーを多数分析して、大きなコロニーほど子育ての効率が悪いことを示唆する論文を発表した。コロニーが大きくなるにつれて、成虫一匹あたりの子供の数が減るというのだ。この結果にミッチェナーは当惑した。社会性を発達させた結果として繁殖の成功率が下がるならば、なぜそれを発達させる必要があるのかわからないからである。この研究成果は、のちに「ミッチェナーのパラドックス」として知られるようになり、私を含む昆虫学者たちは、これを検証すべき仮説ではなく、まごうことなき真実として、数十年にわたって受け入れることになった。たとえば、私の研究室に在籍していたサンフォード・ポーターは、博士課程の研究の一環として、三〇〇〇匹の働きアリがいるコロニーは、七五〇匹の働きアリを擁するコロニーよりも、働きアリ一匹が一カ月に育てる子供の数が少ないことを報告している。この結果は、ミッチェナーの論文と一致している。

一九九〇年代初頭、私は一年間に九〇（！）ものヒアリの巣を掘り起こし、個体数調査を実施したが、そのおかげで、幅広い規模のコロニーについて、働きアリ、幼虫、蛹、生殖個体の各季節ごとの数を把握することができた。そして、そこで得られた働きアリと蛹の数から成虫の発生率を推定した（その際には巣の温度も考慮した）。考え方は次のようになる。たとえば、蛹の発育期間が一〇日で、一〇〇〇個の蛹があったとしよう。そうすると一日一〇〇匹の成虫が誕生することになり、その巣に一〇〇〇〇匹の働きアリがいたとしたら、働きアリ一匹あたり一日〇・一匹の成虫が誕生する計算になる。こうした推定を、自然環境下に暮らす数百から二五万匹までの幅広い規模のヒアリのコロニーに対して行ったところ、成虫の発生率（あるいは生産率、育児効率）は、コロニーの規模ではなく、季節という要因によって変動することがわかった。

この野外調査の結果と、それ以前に行った室内での実験結果およびミッチェナー論文との間の矛盾は、数年にわたり私の悩みの種となった。私は、これらの二つの結果には、矛盾を生み出すような何らかの条件の違いがあるのではないかと考えてみた。そして早い段階で次の事実に思い当たった。すなわち、数千匹の働きアリを擁する研究室のコロニーは一つの大きな部屋で子育てをするが、野外のコロニーは、多数の部屋からなる巣に暮らし、そうした部屋は平均してそれぞれ二〇〇匹ほどのアリを収容できるという事実である。もしかすると、この違いが矛盾を生み出しているのではないか？ すでに室内実験では、コロニーが小さくなるほど育児効率が高くなることが示されていた。したがって、野生のコロニーが一定の育児効率を維持しているのは、そうしたコロニーが効率の良い小さな「ワーキンググループ」に分割されているからだと考えるのは理にかなっている。また、部屋の平均サイズはコロニーの規模に左右されないという事実も、この考え方の裏づけとなるはずだ。

巣の構造がコロニーの機能にいかに影響を与えうるかという問題に関して、これは明らかに検証可能な仮説だった。やるべきことはと言えば、同じ規模のコロニーを、一つの大きな部屋をもつ人工巣と、それと総面積は同じだが四八室の小さな部屋からなる巣で、それぞれ飼育して比較することだけだ（もちろん、「言うは易し」ではあるのだが）。私は長い間、毎年二〜三人の学部生にこの実験をやってもらってきたが、結果は——たとえそれが無事に出た場合でも——いつも不明瞭で、はっきりとした答えからはほど遠いものだった。そこで私にとって最後の助成金が出たときに、アシスタントのニコラス・ハンリーと私でこの実験を改めて企画して、二回にわたり実施してみることにした。

実験の準備として、まずは電動工具（ルーター）を使って石膏ブロックに大小の部屋を掘った。ここで改めて立証されたのは、毎分二万五〇〇〇回転するビット〔先端につける金具〕で石膏を加工しては

図6・8　部屋の細分化が育児効率に及ぼす影響を調べる実験。2つの巣の部屋の総面積は等しい。実験開始時には、両方の巣に同数の働きアリと幼虫（それぞれ3000匹）と女王アリ（1匹）を用意した。（画像：著者／ Tschinkel (2017c) より）

いけない、ということだった。わずか数個のブロックを削っただけで、部屋中が白い粉でコーティングされてしまったのである。こうして加工した石膏ブロックはトレーの上に乗せ、多少湿らせてからガラス板で覆う。これで、一つの部屋をもつ人工巣と複数の部屋をもつ人工巣が完成したことになる（図6・8）。これらの人工巣には、働きアリと幼虫をそれぞれ三〇〇〇匹ずつ入れておく。幼虫が羽化するまでの期間（およそ一ヵ月）は自由に採餌してもらい、その期間が終わった頃にガラスを取り外して個体数調査を行い、働きアリが幼虫をどれくらい育て上げたかを確認した。その後、コロニーの巣の入れ替えを行い（一室巣のコロニーを複数室巣へ、複数室巣のコロニーを一室巣へ）、もう一度、同じ期間にわたり同様の実験を繰り返してから、最後に個体数調査を実施した。

私としては、部屋が複数に分かれた巣の方が育児効率が良いというポジティブな結果を望んでいたのだが、その気持ちを満足させてくれる結果はとうとう得られなかった。実験が示したのは、一つの部屋しかない巣も複数の部屋をもつ巣も、育児効率は同程度ということだった。つまり、巣の部屋数という観点では、室内での実験結果と自然環境下での実験結果の矛盾を説明できなかったのである。

この実験とほぼ同じ時期、ウィスコンシン大学のボブ・ジーンは、二人の同僚とともに、ミッチェナーの一九六四年の論文の根拠となったデータを再分析していた。ジーンらが再分析を試みたのは、一九六四年以降、ミッチェナーの報告に反して、コロニーが大きくなるにつれて育児効率が低下する証拠は見つからないとする複数の研究が発表されていたからだ（私のヒアリの野外調査もそうした研究の一つに数えられる）。彼らの分析の結果、ライフサイクル、季節で変化する死亡率など、さまざまな自然史的な要素を考慮に入れると、「ミッチェナーのパラドックス」が解消されることがわかった。ということは、私の研究室での実験も、本来あてにできない仮説を証明しようとした点で無駄骨だったのである。振り返ってみれば、教え子の大学院生デビー・キャシルが行った実験を知ったときに、私はそのことに気がつくべきだった。キャシルの実験では、部屋に集められたヒアリの幼虫は常に働きアリで覆われていることが示された。つまり、働きアリの全体数が多かろうが少なかろうが、幼虫のいる部屋が大きかろうが小さかろうが、幼虫は同じように世話を受けていた。アリの育児効率は、世話を必要とする幼虫に対して、世話を行う働きアリがどれほどいるかに左右される。そして、その比率はいつも同じなのである。

このようなエピソードを紹介したのは、ある論文に刺激を受けてプロジェクトに乗り出す際、その論文を批判的に読むのではなく、すでに醸成された評判どおりに受け入れてしまうことの危険に気づいてもらいたいからだ。この結果は、巣の構造の研究という観点から見れば、少しばかり落胆させられるものだった。というのも、部屋の分割というテーマは、巣の構造と機能に関する実験のなかでも、私が実際にやりとげることができた数少ないものの一つだったからである（湿度や水分といった巣にまつわる条件は、確かに育児などのコロニーの機能に影響を与えるが、そうした条件は構造とはまた別物だ）。巣の構造そのものとコロニーの機能の因果関係については、誰かが直接検証する方法を見つけ出すまでは、（数多ある）パターンや相関関係で満足するほかないのだろう。

しかし、巣の構造的特徴の機能を説明できなかったからといって、それ以外の探求を諦めてよい理由にはならない。次の章では、巣作りがアリの暮らす土壌に与える重要な影響について見ていくことにしよう。

第7章　アリとバイオターベーション

地面の下に広がる地下世界は、空気ではなく土に満たされた空間である。そのため、そこに生きるには地上とは異なる特別な適応が必要になるが、地下と地上を自由に行き来するもの、どちらかの環境にしか暮らせないものなど、すでに多様な動植物が豊富に生息しているのは、誰もが知っているとおりだ。地下に見つかるのは動植物ばかりではない。土壌にはさまざまなミネラルも含まれているからである。だが、その成分は自然のプロセスで絶えず沈降していき、最終的にはその区域から流出してしまう。一方で土中に暮らす動物は、「バイオマントリング（掘った土を地上に排出して表土を形成すること）」や「バイオターベーション（掘った土を地下で移動させること。生物擾乱）」を通じて土中のミネラルの再配置を行い、結果的に栄養素が流出するのを遅らせている。言い換えれば、動物の日常生活によって土壌が撹拌され、構造が常に更新されているのだ。このおかげで、植物は栄養を利用しやすくなり、通気性が高まることで、水の浸透度や土壌の空隙率にも変化が生じる。長い目で見れば、土壌とはゆっくりと沸騰しつづける鍋の湯のようなものだ。上昇して地表を突き破る土もあれば、下降して乱流混合を生じさせる土もある。

こうした土壌の撹拌は周囲にさまざまな影響を与えているが、そのうちの一つに、地上にあったものが次第に地下に埋もれていき、それが腐食しないものであれば非常に長い期間保存される、ということがある。チュニジアのカルタゴに住んでいた私の兄弟も、花を植えるために庭にちょっと穴を掘っただけで、ローマ時代の硬貨が一枚や二枚は出てくるものだと言っていた。考古学者はこの種の埋没現象のおかげで仕事にありつけるが、反対に庭師は庭の敷石が次第に土に沈んでいくため、この現象を憎んでいるに違いない。チャールズ・ダーウィンは、埋設現象研究のパイオニアの一人で、それが起こるのは主にミミズのせいであると論文で主張した。ダーウィンの同時代人のなかには、彼のような偉大な思想家にとってこのトピックは瑣末事にすぎないと考えた人もいたようだが、もちろんそんなことはない。埋没現象もまた、自然選択による進化と同様、小さな行為が長い時間をかけて大きな影響をもたらす事例なのである。

ダーウィンにとって、土壌を撹拌するのは主にミミズであってアリではなかった。イギリスのアリ相がかなり貧弱であることが、ダーウィンをそうした考えに導いたのかもしれない。しかしながら、大部分の温暖な地域ではアリこそが土壌の撹拌、すなわちバイオターベーションの主要な原因だと人々が気づくようになるまでに、さほど時間はかからなかった。アリのバイオターベーションのほとんどは、地下に巣を掘ったことの帰結として生じている。営巣によって排出された土が地表を覆う速度は、当たり前の話だが、巣の体積、掘り出された土の量、地域の巣の密度によって決まる。熱帯アメリカのハキリアリが作る巨大な巣は、その土地を大量の土の下に埋めつづけている。その広大な土の堆積を一目でも見れば、アリがバイオターベーションの立役者であることを疑う人もいなくなるはずだ。埋没速度が著しいものであるためには、巣が目につくほど巨大である必要は必ずしもない。小さな巣でもアリがたくさんいるのであれば、中庭を驚くべき速さで埋めることができる。

アント・ヘブンの土壌動態

どの生息地であれ、その土地のアリ相が土壌の撹拌に与える影響を明らかにした人はこれまで誰もいない。とはいえ、私はこのテーマについても研究を行っている。主な研究の場は、おなじみのアント・ヘブンだ。アント・ヘブンでは、フロリダシュウカクアリ（*Pogonomyrmex badius*）以外にも、土中に巣を作るアリが数十種見つかる。コロニーが土中に営巣するとき、巣が大きくなるにつれて地表に排出される土の量は多くなるが、それと同時に、地中の部屋や坑道にも下層から運ばれてきた土が大なり小なり捨てられていると思われる。また、フロリダシュウカクアリのように引っ越しを行うアリであれば、その頻度、巣の体積や深さ、コロニーの密度に応じて、その地で掘り返される土の量も変化することになる。アント・ヘブンをはじめ、多くの温暖な地域で見られるこうしたアリの活動は、土壌の変化してゆくさま、つまり土壌の「動態」に大きな影響を与えていると考えられる。アリ（およびその他の穿孔動物）は、土を掘り出しては地表を覆い、そうしてできた新しい地表を新たな土で再び埋没させる、という活動を際限なく繰り返すことで、数千年という時間スケールで地面をゆっくりとかきまわしているのである。もちろん、土壌の動態に影響を与えている生き物はアリだけではない。だが、もっとも重要な要素であるのは、おそらく間違いがない。

私が土壌動態の問題に取り組むことになったのは、考古学者のジム・ダンバーと地質年代学者のジャック・リンクからの連絡がきっかけだった。アリの巣に関する私の研究を知って、彼らが頭を悩ましている難問を私なら解決できるかもしれないと連絡をくれたのだ。その難問とは次のようなものである。

タラハシーの南にあるワクラ・スプリングスでの発掘調査中、深さ約一メートルの地中から石器の欠片が出土した。その地にパレオ・インディアンが暮らしていた確かな証拠である。通常、こうした石器片は嬉しい発見なのだが、今回は喜んでばかりもいられなかった。というのも、光刺激ルミネッセンス測定（ＯＳＬ）で周囲の土壌の年代を調べてみたところ、その新世界に人類が存在したとされる時期よりずっと古い、三万〜四万年前という結果が出たからだ。ＯＳＬが依拠しているのは、たとえば石英のような物質は、自然の放射線を浴びることによって高エネルギー電子を内部に蓄えるが、そうした電子は石英粒が埋められるなどして、暗い場所に置かれる時間が長いほど多くなる、という事実だ。内部に蓄えられていたエネルギーは、実験室などで石英粒に光を短時間照射すると紫外線として放射される。一般的に、石英粒がより深いところに埋まっているほど、また、より長い期間埋まっているほど、紫外線の放射量は多く、放射量が多いほど年代は古くなる。ダンバーとリンクが疑ったのは、バイオターベーションによって土が撹拌された結果、深いところにあった土（つまり古い年代の土）が浅いところにあった土と混ぜ合わさり、そのせいで年代が古く測定されてしまったのではないか、ということだった。この迷惑行為の筆頭容疑者はアリだった――それが私にお呼びがかかった理由である。アリたちが知らずに加担しているバイオターベーションとバイオマントリングを定量化する実験を共同で行おうというわけだ。

問題となるのは、フロリダシュウカクアリが相当量の土を深い場所から浅い場所へと移動させているかどうかだ（土に光が当たると測定結果が変わってしまうため、移動はあくまで土中に限る）。そのような移動がある場合、光を放出する母結晶の能力に変化が生じ、ＯＳＬで測定される年代は誤ったものになるだろう。だが、アリがどれくらい土を移動させているかわかれば、その分を調整することで測定結果を修正できる可能性がある。このとき、地表に堆積した土については考慮する必要がほとんどない。先述したように、土は光にさらされると紫外線を放射する能力を失う、あるいはジャック・リンクの言葉を借りれば「初期化」されてしまうからである。

実験の準備として、着色された砂を一一色分、合計で二〇〇〇ポンド購入し、ペンサコーラからアント・ヘブンへとトラックで運ばせた。ただでさえ砂だらけの海岸林である。そんな場所にさらに砂を運ばせた私たちのことを配達業者がどう思ったかは、神のみぞ知るだ。私たちは、深さ二メートル、幅一×二メートルの穴を二つ掘った（掘り出した土はタープの上に積み上げげた）。穴掘り作業では、身長一五七センチメートルのクリスティーナ・クワピッチが孤軍奮闘した。私はその場を外していたが、彼女が自分の背丈よりも深く、助けがないと出られないような穴から砂を懸命に掘り出しているのを、他の人たち（男女四人）はただ見守るだけだったという。

穴を掘り終えて壁面を整えたあとは、三方にベニヤ板を貼り、二メートルの深さをもつ、一×一メートルの空間を作った。この空間に購入分も含め一二色の着色砂を敷き詰めていくわけだが、底の二層は五〇センチメートル、それ以降は一〇センチメートルの厚さで重ねていくようにした（図7・1）。色付きの砂は、コンクリートミキサーを借りてきて、三倍量の現地の砂と混ぜ合わせた。隣接する一×二メートルの穴は作業スペースで、着色層が出来上がっていくのに合わせて、現地の砂で埋めていった。この作業を二つの穴で行うことで、私たちは二つのレイヤーケーキ（複数の層からなるスポンジケーキ）状の土壌、すなわち各着色砂がどの深さにあるかを把握した土壌を手に入れたのである。

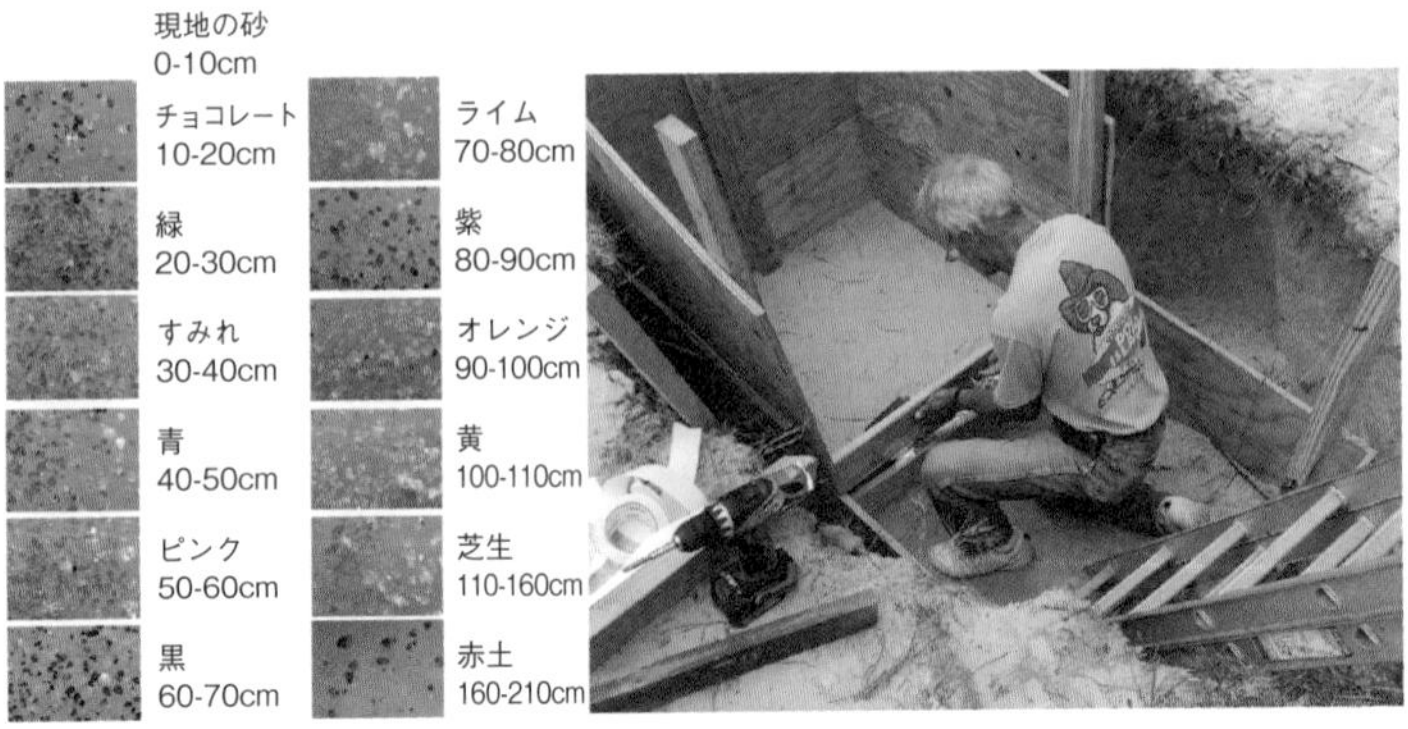

図7・1　レイヤーケーキ実験の準備。ベニヤ板で囲んだ穴に、左に示した順序で着色砂を層状に敷き詰めていった。その後、フロリダシュウカクアリのコロニーを放し、巣を掘らせた。（画像：Rink et al. (2013) より）

その後、クワピッチと私はシュウカクアリの大きな巣を掘り起こして、すべてのアリを回収した。そのアリたちをレイヤーケーキの上に設置したケージに放すわけだが、一度にすべて入れてしまうのではなく、二日ごとに約二〇〇〇匹の働きアリを追加し、女王アリは最後に加えるという方法をとった。ケージに閉じ込められたアリたちには、床部にあいた孔から巣を掘るしか選択肢がない。採餌活動もできないので、刻んだミールワーム、種子、砂糖水、ピカンサンディーズのクッキーを定期的に与えることにした。アリたちは自分たちの運命を潔く受け入れたようで、レイヤーケーキを掘り進め、精力的に巣を作っていった。鮮やかな色の砂のペレットを巣の入口周辺に積み上げていく光景は、それは美しいものだった（図7・2右上）。

日々積み上げられていくペレットと着色砂を調べることで、直接見ることのできない地下での巣作りの大まかな様子がわかってきた。人間はレンガを一つひとつ積み上げて家を建てるが、アリたちはペレットを一つひとつ持ち去ることで巣を作るのである。アリと砂粒のスケールは大きく違わないため、

図7・2 左上：ケージに放したフロリダシュウカクアリのコロニー。右上：シートの中央にあけた孔からレイヤーケーキに巣を掘っている働きアリ。右下に挿入した画像はペレットの拡大図で、その多くが複数の着色砂で作られているのがわかる。掘り出された砂の色と量からは、掘削作業の進捗状況が推測できる。下：右上の画像で示した場所から採取した着色砂の拡大図。計量済みサンプルの砂の数をかぞえることで、アリがどれほどの速さで巣を掘っていたかがわかる。（画像：Tschinkel et al. (2015b) より）

慣性の力を利用して砂をシャベルからバケツに放り込み、それを運ぶといった大掛かりなことはアリにはできない。アリと砂の関係はもっとずっと対等なもので、それゆえ私たちは、アリたちが巣作りで格闘せざるをえない「力」について考えがなかなか及ばない。そうした力には、水の薄膜や鉱物の微小の結合点に関する凝集力、粘着力、表面張力などがある。アリのスケールでは水ですら強力な接着剤になる。各ペレットは、建設中の部屋や坑道の「採掘面」から掘り出された砂粒から、一つひとつ作られる（図4・7参考）。このときアリは、砂粒を取り出すためにさまざまな力を乗り越えている。言い換えれば、ペレットを作る妨げとなる力があったわけだが、まさにそれと同じ力がペレットを安定させ、そのおかげでアリはその砂の塊を顎で挟み、地上に運び出すことができる。私たちが、円盤に捨てられたそのペレットをピンセットで細心の注意を払って拾い上げ、マイクロプレートのくぼみ（ウェル）に落とすことができるのも、その力のおかげである。地上に捨てられたペレットは時間とともに乾燥し、風やアリの影響を受けてばらばらになって、最終的には砂の堆積に加わる。私たちは、五〇個前後のペレットとすでにばらばらになったすべての砂をマイクロプレートに毎日回収した。図7・2下はデジタル顕微鏡で撮影したマイクロプレート内の砂粒で、撮影後にその数をかぞえて分析した。

最初に地表に現れた色からは、その日の巣の最大深度がどれほどかがわかった。また、砂のかさ密度（一ミリリットルあたり一・五グラム）、一ミリリットルあたりの砂粒の平均数（一万三〇〇〇±三〇〇〇）、各層の着色砂の割合（二五パーセント。経費削減のために三倍量の現地の砂で希釈したことを思い出してほしい）、各色の割合（図7・3）から、各着色層の相対的な掘削速度、一日あたりの部屋の体積の増加量とその合計を計算した。各色の割合は、数人の学部生の力も借りて、先に撮影したデジタル顕微鏡の画像を何百枚も見て、それぞれの数をかぞえ、それをコンピュータに入力したものがもとになっている。そのデータからは、目の届かない地下で起きていることが、総天然色のスローモーション映画のように浮かび上がってくる（図7・3）。

七カ月後、私たちはレイヤーケーキを注意深く掘り起こし、部屋の位置を記録しながら、巣の構造を

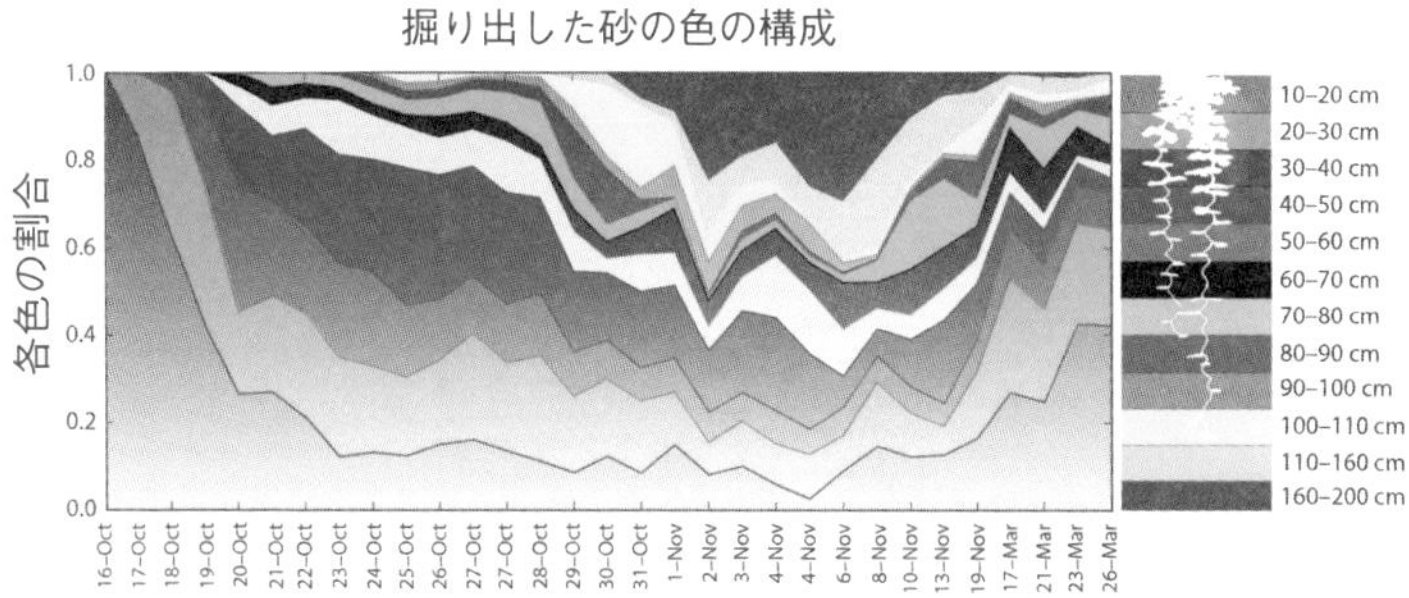

図7・3　左：採取した着色砂の日ごとの割合。この割合から、アリが各層に到達した日と、各日に掘った部屋の相対的な体積がわかる。深い層よりも巣上部からの砂の量の方がずっと多く、また早い時期に現れている。右：着色層の順序を深さと共に示したもの。スケールがわかりやすいように巣の模式図を重ねている。（Tschinkel et al. (2015) のデータをもとに作成）

一層ずつ明らかにしていった。その際に、ある層に他の層からの着色砂が見つかるかどうかを確認することで、アリが砂を光にさらすことなく地中で移動させたかを判断した。こうした砂の移動は、OSLによる年代測定を歪めるものだが、同時にアリが巣をどのように形成していくかを知らせてくれる貴重な情報となった。さらに、土中に投棄された着色砂の色を分析することで、どの層からどれくらいの量が運ばれてきたか、上下に移動した距離などを推定できた。

　分析結果は実に明快なものだった――アリは深い層から浅い層へと大量の砂を運び、投棄していた。一方で、反対に浅い層から深い層への移動も若干見られた。多くの部屋と坑道の床や壁がさまざまな色の砂で覆われ、一部では完全に埋め戻されているケースも見られた（図7・4）。巣の上部七〇センチメートルの領域では、他の層から運ばれてきた着色砂の九〇～九八パーセントが下層からのものだった。上部三〇センチメートルの領域では、他層から運ばれた着色砂の堆積が著しく、埋め戻された部屋も多くあった。上部一〇センチメートルは現地の砂の層だが、そこで見つかった二〇九グラ

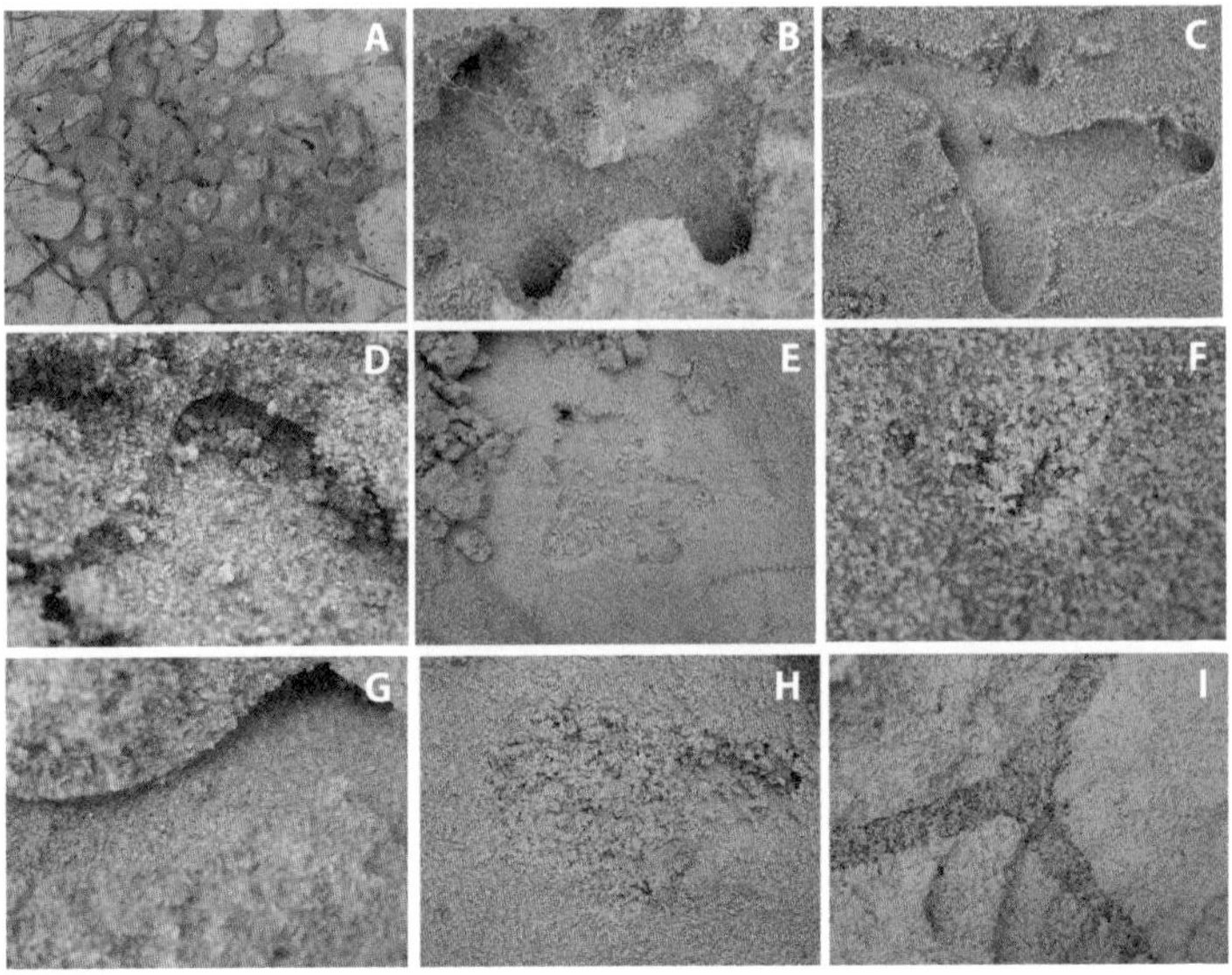

図7・4　他の着色層から運ばれてきた砂が地中で堆積した例。そうした砂は、部屋の床や壁に敷き詰められたり、坑道や部屋に埋め戻されたり、ペレットとして投棄されたりする。（画像：著者／Tschinkel et al. (2015b) より）

ムの着色砂のうち約半分が埋め戻しに使われていた。全体で見ると、壁などを表面的に覆うよりも、埋め戻しに使われた着色砂の方が量が多かった。この実験でアリが移動させた砂はおよそ一三キログラムであり、そのうち二・五パーセントが地中に投棄され、さらにその七五パーセントが上部三〇センチメートルの領域に集中していた。上部三〇センチメートルの砂をすべて混ぜ合わせたと仮定すると、砂粒一〇〇〇個のうち四個が他の層から運ばれてきた計算になる。他の層からの着色砂の量は、その砂がもともとあった層の部屋の体積に正比例し、もともとあった層と投棄された層の垂直方向の距離に反比例していた。また興味深いことに、七〇センチメートルより深い領域では、他層から来た着色砂の二九パーセントが上層由来のものだった（ただし全体量は少なかった）。

年代測定にＯＳＬを利用している科学者にとって、私たちの調査結果は、穿孔動物が埋蔵物の環境を乱すこと、その乱れを考慮してデータを解釈すべきことを裏づけるものだ。私の知る限り、この問題の簡単な解決策はない。それでも一つ方法を挙げるならば、砂粒の年代を一つひとつ測定して、そのなかでもっとも現在に近い年代を正答として受け入れることだろう。これは、土壌の移動の大部分が深いところから浅いところへ向けて起こっている場合には妥当なように思われる。多くの科学分野と同様、ＯＳＬにもまた解決すべき問題が多く残されている。

ペレットの物語を読み解く

ペレットを分析すると、アリがいかにそれを形成して地上に運ぶのかについて、次のような重要な事実が明らかになった。ひとたび形成されたペレットが、その後何の手も加えられずに直接地表に運ばれた場合、そのペレットには同じ色の砂しか含まれないことになる。だが実際には、大半のペレットが複数の色の砂を含んでいた。つまり、ペレットはいったん作られたあとに他の着色層に投棄され、その層の砂を新たに取り込んで再形成されていたのだ。一つのペレットに含まれる色数は〇～一〇色で、平均は四・四色だった。また、ペレットは五〇～四〇〇個（平均で一六二個）の砂粒で構成され、そのうち平均六〇個が着色砂だった。

ペレット内の着色砂からは、そのペレットが巣の上方に運ばれてくる間に起きた出来事についても推測することができる。たとえば、異なる色の砂が一～二個しか含まれていない場合は、運搬中にアリがそのペレットを落としてしまい、砂粒が付着した可能性が高い。また、二色目の砂がペレットの多くを占めている場合は、最初に作られた層とは別の着色層で再形成された可能性が高い。その確率は、ペレットを構成する追加の着色砂の割合が増えるほど高くなる。こうした傾向は、イタリアの経済学者コッラド・ジニが考案した概念で、経済における所得分布の均等性を記述する「ジニ係数」で表すことができる。ジニ係数は〇〜一の値をとるが、これをペレットの着色砂に応用すると、係数〇は着色砂がペレットに一色しかない状態、係数一は複数の色の砂が同じ数だけ含まれている状態、すなわち完全に均等な状態となる。

ペレットに含まれる色数が多くなるほど、そのジニ係数は上昇する――つまり、色がより均等に分布するというわけだ。実際にもっとも多く見られた係数は〇・一〜〇・二で、これは色がかなり偏っている状態である。とはいえ、ペレットの半数以上はそれより係数が高く、なかには〇・六〜〇・八という、かなり均等な状態も見られた。ペレットと地中での砂の投棄を分析したところ、かなりの割合のペレットが、地表まで一回で運ばれるのではなく、途中で複数回投棄され、再形成されていることが示唆された。多色からなるペレットが観察された頻度や、その均等性については、これで説明がつく。言い換えれば、ペレットや砂の運搬は、複数の働きアリによる個別の行動がいくつも引き継がれることで遂行されていると考えられる。

レイヤーケーキ状の土壌に作られた巣を掘り起こしたとき、部屋の中に無傷のペレットを見つけることもあったが（図7・4）、投棄されたペレットの大半はばらばらにされて、床や壁へと敷き詰められていた。当然ながら、こうした場所で形成されるペレットは、さらに多くの色を含むことになる。だが、そうした色の混入がもっとも頻繁に起こる場所はどこかと問われると、はっきりとした答えは出せない。明らかなのは、シュウカクアリの地下の巣は静的なものではないということだ。つまり、一通りの建設作業が終わったあとも、継続的にリフォームが続けられるのである。シュウカクアリの巣がもつこの動的な性質は、埋め戻しと再度の掘削が非常に大きな役割を果たしていると考えられる最上部の部屋で、とりわけ顕著に見られる。こうした継続的なリフォームは、「完璧な」巣を作り出すことに関して、適応面で直接的な価値があるのかもしれないし、ないのかもしれない(「完璧な」巣というものは、実際にはおそらく存在しないにせよ)。あるいはそれは、働きアリが局所的な手がかりや経過時間に直接反応した結果なのかもしれない。巣が形をなしていくにつれ、営巣に関連する行動は減っていくが、完全に止まることは決してない。ある部分をちょっとだけ動かしたり、ペレットを四ミリメートルだけ移動させたりして、それで十分だとか、もう少し続けるべきだとかを判断するわけである。

短期間でどれほど動くか?

ところで、アリによる土の移動を短期的に見ると、どのような結果が得られるだろうか? レイヤーケーキ実験で見た巣内の堆積は、七カ月かけて形成されたものだった。より短いタイムスケールで、移動の様子を知ることはできないだろうか? 実のところ、それは可能である。実験者の任意のタイミングで、アリが着色砂を運ぶように仕向けることさえできればよいのだ。私たちが採用した方法は、先の実験よりも控えめなものだった。何も知らないアリたちの巣の横に深さ五〇センチメートルの穴を掘り、巣の部屋にわずかにかする程度まで側部の土を削っていった。それから、蛍光ピンクに着色した砂をスプーンで数杯、その部屋に注ぎ込んだ。こうしてアリがどうしても片付けなくてはいられない乱雑な状況を作り出したのである。一～三日後、ピンク色の砂は巣の円盤に出現していた。また、七つの巣の掘り起こし調査をしたところ、全四二室のうち二七の部屋でピンク色の砂が見つかり、その形状はペレットからばらばらの粒までさまざまだった。最上部の領域では、ピンク色の砂だらけの部屋も一室あった。ピンク色の砂が見つからなかった部屋の大部分は、巣の中ほどの深さにあった。

この実験結果を見て私が考えたのは、壊れやすいペレットを巣外に運ぶために曲がりくねった坑道を移動すれば、必ずや偶発的な「汚染」が数多く生じるに違いない、ということだった。そこで私はそれを検証してみることにした。この実験でもガラス製の小さな「サンドウィッチ」を利用したが、今度は容器の底に蛍光ピンクの砂を二センチメートル敷き、その上に普通の砂をかぶせた。巣の坑道がピンクの層まで到達すると、上部に運ばれてくる多くのペレットがピンク色になった。図7・5は巣に紫外線を当てた様子である。ペレットから偶然落下した砂粒が坑道のいたるところに見つかるのがわかる。またそれと同時に、アリがペレットを最終目的地である巣の外ではなく、その途中の巣内に置いていくケースも多く見られた。このように砂の汚染は、偶発的であると同時に「意図的」なものなのである。

この実験結果は、巣の深部から運ばれた砂が上部に堆積するのは、巣の建設や改修の直接的かつ正常な過程であることを示している。また、堆積の速度には幅があるものの、連続的で動的な過程なのは間違いないことも読みとれる。もしレイヤーケーキの巣を時間をずらして掘り起こしていたら、場所も比率も異なる砂の堆積を発見していたことだろう。これを考えると、私が作るアリの巣の注入模型とは、ある意味で「時間のスナップショット」だと言えるのかもしれない。

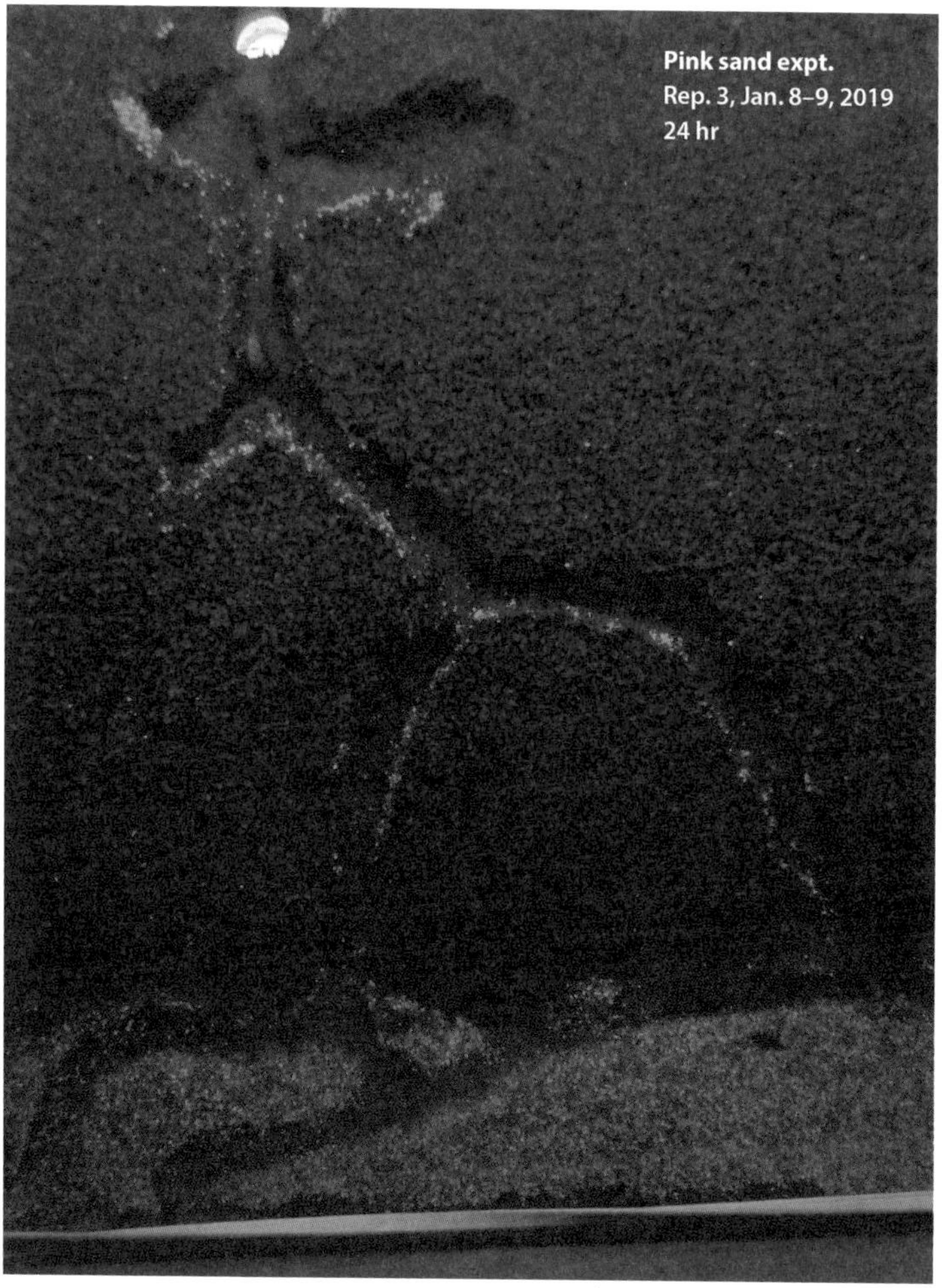

図7・5　ペレットは崩れやすいので、運搬中に砂粒がこぼれ落ちることが珍しくない。また、地表に出る手前でペレットを投棄する働きアリも多い。営巣作業中は、この種の「汚染」が絶えず起こっていると考えられる。（画像：著者）

地域全体の移動量を考える

ここまでの説明で、シュウカクアリの各コロニーが営巣の際に大量の土を移動させていることはおわかりになったと思う。だが、地域全体で見ればどうだろう。二三ヘクタールの面積をもつアント・ヘブンにある四三〇のコロニーは、生態学的あるいは地質学的な時間で考えて、どれほどの土を動かしているのだろうか？　実はこの移動量を計算するために必要な情報はすでに集まっている。具体的には、一九八五年に行った数多くの掘り起こし調査、引っ越しの調査、そしてレイヤーケーキ実験のおかげで、木炭片で飾られた巣の円盤のサイズから、巣の体積、深さ、部屋のサイズの分布を予測できることがわかっている。私たちはまた、どれくらいの量の土が地中に捨てられるかもわかっている。アント・ヘブンで繰り返し行った位置調査からは、コロニー間の間隔と密度、円盤の面積、引っ越しの移動距離と頻度、コロニーの寿命もわかっている（第4章参照）。

円盤面積は、いま挙げたデータをすべて結びつけるものである。というのも、円盤面積さえわかっていれば、巣の深さ、体積、垂直分布といったアリの地下活動の結果を、コロニーを掘り起こすことなく推測でき、しかもその推測を経時的に行うこともできるからだ。アント・ヘブンの巣の体積の推定値は、〇・五リットル（砂の重量に換算すると約〇・七五キログラム）から一二リットル（約一八キログラム）であり、平均はおよそ三リットル（四・五キログラム）である。掘り出された砂のほとんどは円盤上に捨てられ、円盤は風雨や動物によって散逸して、数年後には均一な層を形成する。

こうしたデータをコンピュータに与えて、アリが時間経過とともにどう行動するかをシミュレーションしてみよう。まずは、一コロニーあたりの平均的な面積（六七〇平方メートル）をもつ空間を用意し、その空間内のランダムな場所に仮想の「コロニー」を置く。コロニーは、一年に一度、三・九メートル（±三・一五メートル）離れた場所へと「引っ越し」を行う。二〇年（±四年）後にコロニーは「死」を迎える。その際、コロニーがいた仮想空間は、空間内のランダムな地点に新しく「創設」された、小さなコロニーに引き継がれる。新しいコロニーは、六年（±二年）かけて、三・三リットル（±〇・六リットル）の「成熟サイズ」にまで成長する。その後、前のコロニーと同じように、毎年引っ越しを行い、実験で観察された体積と円盤面積から推定されるサイズの巣を掘る。部屋の体積の垂直分布からは、深さ五〇センチメートルごとの砂の掘削量がわかる。

一〇〇〇年が経過する頃には、「コロニー」によって地表に排出された土は二六六〇リットルにのぼり、空間の二一パーセントが円盤に覆われることになる。この土の大部分は、もっとも浅い領域（〇～五〇センチメートル）から運ばれたものだ。巣の体積のほとんどがその領域に集まっているからである。一〇〇〇年間では、一ヘクタールあたり一六のコロニーがあったとして、地表に六四トンの砂が排出され、そのうち一・二トン（二パーセント）が、深さ二メートル以上の場所から運ばれたものになる。これを均等にならすと、厚さ〇・四三センチメートル（±〇・〇五センチメートル）の層になる。

シミュレーションの結果は、引っ越しの回数（＝年数）に応じたコロニーの場所とサイズを示す一連のイメージとして、視覚化することができる。円盤に使われた土がどの深さのものかは、色分けして示した。もっとも浅い領域は青で、深さが増すにつれて、緑、オレンジ、赤と変化していく（図7・6）。

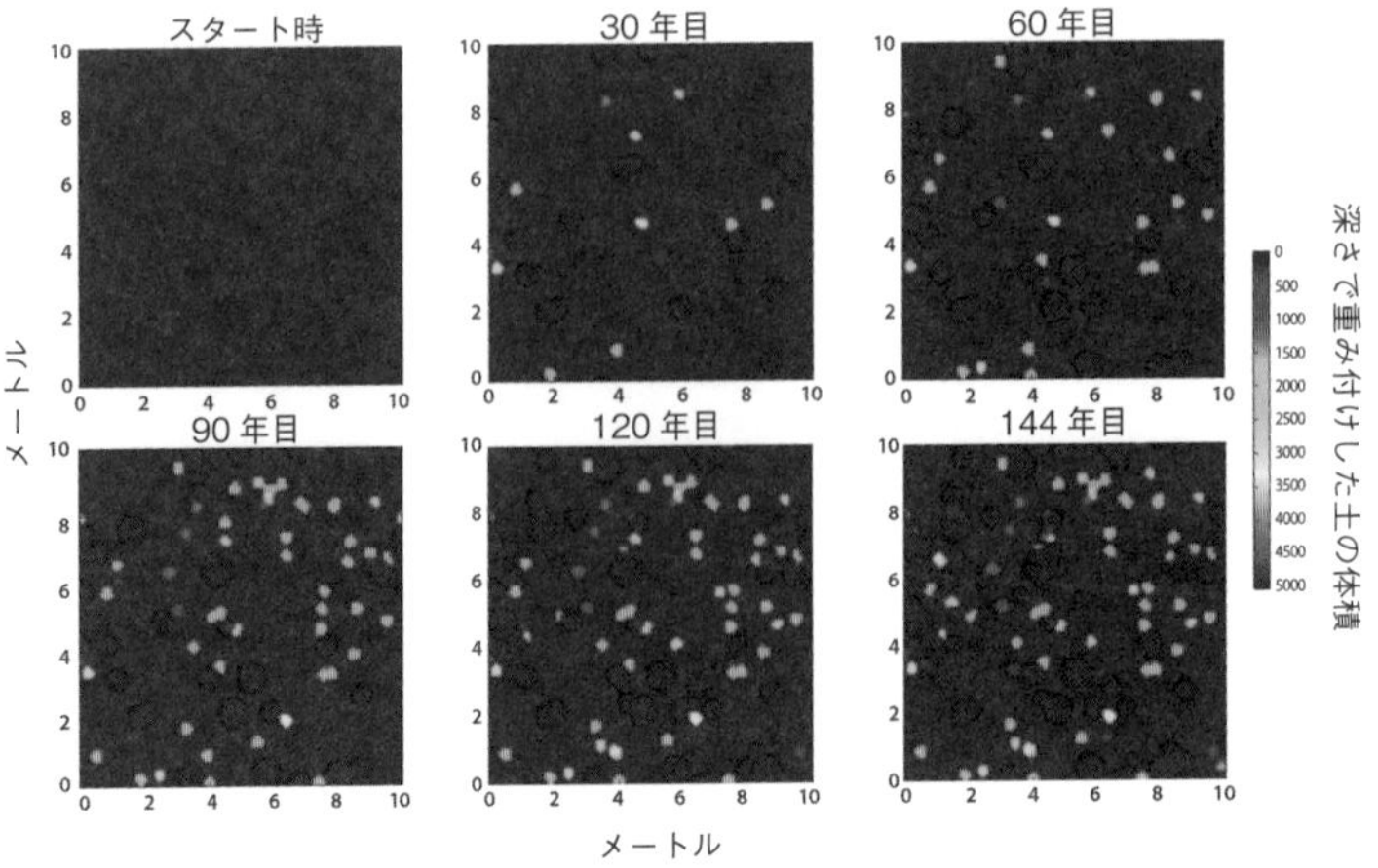

図7・6　あるコロニーとその子孫が作る巣の円盤によるバイオマントリングのシミュレーション例。範囲は100m^2、期間は144年とした。円盤の土がどの深さから来たものなのかは色別に示した。青は浅い領域が主体で、赤は深い領域の土が混ざっている。（Tschinkel (2015b) より）

バイオターベーションの立役者

本章で見てきたように、フロリダシュウカクアリは、土壌の撹拌作用の重要な担い手であるが、このプロセスに関与しているアリは、なにもシュウカクアリばかりではない。大西洋およびメキシコ湾海岸平野には、土の中に営巣するアリが豊富に生息しているが、そのなかには、フユアリ（*Premolepis imparis*）のようにフロリダシュウカクアリよりも深い巣を作るものもいれば、浅くても数多くの巣を作るものもいる。砂丘生息地でしばしば目にするアリにアレハダキノコアリ（*Trachymyrmex septentrionalis*）が挙げられるが、そのコロニーでは、働きアリの数が一〇〇〇匹を超えることはめったにない。だが、一ヘクタールあたりの巣の密度は一〇〇〇を超えるケースもあり、これはフロリダシュウカクアリの六〇倍以上である。アレハダキノコアリは、コロニーの規模も巣のサイズも小さいにもかかわらず毎年一トンの土を地表に運び出し、一〇〇〇年では、厚さ六センチメートルの土の堆積を作り出す。この数字は、はるかに大きなコロニーを形成するフロリダシュウカクアリのおよそ一五倍で、コロニーの小ささを補って余りある量だと言える。その一方で、フロリダシュウカクアリは、ずっと深い巣を掘り、一メートル以上の深さから土を運び上げている。この生息地における他のアリの貢献は、現時点ではわかっていない。だがそれぞれの種は、その巣の密度、体積、深さ、引っ越し頻度、寿命に比例した貢献をしていると考えられる。

ここまでは、地上に土を運び出すバイオマントリングに主に焦点を絞ってきた。だが、土壌の撹拌について考えるときに、地中で土を移動させるバイオターベーションを無視するわけにはいかない。実際、レイヤーケーキ実験でわかったように、フロリダシュウカクアリは掘り出した土の約二・五パーセントを土中に投棄していたのである(先述のとおり、その大部分は地表から三〇センチメートル以内の領域で行われていた)。この量は一〇〇〇年でも一・六トン程度であり、驚くような数字ではないが、それは巣の密度の低さに起因している。だが、アレハダキノコアリのバイオマントリング率は、フロリダシュウカクアリの一五倍である。もしその一部が土中に投棄されているのなら、アレハダキノコアリはフロリダシュウカクアリよりはるかに重要なバイオターベーションの担い手である可能性がある。フロリダシュウカクアリのレイヤーケーキ実験は成功したうえに、面白いものでもあったため、私たちは同様の実験をアレハダキノコアリに対しても実施してみることにした。元教え子のジョン・シールと私は、アレハダキノコアリの巣の部屋が(とくに晩夏以降に)ゆるく埋め戻されることをすでに観察していた。それに加えて、巣には菌類を栽培するための卵型の部屋がいくつかあるだけで、しかもばらばらの深さに配置されているので、埋め戻しの研究に都合がよいこともわかっていた（図7・7）。深さが一メートルを超えている巣はほとんどなく、フロリダシュウカクアリに比べれば、掘り起こしもずいぶん楽だった。

今回の実験で使用する色付きの砂は五色のみとし、深さ一メートル、直径五〇センチメートルの穴に、一色につき二〇センチメートルの層を作った。着色層を作る前に、ポリエステル製の布を穴の壁にめぐらせ、アリが色付きの領域から外へ逃げ出さないように工夫した（事前のパイロット試験では逃げ出していたのだ）。コロニーが菌類の栽培を開始したばかりで、まだブルードの姿が見えない四月半ばに、私はアレハダキノコアリの一〇のコロニーを掘り起こし、女王アリも含めて、それぞれをケージに入れた。いつものようにケージの底の中央には孔があいており、そこからレイヤーケーキに巣を掘ることができる。実際、一日も経たないうちにすべてのコロニーが巣を掘りはじめた。ケージ内のコロニーは外部での活動ができないので、ニコラス・ハンリーと私は交代で、週に二～三回、菌床の素材を与えると同時に、ケージ内に捨てられていた土を回収した。フロリダシュウカクアリの実験で行ったように、これらのサンプルの写真をもとに、色のついた砂粒の相対量を決定した。

六カ月にわたる実験期間中、各コロニーは四六〇～一〇〇〇グラム（平均七六〇グラム）の砂を地表に運び出し、そのうちの八二パーセントが着色層からのものだった。砂の量から考えて、五月下旬までに、コロニーは二〇〇～六五〇ミリリットル分の部屋を掘り、そのほとんどは深さ三〇～七〇センチメートルの領域であることがわかった。その後しばらく掘削作業はほとんど行われなかったが、夏の終わり頃になると、コロニーはより深い場所に部屋を掘りはじめ、後述するように、そこから出た砂の多くは上部の部屋に捨てられていた。

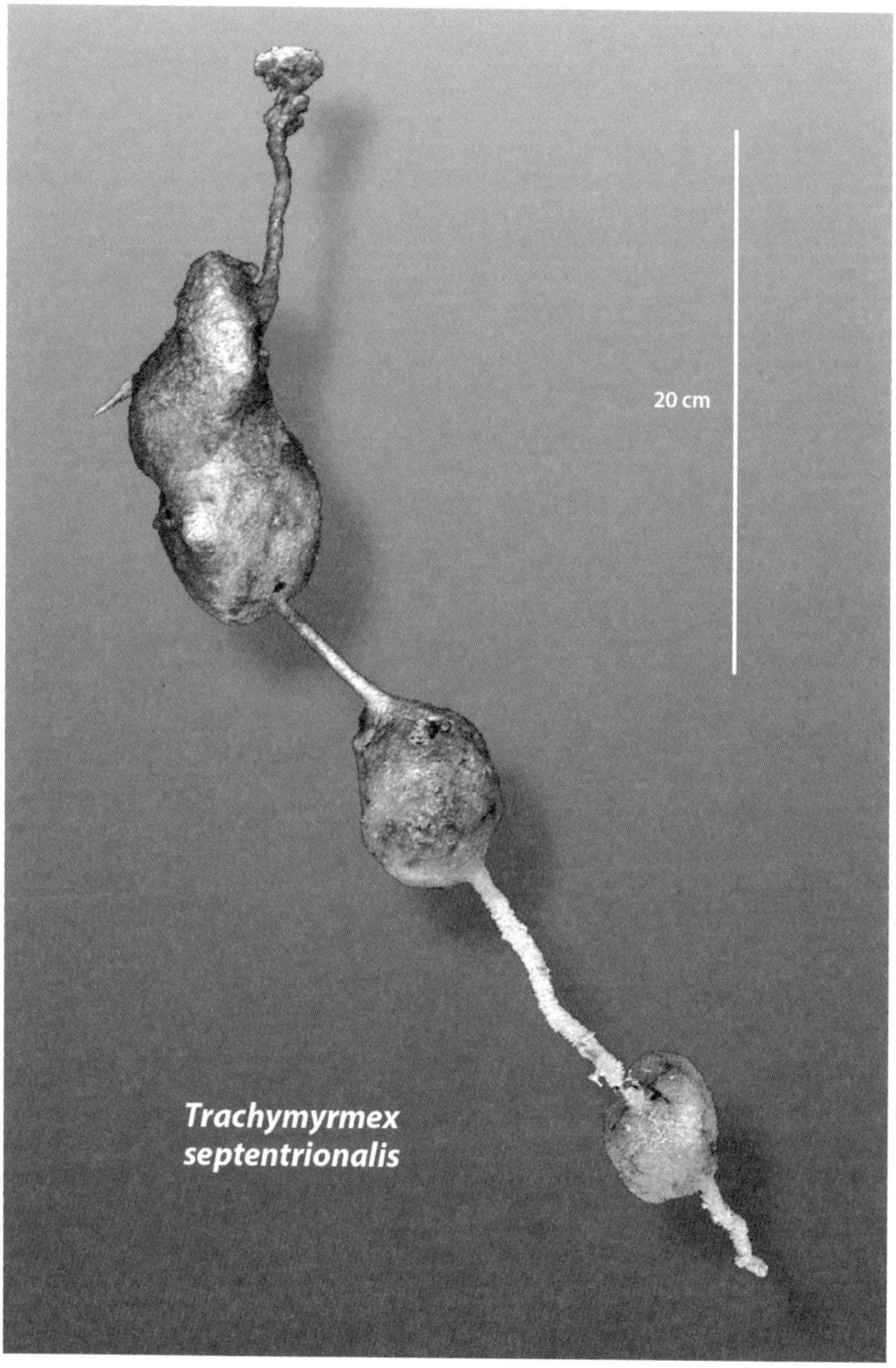

図7・7　アレハダキノコアリ（*Trachymyrmex septentrionalis*）の巣のアルミ製注入模型。卵型の部屋では菌類が栽培されている。（画像：著者／Tschinkel (2015a) より）

二〇一五年一一月下旬、私たちはレイヤーケーキを慎重に掘り起こして、個体数調査を行った（図7・8）。その際には、アリ、菌床、埋め戻された砂など、部屋の内容物もすべて回収することにした。埋め戻された砂の色の分析からは、コロニーが四六〜三三〇グラム（平均一五〇グラム）の砂を着色層から別の層へと移動させたことがわかった。地表に運び出された砂の平均が七六〇グラムであることを考えると、移動した砂全体のおよそ一七パーセントが地中に置いていかれた計算になる。移動の方向はランダムではなく、大半が上方に向けて運ばれており、埋め戻された砂のほとんどは七〇センチメートルより深いところからのものだった。各層では、上層より下層から運ばれてきた砂の方が常に多く、そのほとんどが一層、あるいは二層下からの移動だった。各巣（全部で九つ）の三〜六室の部屋の多くは、部分的あるいは完全に埋め戻されていて、通常は二つ以上の着色層からの砂が使われていた（図7・9）。また、埋め戻された坑道、床や壁に砂が敷き詰められた部屋、一色だけからなる層、完全に埋め戻された部屋も見つかった。色付きの砂が層状に堆積していたという事実からは、アリはある層をしばらく掘ってから、他の層を掘っていることが読みとれる。これは、さまざまな色の層で埋められた部屋が見つかったことからも裏づけられる（図7・9）。

アレハダキノコアリは、巣を掘った土を明らかに地表と地中の両方に投棄しているが、そうした投棄物の行く末は大きく異なっていると考えられる。地表の土であれば、時間の経過とともに風雨や動物によって均一な層へとならされていくが、地中の堆積は、おそらく短時間では混ざり合わないし、広がりもしない。キノコアリの小さな巣の建設は、直径五〇センチメートル以下の円筒の範囲で行われるため、コロニーが毎年移動したとしても、バイオターベーションの影響を受ける面積は、一〇〇〇年で約

図7・8　レイヤーケーキの掘り起こしの様子。正面に見えるのが、アレハダキノコアリが巣を掘った着色層。その向こう側には、掘り起こしを待つ巣とケージがいくつか見える。（画像：著者／ Tschinkel and Seal (2016) より）

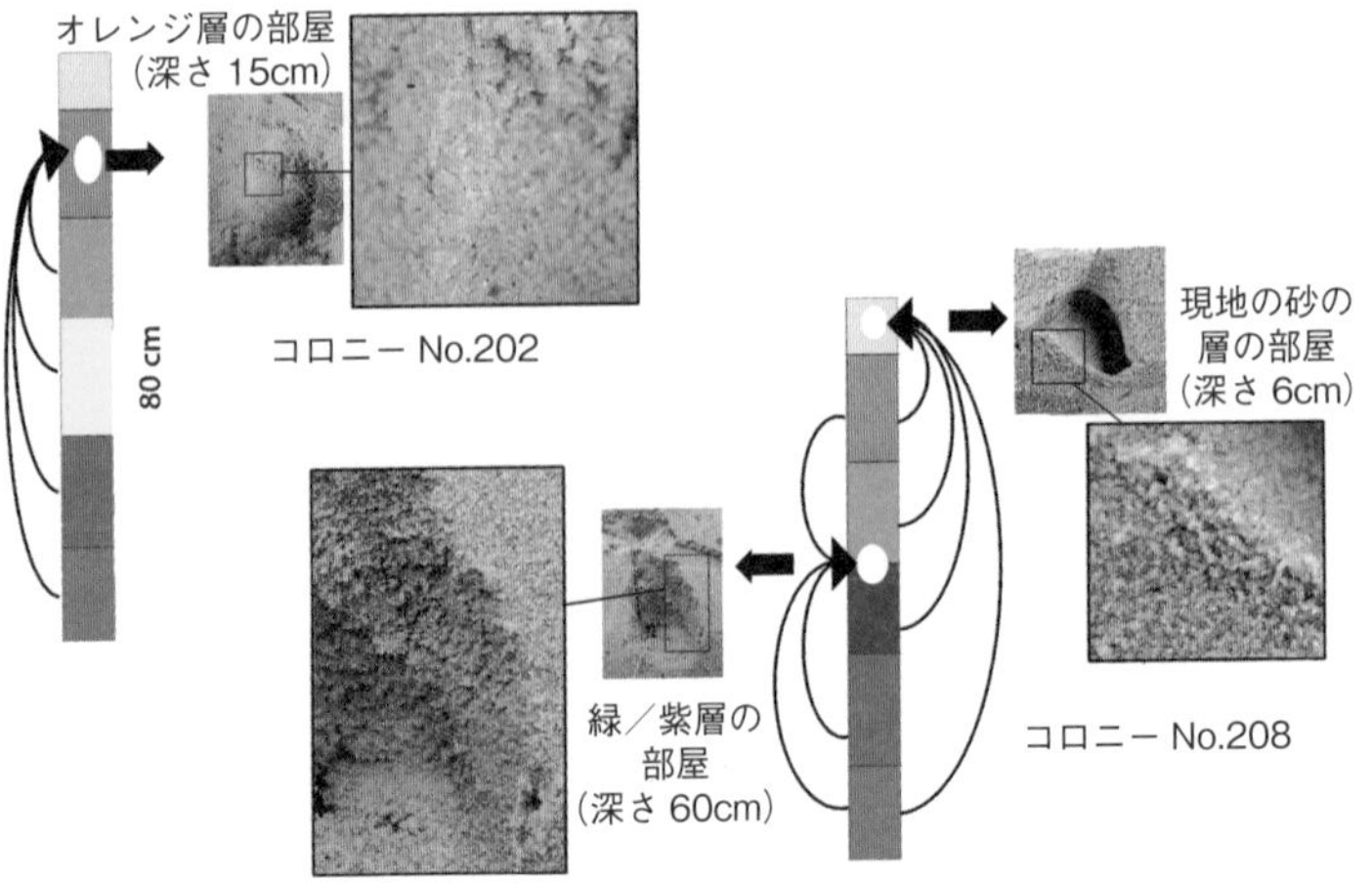

図7・9 他の層から運ばれてきた着色砂が部屋に堆積した様子を示す3つの例。着色層の順序は横のバーで示した。矢印は、着色砂がどの層から運ばれて、どの層に堆積したかを示している。画像は部屋の様子と運ばれてきた砂の拡大図。（画像：著者）

二〇〇平方メートル（一ヘクタールの二パーセント）未満にすぎない。土壌は、鋤をもった人間にはきわめて一様な媒質に思えるが、小さな動物や植物にとっては、多種多様なパッチが集まったモザイクに見えているのかもしれない。

小さなダビデ（アレハダキノコアリ）と巨大なゴリアテ（フロリダシュウカクアリ）のバイオターベーションを比べてみると、ここでもまた、数の多さはサイズの小ささを補って余りあることが見えてくる。フロリダシュウカクアリは、掘り出した土の二・五パーセントを土中に投棄するのに対し、アレハダキノコアリは一七パーセントである。これを一つの巣あたりの重量に換算すると、シュウカクアリで一一〇グラム、キノコアリで一五三グラムになる。しかし、一ヘクタールあたり一〇〇〇以上の巣があるキノコアリでは、一〇〇〇年で一ヘクタールあたり一五三トンにもなり、これはシュウカクアリの九六倍である。またバイオマントリングはほぼ一五倍で、シュウカクアリとは対照的に、一メートル以上の深さからの土はほとんど見られない。

アリが生み出す肥沃な土壌

フロリダシュウカクアリの巣は、小さな創設巣を時間をかけて拡張していくといった形で完成するのではなく、コロニーの年間サイクルから見ればごく短期間に、一気呵成に作られる。巣作りは毎年のように行われ、一年のうちに何度も巣が変わることもある。フロリダシュウカクアリの巣は大きく、営巣時には大量の土が動かされるが、先に見たアレハダキノコアリの例からもわかるように、土壌への影響を巣のサイズだけで判断すべきではないだろう。フロリダシュウカクアリとアレハダキノコアリの研究は、アント・ヘブンにいる三〇～五〇種の土中営巣性のアリがいかに土壌を撹拌しているかを知る手がかりになるが、それがどれほどの深さで、どの程度行われているのか、生態系に与える影響はいかほどなのかについてまでは、わからない。実際、アリのバイオマントリングに関する研究は、アント・ヘブン以外のいくつかの生息地で、特定の種に対しても行われているが、それだけでは営巣が地上および地下に及ぼす総合的な影響の解明にはほど遠いのである。だがそれでも、アリが各地で土を掘り巣を作りつづける限り、その昆虫が土壌の若返りに果たす役割の重要性が変わることはない。ここで「若返り」と言ったのは、非常に長い期間、何の介入もされずに放置された土壌は、ミネラル資源が漏れ出て、川を通じて海に流出することで、ゆっくりと老いていくからだ。そうした土地では植物が利用できる栄養素もほとんど消失してしまう。反対に海から漂い戻ってきたり、雨を通じて回復する栄養素もあるが、それだけでは土壌の老化のプロセスを遅らせることはできても、止めるには不十分だ。植物が吸収できなかった必須栄養素は、根が届かないところまで沈降していき、再び川へと漏れ出すと、最後にはまた海へと運ばれていく。だがアリの営巣は、その作用に真っ向から抗う。無数の働きアリたちが土をかきまわすことで、植物が利用できる範囲へと栄養素が再び供給されることになるからだ。かくしてアリは、世界の温帯地域のほとんどで、土壌の肥沃さを維持するために生態系において不可欠な役割を果たしているのである。

第8章　超個体とアリの分業

生物における複雑さの進化

アリのコロニーは複数のアリで構成された集団だが、それを一つの存在として考えるとき、確かに「全体性」とでも呼ぶべきものが立ち現れてくる。たとえば、コロニーには自身と外部環境を画する境界があり、三次元の巣の内部に明瞭な構造を有し、さらには「個性」さえ見られる。また、それは生物のような特徴も数多くもっている。そうした特徴は、近年の進化論の発展にともない、「超個体」というメタファーに新しい息吹を吹き込んでいる。

「超個体」というメタファーの起源を知り、そこから洞察を得るためには、ほとんど知る者がいないほど遠い過去にまでさかのぼる必要があるだろう。それは地球上に生命が誕生した時代、つまり、できたばかりの温かな海という太古のスープの中で、自己複製する分子としての生命が生まれた時代だ。そうした生命は、三〇億年の歳月を通じてより複雑な存在へと進化していった。生命の複雑さは自然選択によって漸進的に増大していく。だがそれ以外にも、その時代にいるもっとも複雑な生命体たちが共生的に結合することで、一気に複雑さが増大する場合もある（量子的飛躍）。三〇億〜四〇億年前、さまざまな分子が協調的に結合して、現在では細菌と呼ばれるユニットを形成した。このとき、一種の分子のスープが細胞壁や細胞膜に包まれることになり、以前は独立していた分子たちは、細菌という新しく複雑な存在のサブユニットとして生まれ変わった。その後、一五億〜二〇億年前には、いくつかの異なる細菌が共生的に結合して、ずっと複雑な生命形態である真核細胞（有核細胞）のサブユニットとなった。以前は独立した存在だった細菌は、細胞膜に包まれた細胞小器官となり、なかには自身のＤＮＡを保持するものすら出てきた。一〇億〜一五億年前になると、真核細胞は共生的結合を通じて多細胞の植物や動物になり、そうして誕生した多細胞生物の子孫には、もちろん私たち人間も含まれている。ここでもまた、以前は独立していた単一の細胞が、ずっと複雑に統合された存在である多細胞生物のサブユニットになった。

こうした複雑性の遷移、つまり生物が複雑さを増していく過程には、いくつかの共通点がある。まず、複雑さが一段階増すたびに、それ以前は独立していた存在が、新しく生まれた存在のサブユニットになった。各サブユニットはそれぞれ異なる生命機能を担っているが、新しい存在を全体として再生産するという目的はもれなく共有している。遷移が見られたどのケースにおいても、新しい存在の中心にはサブユニットの再生産があり、そうした不可欠な再生産が、全体としての存在を次のレベルに押し上げたのである。分子、小器官、細胞は、それぞれ細菌、真核細胞、多細胞生物の境界内で再生産（あるいは複製）され、その未来は自分が一部となっている存在と完全に結びついている。複雑さが飛躍的に増すたびに、以前は独立していた部分を統合し、それと協調するメカニズムも進化し、その生命体がより複雑になるほど、メカニズムもより複雑に、高度になっていった。

動物のような多細胞生物の出現は、再生産（繁殖）に根本的な変化をもたらすことになった。単細胞の細菌や真核生物において、あらゆる細胞内容物や細胞小器官は、複製、分裂して娘細胞に受け継がれるにすぎない。いわば囚われの民といったところだ。だが数千から数兆の細胞で構成される動物では、もはやそれができない。面白いことに、動物の繁殖は単細胞だった祖先の状態に回帰して執り行われる――つまり、単細胞の配偶子（精子と卵子）を作ることで実行される。そして、受精によって結合した配偶子が、細胞分裂と分化を繰り返しながら新しい生命を作り出していくというわけだ。細胞が増えるにしたがい、その構造と機能は変化し、遺伝子の活性化と抑制、細胞の移動や死からなる複雑な連鎖を通じて、さまざまな細胞や器官が形成される。こうした過程を経て最終的に誕生するのが、分化された細胞、組織、器官によってさまざまな生命機能が実現された存在、すなわち動物なのである。配偶子は、宝くじのようにランダムに選ばれた細胞の集まりによってではなく、発生のごく初期から確保され、体の他の部分の形成には関与しない細胞の系列（生殖細胞系列）によって作られる。言い換えれば、生殖細胞系列の細胞だけが、卵子や精子を作り、遺伝子を次世代に伝えることができる。体内のそれ以外の細胞（体細胞）は、生殖細胞の再生産を支援する以外には、繁殖に関与する術がない。だがもちろん、どちらの細胞も遺伝的には非常によく似ているので、自分が属している動物の繁殖がうまくいくことには大きな利益がある。

複雑さが飛躍的に増すたびに、自然選択は、より高度な新しい組み合わせへと関心を移していった。すなわち、分子から細菌へ、細菌から真核生物へ、真核生物から多細胞生物へと対象を変えていったのである。またサブユニットの専門化と変化は、新たなレベルの生命体、その新しい体制《ボディプラン》を出現させたが、それを機に生命体の多様性は爆発的に増大することになった。現代に見られる各レベルの代表的な生物は、きわめて密接に統合され、洗練されているため、その起源——かつての独立した存在——を思い描くのはもはや難しい。

超個体の出現

複雑さが増していく過程の最後の一歩は、ここまで見てきたものほど明快ではない。それは、完成度が高くないせいでもあり、過去の飛躍と似た特徴を見極めるのに時間がかかるせいでもある。約一億〜二億年前、それまで単独で生活をしていた昆虫が社会性を進化させた。これによって、生物の世界には革新的とも言える、さらに高いレベルの複雑性が持ち込まれることになった。それが生命体が作る生命体、すなわち「超個体」である。アリ（または他の社会性昆虫）のコロニーのような超個体と、単独の動物のような個体との間には、多くの類似点がある。たとえば、個体の細胞が、子孫を残すために生殖細胞を助ける以外は遺伝子の未来に関与しないように、アリのコロニーの働きアリも、新しいコロニーを残すために女王アリとその生殖細胞を補佐すること以外には遺伝子の未来には関与しない。動物の個体は、祖先である単細胞の状態（精子と卵子）に戻って生殖をするが、大部分のアリのコロニーもまた、祖先のような単独の状態（生殖個体であるオスとメス）に戻って生殖を行う。そうして生まれた動物の子供は体細胞の増殖を通じて成長し、一方の娘コロニーは生殖に関与しない働きアリの増加で成長する。動物の遺伝子は、生殖細胞系列の細胞を介してのみ次世代に受け継がれるが、アリのコロニーでも、生殖個体の細胞を介してのみ遺伝子が受け継がれる。動物では、生命維持に欠かせない機能がそれに特化した器官や組織によって担われているが、アリのコロニーでも、ある作業に特化した集団によって担われている。また動物と超個体はどちらも、全体が調和を保って機能するための複雑な調整メカニズムをもっており、どちらも成長するにつれて分化し、何らかの機能に特化した部分を生み出す。この分化は、どの成長段階においても、活性化と抑制（新しく発達したものが他のものを活性化したり抑制したりする）、フィードバック（正と負）、動きによって制御されている。成熟した超個体は、成熟した動物がその接合子と似ていないのと同様、その初期状態からはかけ離れた姿をしている（少々大げさな喩えかもしれないが、言いたいことはわかってもらえると思う）。

超個体の誕生が、過去に起きた複雑さの飛躍と似ているという認識をもちにくいのは、一つには、個体の部分（臓器など）が特定の場所に固定されているのとは異なり、超個体の部分（アリなど）が環境内を自由に歩き回るのが理由だろう。実際、働きアリは、幼虫の世話をしたり、食糧を運んだり、漫然と佇んでいたりと、巣内の部屋や坑道を頻繁に移動している。この疑いようのない独立性は、働きアリというものが、それよりずっと大きな存在の一部にすぎず、生殖そのものには関与しないという事実を、いくぶん見えにくくしてしまう。ここで注意してほしいのは、働きアリを超個体の文字どおりの細胞とみなしたり、その集団を器官と考えてはならないということだ。こうした誤ったアナロジーは、超個体という概念が二〇世紀初頭に登場した当初からあったが、多くの人の不興を買うだけに終わった。

アリの分業

特定の部分が特定の機能を果たすことは、生物という組織にとって、もっとも基本的な条件だ。こうした機能の専門化と細分化は、超個体では主に「分業」と呼ばれる形で実現されている。同様のことは、企業、軍隊、宗教団体、多細胞あるいは単細胞生物、そして社会性昆虫のコロニーなど、多くの組織形態に言えるだろう。分業の有益さについては、ものを作っている人間の組織、たとえば工場について考えてみるのがよい。工場では、製品を完成させるために必要な数多くの作業が、さまざまな労働者やそのグループに割り振られる。労働者は自分の担当作業に習熟しており、その専門性が工場全体の効率化に寄与している。もし各労働者が、工程の一部ではなく、一連の工程を最初から最後まで担当することになれば、製品の生産効率は著しく低下してしまうだろう。これはヘンリー・フォードがずっと昔に気づいていたことである。

社会性昆虫のコロニーは、食糧という原材料を働きアリに変える工場だと言える。コロニーは、こうして生まれた働きアリの助けを借りて生殖個体を育て、その生殖個体が最終的に新しい娘コロニーを作り出すというわけだ。この目的のために、社会性昆虫のコロニーは、それぞれの個体あるいはその集団が活動内の何らかの工程に特化するよう、人間の工場のように例外なく組織されている。だがこれを「分業」と呼ぶのは実は不適切で、誤解を招く恐れがあるだろう。というのも、この表現では、行動の違い、すなわち仕事のことだけを指しているように聞こえてしまうからだ。実際には、生殖活動と非生殖活動（図8・1参照）といった、昆虫の社会性の要件となっているもっとも基本的な「仕事」の分割でさえ、ほとんどが生理的なものなのである。アリのコロニーでは、女王アリという一個体（あるいは少数の個体）が受精卵を産み（卵巣、脂肪体、受精囊）、交尾をし（受精囊）、移動分散するために（翅と飛翔筋）必要なすべての器官と生理をもっている。一方で働きアリは、いま挙げた能力の大半をもたず、ほぼ不妊であり、生殖以外のコロニーの機能のほとんどを担っている。女王による産卵が行動であるの

図8・1 ヒアリの女王アリを取り囲む働きアリ。（画像：Tschinkel (2006) より）

は間違いないが、それは長く複雑な生理学的段階の最後の一段階でしかない。なお、コロニーの繁殖という機能に関して、女王アリはフェロモンなどを分泌して働きアリに刺激を与え、コロニーを調整する役割も担っている。これもまた「仕事」とは言えないだろう。

アリ学者は、生殖生物学に関してこれまで多くのアリ種を調査してきたが、生殖という単純で基本的な機能区分でさえ、さまざまな異型や例外を発見している。その範囲は、働きアリが行う受精を伴わない産卵や生殖（単為生殖）から、複数の女王がいる多女王制、女王がいない無女王制、働きアリがいない社会寄生まで多岐にわたる。こうした事例は本書の対象からは外れるが、いずれにしても、アリの生活史のごく一部を記述するにすぎない。アリの生活史の大部分は、ここまで見てきたような女王アリと働きアリという「普通の」二分法が大半を占めているのである。

社会性昆虫の研究では、「働きアリの仕事」が大きな注目を集めている。そうした研究の多くが焦点を当てているのは、働きアリがさまざまな仕事をどうこなしているのか、労働力はいかに自己組織化されるのかといった疑問、あるいは、働きアリの行動を活性化する刺激や、行動の効率性といったトピックだ（ここで行動とは、食糧の採集、加工、分配、それを変換して脂肪として蓄えること、巣の掘削と保全、縄張りと資源の防衛、ブルードや女王アリの世話などのことである）。とはいえ、働きアリの仕事がすべて「行動」に立脚しているわけではない。種によっては、脂肪やその他の食糧を自身の内部に蓄えたり、消化による生産物を巣の仲間と共有したり、それ以外の代謝プロセスを担当したり、あるいは後日そうした仕事に携わるためにただ待機したりするものがいるからだ。これらの機能は行動として表に出るものではないが、それでもコロニーにとって重要な役割を果たしている。

さまざまなアリの種に関する膨大な研究からは、働きアリの年齢によって仕事や機能が変わる事例が普遍的に見られることがわかっている。具体的には、若い働きアリはブルードの世話を主に担うが、年齢が上がるにつれて巣内のさまざまな業務をこなすようになり、最後には巣外での採餌に携わる。採餌アリは普通、少なくとも自然環境内ではそれほど長く生きない。採餌は、捕食者、外敵、乾燥、加熱、遭難などのリスクがある危険な業務だからだ。こうした加齢に伴う働きアリの行動の変容は、アリの生理、ホルモン、神経系の変化と関連している。たとえば働きアリの卵巣（もしあればだが）は、一般的に加齢とともに退縮し、幼若ホルモンや脂肪貯蔵のレベルも低下する。また年齢と経験を重ねるうちに、行動のレパートリーが増え、脳の関連部分の大きさや結合度が増していく。外の世界で無数の困難や危険に遭遇する採餌アリが、巣内深くの保護された環境で子育てをしている働きアリよりも、ずっと多くの脳の出力を必要とするのは、とくに驚く話ではないだろう。要するに、採餌を担当する働きアリは賢くなければならず、実際アリは年齢が上がるにつれてそうなっていくのである。いま研究者が議論しているのは、こうした年齢に応じた行動の変化がどれほど柔軟な（あるいは堅固な）ものなのか、ということだ。この疑問には二通りの答えが考えられる。一つは、行動の変化は柔軟でコロニーの需要に対応しているというもの。もう一つは、行動の変化は個体群統計的に決定され（つまり、アリの年齢に応じてほぼ決まっており）、それゆえ需要に対する反応は鈍いというものだ。この問題については、またのちほど詳しく見ることにしよう。

働きアリの年齢の他にも、分業の基準となるものがもう一つある――働きアリの体のサイズだ（図8・1）。アリ種の約一五パーセントでは、体サイズが著しく異なる働きアリが同じコロニー内に存在している。小さいものから大きいものへと連続的にサイズが変わる場合もあれば、大型（メジャーワーカー）と小型（マイナーワーカー）の二種類（ときに三種類）にはっきりと分かれている場合もある。大型、小型の働きアリは、それぞれ異なる仕事内容を担っている。小型の働きアリは、コロニー内の多数派を占め、行動の幅も広いことが多い。一方で大型の働きアリは、より発生頻度が低い仕事に特化しているのが一般的だ。オオズアリ類（*Pheidole* spp.）やフロリダシュウカクアリ（*Pogonomyrmex badius*）などの一部の種では、不釣り合いなほど大きな頭部と顎をもつ大型の働きアリが見られる。噛み砕いたり、咀嚼したり、身を守るために噛みついたりするのに、その顎を使うのだろう。論文著者の多くは、こうした大型の働きアリを「兵隊アリ」と呼び習わしているが、ほとんどの場合、これらのアリにしっかりと確立された軍事的専門性があるわけではない。他方、多くの種では、大型の働きアリは子育てにほとんど（あるいはまったく）関与していないこともわかっている。一例を挙げれば、ヒアリのコロニーでもっとも大型の働きアリに子育てを担当させると、幼虫は放置されて死んでしまう。だが、その大型の働きアリは、採餌活動に驚くほど積極的なのである。

あらゆる働きアリは、年齢に応じて従事する仕事を変えていく。言い換えれば、「労働段階」が変化するのである。労働段階の変化は種や季節によって大きなばらつきがあり、それぞれの段階に費やす期間も異なっている。これは、自然選択によって、周囲の環境やコロニーの生活史に適合するよう調整された結果だと考えられる。たとえば、環境がより多くの採餌アリとより少ない育児アリを求めるなら、若い働きアリでも採餌を行うように移行していく。

コロニーのなかには、比較的珍しい同一の業務を専門に長期間行う働きアリもごく一部だがいる。そうしたアリは「キャリアワーカー」と呼ばれることがある。例としては、ハキリアリのゴミ回収係、ミツツボアリの貯蔵タンク係、いくつかの種で見られる葬儀係、幼虫から生殖機能を刺激する物質を集めては女王アリへと運ぶヒアリの運搬係などが挙げられるだろう。

コロニーが成長すると仕事の振り分けも変化するのか、変化するとすればどう変わるのかについては、まだそれほど研究が進んでいない。だが、働きアリの体サイズに基づく分業が存在する場合は、コロニーが成長して大きくなれば大型の働きアリの数も多くなるため、育児や巣の雑務の割合が下がり、採餌の割合が上がることになる。育児と採餌はどちらもコロニーの成長に伴い規模を大きくしていくが、コロニーが小さいときにもっとも急速に変化する。また、どんな体サイズの働きアリでも、コロニー規模が大きくなると仕事の専門性が高まっていく。このように分業のパターンは、アリ種だけでなく、コロニーの規模や年数にも影響を受けていると考えられる。

分業は超個体の代表的な特徴である。したがって、巣の建設でも分業が行われていると考えるのはまったく自然なことだ。たとえば、巣の候補地を選定する者、掘削に最初に着手する者、実際の掘削作業を行う者、土を運搬する者、また作業を行う深さも分かれているかもしれない。超個体は、こうした行動面、空間面における分業を通じて、自分たちの暮らす空間を作り上げる。この空間は、超個体が体をもつ限りにおいて、その体の類似物だと言えるだろう。なお、種に特有の構造が現れるのは、分業の細部における違いによるところが大きい。

超個体は「木」ではなく「森」である

あらゆる生物学的研究がそうであるように、動物（個体）の研究も「記録（記述）」を出発点としている。一九九〇年代初頭に私が確信したのは、もっともよく研究されているアリ種についてすら、基本的な記録的知識が不足しているということだった。複雑で洗練された仮説を検証しているアリ学者たちが、コロニーの規模や成長、コロニーと働きアリの寿命、季節サイクルといったトピックについて報告するケースはめったになかったのである。そうしたトピックに関する記録は、レンブラントが一六三二年に描いた「テュルプ博士の解剖学講義」を、社会性昆虫のコロニーを題材に再現したものと考えるとわかりやすい。レンブラントのその作品では、教え子たちが熱心に見守るなか、テュルプ博士が死体の腕を切り開いて、解剖学上の重要な特徴を指し示している。ここで大切なのは、動物――博士が解剖した人間もその一つである――の各部位の大きさや形状は、発達の結果として生じ、進化によって形づくられ、その動物のライフステージや季節によって変化する場合も多いということだ。言うまでもなく、こうした各部位の形状や変化はすべて、生き残るために必要な適応から生じている。したがって、動物の機能がどのようなものかを深く知りたければ、まずその動物の解剖学的な記録が必要になるだろう。この考えを本章のテーマである超個体に即して考えてみると、次のような疑問がすぐに浮かんでくる。いま述べたような機能的解剖学を超個体に当てはめると、その対応物は何になるのだろうか？　超個体における各部位の「大きさと形状」とはいったい何を指すのか？　それは超個体の発達過程でどのように生じるのか、また進化によってどう形成されるのか？　そしてライフステージや季節によっていかに変化するのか？　ここでアナロジーを持ち出せば、重要なのは、ネズミの肝臓がどう組織化されて機能を果たしているかではなく、ネズミの総資源はどれほどで、そのうちどの程度が肝臓へと割り当てられているのか、その割り当てに影響をおよぼす要因は何か、ということである。これを超個体の視点から見てみよう。すると、重要なのは、採餌アリや育児アリがどう組織化されて仕事を行っているかではなく、コロニーの総資源はどれほどで、そのうちどの程度が採餌アリや育児アリに割り当てられているのか、その割り当てに影響をおよぼす要因は何か、ということになるだろう。言い換えれば、ここで焦点になっているのは、個体やその能力よりも高次元のことがらだ。つまり、ある個体の仕事に対してコロニーの労働力と資源がどれほど割り当てられているのか、その割り当てはコロニーの規模や生態的地位、季節によってどう変化するのか、またコロニーの適応にどう寄与しているのか、といったことが問題にされているのである。

超個体における資源の割り当て

資源の割り当てという視点をもつことが個体と超個体の両方を見るのに有効である理由は、経済学に依拠した次のような考え方から来ている。すなわち、あらゆる個体や超個体にとって資源は限られたものであるため、ある器官や労働力に割り当てた資源は、他のところに使うことはできず、それゆえ経済投資と同様に、繁殖の成功を最大化する最適な割り当てパターンが存在することになる、という考え方だ。最適なパターンが現れるのは自然選択を通じてのことである。自然選択が、たとえば個体の肝臓の大きさを最適なサイズへと調整するように、超個体の機能が最適値になるよう、働きアリの労働力、時間、エネルギーの割り当てを調整するのだ。この原則は、分子、細胞小器官、細胞、組織、器官などのあらゆるレベルに適用されるが、生物学では最適値は必ずしも一定ではなく、ライフステージ、環境、季節といった要因に左右される。大まかに言ってしまえば、個体や超個体の多様性は、こうした割り当てパターンが異なっていることの帰結である。

ここまで見てきたことを考慮に入れると、超個体を個体と同じように記録するには、まず主要な生命機能を担うさまざまな集団を特定する必要があるとわかる。だが超個体は、単独の動物とは異なり、計量できる血まみれの肝臓もなければ、袋のような肺も、鼓動する心臓も、中空の動脈ももたない。アリのコロニーでは、分化した各部分が、互いに結びつくことなく多彩な機能を果たしている。この機能分化の大部分は行動を伴う分業だが、先述したように、行動以外のものもそこには含まれる。超個体内の主だった労働集団を特定できれば、次はそれぞれの集団にどの程度の資源が割り当てられているかを突き止めなくてはならない。その投資のパターンは、動物の器官に対する投資パターンにあたるものだからだ。これらの割り当てパターンは、ライフステージ、生態的地位、季節などの要因によって変化すると予想され、また経済学的な視点から解釈することもできる。

資源の割り当てという視点に次いで重要なのは、本書の範囲を超えてしまうが、超個体もまたそれを構成する個体と同じようにライフサイクル——接合子（創設）、成長、成熟、生殖、死というサイクル——をもっていると認識することである。言い換えれば、各種の超個体は、固有の成熟サイズ、寿命、生殖の結果をもっている。さらに超個体は、単独の動物が「個体発生」の規則と相互作用によって配偶子から成熟していくように、「社会発生」の規則と相互作用によって創設から成熟へと発達する。個体と超個体の特徴は、発達段階に応じて変化していく。アリのコロニーの場合、特徴の変化の多くは労働力の相対的サイズが変わることによるが、同時に、働きアリの形態学的、生理学的な変化にも負うところが大きい。このトピックについてはまだほとんど解明されておらず、本格的な考察は将来の研究を待つ必要があるだろう。

分業と空間

第3章で見たように、アリのコロニーはアリの巣という三次元空間にランダムに分布しているわけではない。一方で、作業効率を最適化するには、労働力を適切に割り当てるだけでなく、製品の組み立ての順序に即した形で作業が円滑に進むように、空間内での組織化も必要となる。自動車のシートを取りつける工員の隣に、エンジンブロックのボルトを締める工員を配置するような工場長は、ヘンリー・フォードにはなれないのだ。このように工場の組み立てラインでは、明らかに作業の専門化と空間的な組織化が密接な関係をもっている。昆虫のコロニーでも同じことが起きていると考えるのは妥当なことだろう。社会性昆虫の研究者は空間的な要素の重要性をこれまでほぼ見過ごしてきたが、この要素こそが巣の構造とコロニーの分業が交差する地点であるのは間違いない。なぜ誰もがこの点を認識してこなかったのか、今となっては不思議な話ではあるが、アリの分業の研究のほとんどが、自然の巣とは似ても似つかない実験室の簡素な巣で行われてきたため、そうした問題提起すら起こらなかったのが理由なのかもしれない。またアリの研究者たちは、おそらく実験における利便性という理由から、空間を考慮に入れないことが分業に関する重要な事実を取り逃がすことにつながるのではないか、という疑問すらめったにもつことがなかった。考えてみれば、アリを飼育した経験のある人間なら、その昆虫が与えられた空間を即座に組織化することは常識になっているはずだ。蛹などの食糧のいらないブルードは一箇所に集まり、食糧が必要な幼虫はその近くに配置され、女王アリはそれとは違う場所で従者に囲まれ、働きアリは巣の入口近くで採餌アリから食糧を受け取る、という光景を誰もが見ているはずなのである。

働きアリに印をつけて追跡してみると、いま挙げたような自己組織化された領域間での働きアリの入れ替わりは限られていて、実験室の人工巣ですら、空間の組織化は分業の一要素であることがわかる。たとえば、石の間の狭い空間に巣を作る小さなアリに、タカネムネボソアリ属の仲間（*Leptothorax unifasciatus*）がいる。このアリをガラス板で挟んだ人工巣に入れて観察したところ、印をつけられた働きアリは同心円状の限られた範囲しか移動せず、各活動範囲ではそれぞれ異なる作業が行われていた（巣の中心部にいた働きアリは育児を担うことが多く、周縁部にいた働きアリは採餌を行うことが多かった）。また、任意であれ強制であれアリが引っ越しをすると、新しい巣でもまったく同じ労働力の分布になった。このアリたちにとって、空間と仕事は密接に結びついているのである。

超個体のモデルとしてのフロリダシュウカクアリ

実験室の窮屈な巣の中でも空間的な組織化が生じるのなら、二〜三メートルの深さをもつフロリダシュウカクアリの自然の巣であれば、もっと明確な組織化が起きていると考えるのは自然のなりゆきである。このことを示す最初期の証拠は、ビル・マッケイとサンフォード・ポーターによる数多くの自然の巣の野外調査から得られたものだ。二人は、シュウカクアリ属（*Pogonomyrmex*）のいくつかの種では、深い領域から採集される働きアリの大部分が若いアリだという事実を発見したのである（アリが若いのは体色が明るいことから判断できる。第3章参照）。シュウカクアリではないが、日本では近藤正樹がクロヤマアリ（*Formica japonica*）の非常に深い巣を掘り起こし、若くて太った働きアリが主に深い領域に見つかることを報告している。私もまた、フユアリ（*Prenolepis imparis*）の四メートルの巣で、若くて太った働きアリの同様の分布を発見した。若い働きアリと育児の関係はすでによく知られていたので、自然の巣の深いところに見られる若い働きアリも育児に関わっていると考えられた。

私がフロリダシュウカクアリのコロニーを超個体という観点で記録しはじめたのは、一九八九年のことだった。その年に私は、一年を季節に応じた四つの期間に分け、各期間内にそれぞれ六つのコロニー（大中小の規模を二つずつ）を掘り起こし、回収し、個体数調査を行うという気が遠くなるようなプロジェクトを実施したのである。深さが二〜三メートルある巣も珍しくなく、真夏（あるいは五月でも一〇月でも）に穴を掘っていると、私もアシスタントのナタリー・ファーマンも目をまわしてしまうほどだった。第3章で詳しく見たとおり、レンガゴテで砂を削って部屋を露出させると、その上に透明なアセテートシートを置き、サインペンで輪郭をトレースした。結局このプロジェクトでは、全部で三一個の巣を掘り起こすことができた。

この掘り起こしによって、（死んで乾燥した）働きアリ、蛹、幼虫、種子が大量に手に入った。回収した部屋ごとに分けて保管したため、それを入れる容器もかなりの数を用意しなければならなかった。働きアリは色別に分け（暗い色は高齢、明るい色は若齢）、その数とブルードの数をかぞえた。また、一〇〇匹の働きアリの体重をそれぞれ測定してから、頭を取り外してその幅を測り、体サイズとの相関を調べた。種子は大きさに応じて一〇段階に分け、それぞれの平均の重さを測定した。こうして得られた膨大なデータは、季節ごとの巣の内容物の分布パターンを突き止めるために、一年以上かけて当時の大型コンピュータを使って分析された。これも第3章で見たとおり、部屋のトレース図の分析からは、深さやコロニー規模や季節に応じた部屋のサイズと形状、部屋の総面積、総体積、最大深度など、巣の構造について多くのことが明らかになった。

このプロジェクトに取り組んでいたのは、こうした部屋ごとのデータをコンピュータでようやく分析できるようになった時期だったが、出力される結果にはノイズが混ざることが多かった。そこで私は、いくつかの方法を用いてデータを集約することで、深さごと、コロニー規模ごと、季節ごと（一月、五月、七月、九〜一〇月）の平均パターンを明らかにした。そして、その膨大なデータセットのおかげで、働きアリは年齢に応じて巣内に占める位置が決まっているという調査結果（第3章参照）に多くの微妙な差異やディテールを加えられるようになった。この研究では他にも多くの特徴が示されたが、ここでの議論にはあまり関係がないので省略する。

若い働きアリであるキャローは五月を除いたすべての季節に確認された。ここから、冬の間はコロニーに新しい働きアリは誕生しないことが示唆され、事実一月にはブルードの姿が見られなかった。また、キャローは巣の深い領域に非常に多く見られ、多くのアリがそうであるように、育児に従事しているものと考えられた（図8・2）。実際、キャローの大多数は、幼虫や蛹がいるのと同じ領域（巣の下部三分の一）で誕生していた（第3章参照）。したがって、巣の最深部はコロニーの託児所であり、若い働きアリが自分の妹たちの子守をしている場所と考えて差し支えないだろう。温かい巣の上部に蛹を一時的に

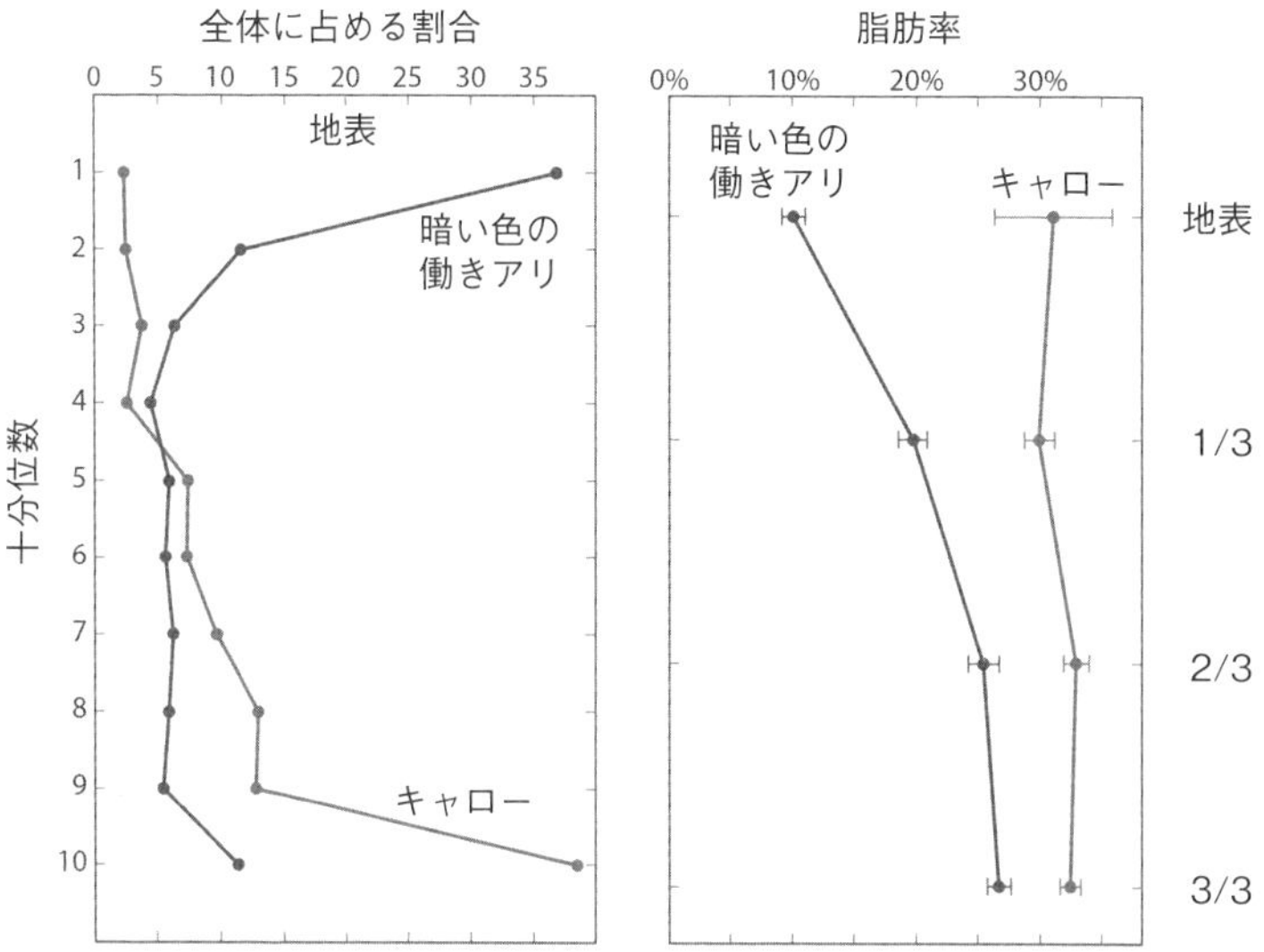

図8・2 働きアリは若ければ脂肪が多く、歳を取るにつれて脂肪が減っていく。若い働きアリは巣の深い領域に多く見つかる。

運び込んで発育を促進させる場合もたしかにあるが、全体から見ればごく一部であり、残りのほとんどの蛹は巣の深い領域に置かれたままである。

体サイズ（頭部の幅から推測したもの）が同じ場合、若いキャローは高齢の暗い色の働きアリより体重が重い。だが、エーテルを用いてこれらの働きアリから脂肪を抽出すると体重差はほぼ消失し、脂肪量の違いが体重の違いになっていることがわかった。どの深さで採集したキャローも、「脂肪率」はほぼ同じだった（二六〜三三パーセント）。つまり脂肪率は、巣内の位置ではなく、主に年齢に関係があるということだ（図8・2）。巣の下部三分の一の領域にいる働きアリは、年齢が上がるにつれて色も暗くなっていくが、それでもその場所にいるうちは（ときに上層部をうろつくこともあっても）脂肪率はキャローと同レベルのままだった（キャローが三三パーセントに対し、暗い色のアリは三〇パーセント)。その後、完全に成熟した働きアリは巣上部へと活動の場を変え、そこで脂肪の蓄えを消費しながら体重を減らしていく。最終的に採餌アリになり地表に出るときには、わずか一二～一三パーセントの脂肪率しかない(図8・2)。要するにコロニーは、死と隣合わせの任務である採餌に、もっとも「消耗した」働きアリを割り当て、それによってコロニー資源の消費を最小限に抑えているのだ。喩えて言えば、年老いた婦人がもっとも危険な仕事をしているようなものである。

もしかすると、年齢による巣内の位置の変化は、巣の底部で生まれたアリが自然に上に向かうことで生じる、意味のない付帯現象にすぎないと考える人もいるかもしれない。だが、そうでないことは、私が行った次の実験からも明らかだろう。実験は、一メートルの坑道といくつかの部屋からなる人工巣、通称「アリホテル」を用いたものだ。坑道には各部屋の出入口を開閉する装置(水道栓のような仕組み)が備え付けられており、それを使ってアリの通行を許可したり、妨げたりすることができる。ホテルの各部屋に高齢と若齢の働きアリを半数ずつ、それに加えて数匹の幼虫を入れ、部屋の出入口を閉じてから地中に埋めた。そして、その状態で一日慣らしたあと、出入口を開けてアリに自由に歩きまわってもらい、その後再び出入口を閉めてからホテルを掘り出し、部屋の中のアリの数をかぞえた。その結果わかったのは、若いアリがほとんど場所を変えなかった一方で、高齢のアリの多くが当初より浅い領域にある部屋に移動していたことだった。すなわち、年齢と深さを結ぶ社会的構造は「意図的」なものであり、アリは自分がどの深さにいるかを「知っていた」のである(この点については第5章と第6章で詳しく触れている)。

ここまでをまとめると、働きアリの年齢と仕事の関係には二つの代表的な時代があることになる――つまり、巣の深部で育児を行う若齢の時期と、巣を離れて採餌を行う高齢の時期だ。これら二つの時代の間に、働きアリは年齢を重ねて巣の上方へと移動し、仕事を変えていくと考えられる。この仕事の変化がどのようなものかについては後述するが、その準備として、まず採餌アリの仕事を詳しく見ていくことにしよう。というのも、採餌アリは巣に介入せずに直接観察できる唯一のコロニー構成員であり、また、操作的、一義的に定義できる唯一の労働集団でもあるからだ。採餌アリの定義とは、「巣の入口からある程度の距離を移動して、食糧を拾い、巣に持ち帰る働きアリはすべて採餌アリである」というものだ。この明確な定義があるおかげで、私たちは忍耐力が続く限り、巣の外を歩き回る働きアリを採餌アリとして捕獲することが可能になり、ひいてはこの労働集団の多くの側面を研究できるのである。

マーク・リキャプチャー方式による個体数調査

本章での私たちの目的は、超個体の代表例としてアリのコロニーを定量的に記述することである。そのためには、以下のような質問について第一に考える必要があるだろう。①採餌アリは何匹いて、それはコロニー全体の何パーセントに当たるのか？　②採餌アリの数はコロニーの規模とどのような関係にあるのか？　③採餌アリの数は季節によってどう変化するのか？　④採餌アリは巣内でどのように分布しているのか？　私は、こうした疑問に答えるための研究を一九九六年から二〇〇五年の間にヒアリに対して行い、それを上首尾に終えていた。そこで今度は、教え子のクリスティーナ・クワピッチに他のアリ種で同様の研究をしてみないかと提案することにした。

クワピッチが先の質問にどう答えたかを理解するために、ここで少し寄り道をして、「マーク・リリース・リキャプチャー」方式（以下、マーク・リキャプチャー方式）と呼ばれる個体数の推定方法について説明しておこう。たとえば、何らかの理由があって、ある集団にいる動物の数を知りたいとする。もちろん、その集団全体を一望の下に見渡せるならば、それは容易である。だが、その可能性はどれくらいあるだろう。あなたの「調査対象」が、一度に数えられるような場所に寄り集まっているのではなく、かなり広い範囲に分散していた場合はどうすべきだろうか？　問題はない、とあなたは考えるかもしれない。対象の動物を見かけるたびにそれに印をつけていき、集団全体に印がつくまでその作業を続ければよい、というわけだ。残念ながら、この方法がそのまま通用する場面はまずないが、ちょっとした工夫を加えて有益な手段へと早変わりさせることはできる。具体的には、まず対象の動物を一度にできるだけ多く捕まえて、印をつけて（マーク）から解放する（リリース）。その一～二日後にもう一度大量に捕まえて（リキャプチャー）、そのなかに印がついたものがどれだけいるかを数える。ここで前提とされているのは、印をつけて解放した動物たちが母集団で占める割合は、二度目に捕まえた集団で見られる割合と同じものだという考え方である。たとえば、一〇〇匹の動物を捕まえて印をつけてから解放し、翌日再び捕まえた集団のなかに、印をつけたものが一〇パーセントいたとしよう。これはつまり一〇〇匹が一〇パーセントにあたることを意味しており、その動物は全体で一〇〇〇匹存在していると推測できることになる。

このとおり、話は非常に単純である。だがもちろん、現実はそれほど甘くはない。実際には、先の方法が成功するには、以下の条件を満たしている必要があるだろう。①母集団に境界がある、つまりその動物が限定された区域内で活動していること。②印をつけた個体が残りの集団とランダムに混ざり合っていること。③外部からの流入や、集団からの流出がないこと。④印をつけてから再び捕まえるまでの間に大量の死や誕生が生じていないこと。⑤印をつけた個体とつけていない個体が同様の確率で捕まっていること。⑥印をつけたことによって個体の生存率が変わらないこと。⑦印が高確率で消えてしまわないこと。⑧印をつけた個体が母集団のかなりの割合にのぼること。こうした条件のなかには、実験の設定をより複雑にすることで部分的に対処できるものもある。だがそれでも、ほとんどの条件が、移動する動物の研究には必ずついてまわる厄介な問題となっている。

これはなかなか不安な状況である。結局のところ、動物は限られた区域にとどまるのではなく、自分の行きたいところへと移動するものであり、死や誕生や流出入は避けられないし、印はいつか消えるものなのだ。思い返せば一九七〇年代初頭、私は友人のジョン・ドワイヤンと一緒に、ゴミムシダマシ科の甲虫を対象にマーク・リキャプチャー方式を用いた調査をしたことがある。アリゾナの砂漠に夜ごと出かけては、黒くて大きな甲虫を大量に捕まえて、一つひとつに番号と印をつけてから解放するというやり方だった。だがこの調査では、再捕獲率が五パーセントを大きく超えることは最後までなかった。甲虫を放したときの様子を見て、私たちはすぐにそれを悟るべきだった――ゴミムシダマシたちは、解放されると思い思いの方向へとまっすぐに進みつづけ、決して振り返りはしなかった。この甲虫の母集団には境界がなく、アリゾナの砂漠全体を住処としていたのである。移動する動物を対象とした研究では、このように再捕獲率が低いことが多く、その結果、得られる推定個体数もきわめて不確かになる。たとえば、再捕獲されたサンプルに基づくと、母集団の個体数は九五パーセントの確率で一五〇〜

一万九八七四となる、という場合も出てくるわけだ。もうおわかりだと思う。そう、印をつけた割合が母集団のなかで高くなるほど、推定個体数もより正確になる。もし母集団の一〇〇パーセントに印をつけることができれば、それはもはや推定値ではなく全個体数をかぞえたのと同じになる。

このように実践には困難を伴うことの多いマーク・リキャプチャー方式だが、実はそれを利用するのにうってつけの生物がいる——アリである。地表を歩きまわる採餌アリを調べるのに、この方式はとても都合がよいのだ。というのも、採餌アリは限定された行動範囲をもち、他のコロニーの採餌アリとは混ざり合わないため、境界をもつ母集団と言えるからだ（なお採餌アリは、自分のコロニーの巣内の仲間とすらほとんど混ざり合わない）。こうした性質は、これまで詳しく研究されたアリ種——どの種にも内勤のアリと外勤のアリ（採餌アリ）がいた——のほぼすべてに当てはまる。もちろん、コロニー全体から見れば採餌アリはその一部にすぎない。だがそれは、はっきりと分け隔てられた、観察可能な一部なのだ。餌を置いてそこにアリが集まれば、それはすべて採餌アリである。採餌アリは、縄張りをもつ個体群であるため、他のコロニーからの流入や流出もない。印が消えてしまうケースを最小限にとどめさえすれば、マーク・リキャプチャー方式を使って、そのアリの「誕生と死」を追跡することができる。

マーク・リキャプチャー方式を授業で扱うとき、私はいつも二種類の豆を使って学生に説明をしている。まず、数がわからない白い豆と、数がわかっている黒い豆を同じ容器に入れる。それから、学生たちに少数の豆を容器から適当に取ってもらい、黒い豆の割合を計算する。八〜一〇個程度のサンプルから母集団の豆の数を推定してもらうと、たいていの場合、その推定値は実際の数に非常に近いものになる。この現象を下支えしているのは、動物でのマーク・リキャプチャー方式と同じく、希釈の原理であるる。未知の量の液体の容積を求めるには、既知の量の溶質（染料など）を混ぜて均等に溶かしてから、その濃度を測定するのが簡単な方法だ。濃度測定とは、実際にはサンプル内の溶質の分子を数えることである。たとえば、プールにどれほどの水が入っているか知りたいとしよう。染料のローダミンBを一グラムだけプールに溶かし、次の日にその濃度を分光光度計で測定する。たとえば、その結果として一リットルあたり〇・〇〇〇〇〇五グラムという数値が出たとすれば、プールの容積はその逆数である二〇〇〇〇〇リットルということになる。この方法は、五リットルのバケツを使って何杯でプールが空になるかを試すよりも、間違いなく手間がかからず、かつ正確だ。さらには、調査後にすてきなピンク色のプールが出来上がっているという特典もある。

採餌アリの個体数調査に話を戻そう。アリに印をつけるにあたって、たいていの調査では、ある集団の成員であることがわかればよいので、一つの集団につき一色のインクを使えば十分である。採餌アリのマーク・リキャプチャー調査では複数の集団を並行して見る場合もあるため、複数の色を使いたくなるケースもあるだろうが、実際上の問題を考えれば、せいぜい四色程度にとどめておくべきだろう。一九八〇年代初頭、修士課程の学生だったサンフォード・ポーターは、プリンター用の蛍光インクをエーテルで溶かしたものを使ってシュウカクアリに印をつける方法を開発した。その後、ポーターは博士課程に進学して私の研究室にやってきたが、そのときにいくつか持参した一ポンド缶入りの蛍光インクは、数百万匹のアリに印をつけるのに十分な量だった（さすがに年月が経つと、容器の中のインク表面には分厚い皮ができるのだが、そういう場合は皮を針で刺して、その下のまだ乾いていないインクを取り出した）。新しいインクが必要になって別の製品（Gans Ink Co.）を買い足したのは、それから一五年以上あとの

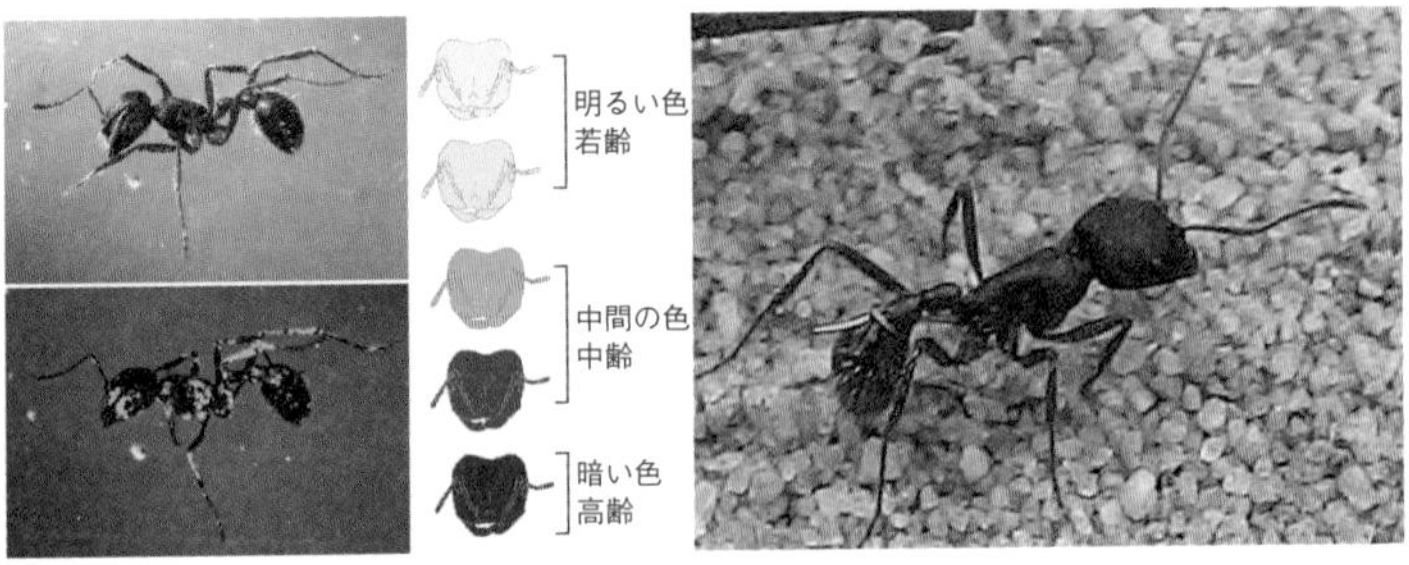

図8・3 左：印をつけたフロリダシュウカクアリの働きアリ（上は可視光、下は紫外線を当てたもの）。中央：働きアリの年齢はクチクラの色で判断できる。右：ワイヤーベルトを巻いた働きアリ。（画像：著者）

ことである。

エーテルに溶かしたインクを香水用のスプレーに入れて吹きかけると、空気中でエーテルの大半が蒸発し、アリの体に目に見えない小さな点が付着する。その点はやがて絵の具のように固まり、紫外線を当てると灯台のように光を発する（図8・3）。無極性のインクとエーテルはアリのクチクラと相性が良く、うまい具合に付着してくれるようだ。クリスティーナ・クワピッチは、このインクの耐久性を調べるために次のような実験を行った。彼女はまず、さまざまな年齢層からなる数千匹のフロリダシュウカクアリの腹部にワイヤーベルト（細い銅線）を巻き、蛍光インクを吹きつけてから解放した（年齢は図8・3のスケールを使って体色から判断した）。六カ月後、採餌アリとして地表を歩いていた働きアリでワイヤーベルトを巻いているものを再び捕まえて確認したところ、そのすべてに蛍光インクの印が残っているのが確認できた。インクはワイヤーベルトと同じくらい耐久性があり、しかもそれよりずっと手間がかからない。つまり、インクを使ったマーキングは、数週間、数カ月、あるいは数年におよぶ実験に最適だとわかったのである。ところで私たちの最優先課題は、超個体がどのように働きアリを採餌アリへと割り当てるのか、その割り当てはコロニーの規模や季節といかに連動しているのかを突き止めることだった。超個体がもつ一つの「器官」のサイズとその変化を突き止めて、超個体というメタファーをさらに深く知ろうとしたのである。同じことは他の「器官」でもできるはずだ。ただし、ここでもう一度強調しておくが、「器官」とは文字通りの意味ではない。個体と超個体では主要な生命機能が似たような形で分割されていることを示すための、便宜上の表現である。

採餌アリの謎

先述したとおり、私たちが関心をもっているのは、食糧を見つけ、集めるという労働にコロニーの総資源がどれほど割り当てられているのか、その割り当てはコロニーの規模や季節でどう変化するのか、という疑問だった。クワピッチは、こうした疑問に地元のアリを使って答えようと考えた。問題はどのアリにその適正があるかだが、ほとんどの種が何かしらの理由で候補から外れるなか、フロリダシュウカクアリだけは違った。体が大きく、適度なコロニー規模をもち、おまけに木炭片に覆われた円盤を巣の入口周辺につくるため見つけるのが簡単という点で、アリ学者にとって夢のような存在であることがわかったのだ。さらに都合の良いことに、私の一九八九〜九〇年の研究や、サウスカロライナ州でのフランク・ゴーリーとジョン・ジェントリーによる先行研究によって、シュウカクアリについてはすでに多くの知識が共有されていた。

クワピッチは、採餌に振り分けられる働きアリの割合を突き止めるために、三年にわたり毎月アント・ヘブンへと足を運びつづけた。その間には、好奇心旺盛なクロクマが五〇メートル先からじっと様子をうかがっていたことも何度かあったし、夏にはハイイロキツネがすぐ近くで体を丸めて彼女の仕事ぶりを眺めたり、アリの餌用のビスケットを味見したこともあった。

一回の調査は三日に分けて行われた。初日には、巣の入口から一五〇センチメートルほど離れたあたりに鳥用の粒餌（種子）を撒き、アリがやって来るのを待った。その種子を拾って巣に引き返すアリはすべて採餌アリなので、それを捕まえるのである。クワピッチは三〜六時間かけてアリを捕獲し、熱心に仕事をしている採餌アリの集団のうち、多いときで九三パーセント、少なくても三五パーセントを採集した。捕まえた採餌アリを数えたあとは、蛍光インクを吹きかけてから巣へと解放し、その後はいつもどおりに仕事をしてもらった。二日目は、クッキーを砕いたものを撒いた。初日に使用した種子はもう十分に集まったようで、アリたちがあまり関心を示さなかったからだ。このときも集まってきた採餌アリを捕まえたが、今度は紫外線を当てて印がついているものを数えた。コロニー内の採餌アリの数は、二日目に捕まえた印つきの採餌アリの割合から推測できる。先に見たように、初日に印をつけて解放した採餌アリが占める割合は、コロニー全体でも、二日目に捕まえた集団でも同じと考えるからだ。二日目の作業では、初日に印をつけた採餌アリの約六〇パーセントが再捕獲されたが、このくらいの数字があると個体数の推定値も大いに信頼できるものになる。

どれくらい生きるのか？

いま紹介した方法を最初に使ったのは、採餌アリの寿命と、そのアリが入れ替わる速さに関する調査でのことだった。初日に解放された採餌アリは時間が経てば死に、再捕獲したサンプルに占める割合はどんどん小さくなっていく。だが、割合が小さくなる理由が、本当に採餌アリが死んだからなのか、印のない働きアリが採餌アリになったからなのか、あるいはその両方なのかをどう判断すればよいのだろうか？　それを見極めるには、最初のマーキングから数週間後に、異なる色のインクを使って二度目のマーク・リキャプチャー調査を行えばよい。この二度目の調査では、一度目と同様に採餌アリの個体数が推定できると同時に、最初の調査で印をつけられた採餌アリがどれほど残っているか、ひいてはどれほど減ったかも明らかにできる。この方法を多くのコロニーで試してみたところ、採餌アリの平均寿命は約三〜四週間（二七〜三八日。ちなみにこれはヒアリも同じである）だとわかった。別の言い方をすれば、採餌アリは毎日およそ全体の三〜五パーセントが死に、約一カ月で丸ごと入れ替わる。このようにコロニーは、採餌シーズン中に採餌アリの欠員の補充コストを継続的に負担するが、そのエネルギー負担は、働きアリが採餌アリになるまでに脂肪を失っていくことで部分的に軽減されている。

割合はどう変化するのか？

調査の目的が採餌アリへの投資率の場合には、コロニー全体の規模を知る必要がある。そこで、三日目の作業は必然的に巣の掘り起こしということになる。クワピッチは、シャベル、コテ、掃除機、大量のトレーなどを現場に持ち込んで、アリの巣を二〇センチメートルずつ掘り進み、捕まえた成虫、幼虫、蛹の数をすべて記録した。採餌アリを含む成虫の働きアリの総数を、二日目に調べた採餌アリの数で割ると、コロニーが採餌に投資した労働力の割合がわかる。ところで、第3章で見たように、アリの巣の掘り起こしはかなりの重労働である。普通、アリの巣は二〜三メートルの深さがあり、クワピッチは身長が一五七センチメートルと低いため、作業穴から出るには脚立が必要になるほどだった。彼女が三年間の調査で掘り起こした巣の数は五五にのぼるが、この数字は、ごく単純な事実を科学的に立証するのにも、とてつもない努力が必要であることを如実に示している。

三日目の調査でまっさきに気づいたのは、採餌アリは一二センチメートルより深い領域にはいないということだった。言い換えれば、ブルードや若い働きアリといった巣の深い領域にいる他の存在とは、ほとんど交流がないことになる。この発見は重要なので、のちほど改めて見ていくつもりである。

コロニーが採餌を開始するのは、最初のブルードが誕生する約一ヵ月前のことで、ブルードが順調に育っていく秋過ぎまで続けられていた。採餌アリの割合は季節によって劇的に変化していた。具体的には、図8・4に示したように冬季（一一〜三月）の割合はゼロだが、春先から増加していき、七月上旬のピーク時にはコロニー全体の約三五パーセントを占めるまでに至る。それ以降は減少に転じ、一一月下旬には再びゼロに戻った。

この大まかなパターンは毎年ほぼ同じ形で現れたが、それを生み出すのが採餌アリの数の変化なのか、コロニー規模の変化なのか、それともその両方なのかはわからなかった。そこで私たちは、その疑問を解消するために、二つのコロニー群を並行して調査してみることにした。すなわち、一方のコロニー群では季節による採餌アリの割合の変化を観察し、もう一方のコロニー群では採餌アリ集団の規模を定期的に記録したのである（前者では巣の掘り起こしを行い、後者では行わなかった）。こうして二つのコロニー群から判明した採餌アリの割合と集団規模から、コロニー全体の規模を「逆算」することができる。たとえば、前者のコロニー群の二五パーセントが採餌アリで、後者のコロニー群に平均一〇〇〇匹の採

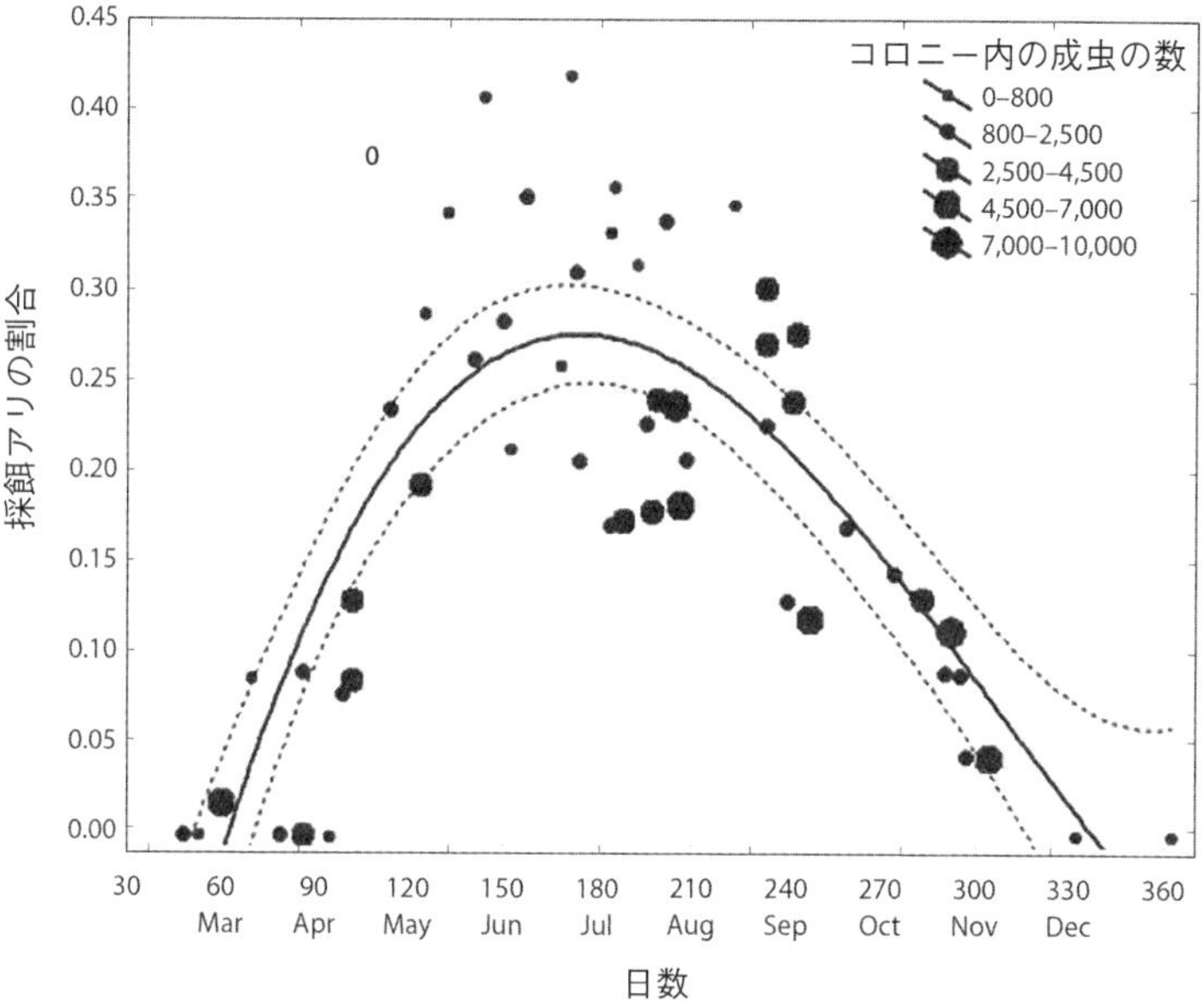

図8・4　採餌に割り当てられる働きアリの割合の季節変化（Kwapich and Tschinkel(2013) より）

餌アリがいたとすれば、コロニー全体では四〇〇〇匹の働きアリがいると推定されるわけだ。

この調査を通じてクワピッチは、採餌アリの割合の変化が、採餌アリ数とコロニー規模の両方が変化した結果であることを示した。具体的に見ていこう。まず成熟コロニーでは、繁殖活動が完了する六月下旬まで新しい働きアリは現れなかった。新しい働きアリの欠如は、以前からいる働きアリが採餌アリとなり死んでいくことと相まって、コロニー規模の縮小と採餌アリの割合の増加をもたらした。この採餌活動への集中は、繁殖活動と同時期に起こり、六〜七月にピークを迎えた。繁殖活動が終わると、働きアリが誕生することでコロニー規模が増大し、それに伴い八〜一一月の採餌アリの割合が減少した。ただし割合は減少したとはいえ、採餌アリが死んでも交代要員が補充されるため、九〜一〇月までは採餌アリの数自体は安定していた。その後、交代要員の補充が急激に減ると、一一月には採餌アリはいなくなってしまった。

働きアリが約七〇〇匹以下のコロニーでは、生殖個体の生産を行わなかったので、生殖可能な規模のコロニーよりも、高い割合（約四〇パーセント）の労働力を採餌活動に割り当てることができた。これにより、小さなコロニーでは成長が早まる可能性があるが、季節ごとの割り当てパターンは、生殖コロニーと非生殖コロニーで同じである。

育児が盛んに行われる五〜一〇月、採餌アリの数や割合は劇的に変化していたにもかかわらず、幼虫一匹あたり一・六匹の採餌アリという割り当ては変化しなかった。言うなれば、採餌アリは幼虫によって調整されていたのである。だが、この調整はコロニーの需要に応じたものなのだろうか、それとも別の方法を通じて行われたのだろうか？　需要が増減したらどうなるのか？　それに応じて採餌アリの数も変わるのだろうか？

数はいかに調整されるのか？

コロニーの需要と、その需要を満たすのに利用できる採餌アリの比率を変えるには、二つの簡単な方法がある――採餌アリの一部を取り除いてその数を減らすか、「ドナー」コロニーから幼虫をもらい受けてその数を増やすかだ（幼虫はコロニー間で容易にやりとりができる）。クワピッチが採餌アリの半分を取り除き、一週間後に再び採餌アリ数を推定したところ、欠員は補充されておらず、新しい採餌アリの出現率も処理群と対照群で同じであることがわかった。つまりコロニーは、働きアリを採餌アリに移行させることで需要に応じてはいなかったのである。その代わり、処理群である採餌アリを取り除いたコロニーの巣を掘り起こしてみると、予想されていた幼虫の半分が現れず、採餌アリと幼虫の比率は対照群と同じ一・六のままだった。まとめると、コロニーは利用可能な採餌アリの数に合わせるように幼虫の数を減らしており、若い働きアリが普通に年をとって採餌アリになる以外には、採餌アリの特別な補充も行われなかった。

採餌アリの数は変えずに、幼虫の数を倍にして需要を増やしても、同様の結果が得られた――クワピッチが一週間後に調べたところ、採餌アリの数は対照群と変わらなかったが、幼虫の半分が姿を消しており、採餌アリと幼虫の比率は依然として一・六だったのだ。これは、外部から追加した幼虫が拒絶された結果ではない。というのも、外部からの幼虫には蛍光染色した餌を与えていたので、幼虫の消失には偏りがないこと、最初からいたものも外部から来たものも同じように影響を受けていることがわかったからだ。増えた幼虫を世話するために、採餌アリは補充されなかった。代わりに、増えすぎた幼虫が「淘汰」されたのである。

三度目に行った実験では、採餌アリの半分を取り除いて実験室に二〇日隔離した。働きアリの加齢によって、取り除かれた採餌アリの埋め合わせをするには十分な期間である。二〇日後に実験室の採餌アリを巣に戻すと、採餌アリの総数は約四〇パーセント増加し、数週間にわたってこのレベルを維持した。巣内の仕事に戻るアリがいなかったことは、採餌アリになるのは不可逆的であることを改めて示している。

これらの実験では需要（または供給）に対する反応が見られず、それは取りも直さず、採餌アリの個体数が主に個体群統計的に調整されていることを示していた。つまり、アリが行う仕事の内容は、年齢によって一定のスケジュールで変わっていくということだ。スケジュールは、採餌アリに対する需要が増えて早まることも、供給が過多になって逆戻りすることもなく、働きアリの自然な加齢に合わせて悠然と進められていた。まるで超個体という機械の歯車の一つのように機能するのである。

ではここで、採餌アリの高い死亡率を下げて幼虫に対する比率を高め、採餌アリの入れ替えを遅らせることができるとしたら、何が起こるだろうか？　クワピッチは、それを確かめるための実験もしている。具体的には、コロニーをケージに入れ、働きアリが外に出て採餌ができず、ひいては早死にしないようにした（図8・5）。言うまでもなく、ケージ内には餌を入れておいたので、どのような結果になったとしても、それは飢餓によるものではない。対照群として、ケージに入れて餌を与えないコロニーと、壊れたケージから外に出て採餌できるコロニーを用意した。採餌アリの数は、ケージに入れる直前と入れてから二〇日後にマーク・リキャプチャー方式で推定した。

二〇日間の実験期間中、ケージに入れられた採餌アリは対照群に比べて五七パーセントも長生きし、採餌アリ集団が完全に入れ替わるまでの期間は、約二七日から約五五日に延びた。ここから、採餌アリが死ぬのは野外での活動が原因であって、老衰ではないと考えることができる。実際、採餌アリとして捕まえた働きアリは、実験室では何カ月も生きていた。同様に、野外での採餌アリの死亡数を減らしても、採餌アリ集団の規模は変化しなかったが、若い働きアリの採餌アリへの参入率が二〇日間で六九パーセントから四三パーセントに減少し、採餌アリの個体数が新しい採餌アリの出現を阻害するという負

図8・5 働きアリが逃げ出してしまわないように囲いを設けたケージ。中央に孔のあいたシートが敷かれているのがわかる。（画像：著者）

のフィードバックが生じていることがわかった。その結果、暖かい季節にコロニーが継続的に生産していた若い働きアリが採餌アリとして「戦場」に送られることがなくなり、ケージで採餌アリの死亡率を減らさなかった場合に比べて、コロニーは通常よりも大きく成長した。なお、採餌アリはコロニー内でもっとも痩せている働きアリだが、採餌アリへの移行を促すのは脂肪の減少ではない。ケージに入れて餌を与えた採餌アリは中齢の働きアリの脂肪量に戻ったが、二〇日後にケージから解放しても、採餌アリとして従事可能だった。いったん採餌アリになると元には戻らないのである。

野外での寿命と実験室での寿命の違いは、採餌の場を戦場へと変える何かがあることを示唆している。なぜ採餌はそれほど危険なのだろうか？　乾燥や過熱、迷子などの物理的なストレスなのか、あるいは捕食者や病気、外敵の存在なのか。以下に見る実験は、コロニー同士の争いの様子を観察したり、他のアリの頭部を自分の脚や腹部にぶらさげた採餌アリを目撃したことがきっかけで考案された。この実験でクワピッチは、対象となるコロニーではなく、その近隣のコロニーをすべてケージに入れ、前者の採餌アリの寿命、補充数、個体数を再び測定した。近隣コロニーをケージに入れると、対象コロニーをケージに入れた場合と同じように、採餌アリの寿命が延び、補充数が減少した。コロニーが生活し繁栄するためには、一定の資源と空間が必要である。そうした空間の境界線上では継続的に小競り合いが生じているが、採餌アリとはその小競り合いに参加する兵士であり、砲弾なのだと言える。

成長に違いはないのか？

ここまで見てきたように、採餌アリはコロニーの需要に応じてではなく、加齢のスケジュールに応じて個体群統計的に出現することを示す、信憑性の高い証拠が見つかっている。とはいえ、実際には話はもっと複雑だ――働きアリのスケジュールは必ずしも一定ではないのである。たとえば、採餌と繁殖が暖かい季節に限られていて、その間は死んだ採餌アリが絶えず補充され、その年の最後の働きアリが一一月までに出現する場合、春に現れる採餌アリは冬を巣で過ごしたことになる。クワピッチはこれを確認するために、若い働きアリにワイヤーバンドを巻き、アイスネストを使った人工巣に放して様子を観察することにした。バンドを巻かれた働きアリは、年齢が上がると採餌アリとして次々に地表に現れた。だが、六～八月にブルードだったアリが四〇日ほどで出てきた一方で、夏の終わりから秋にブルードだったアリは春になるまで二〇〇日以上も姿を見せなかった。また先述のとおり、採餌アリの死因は老衰ではなく外的な要因によるものなので、どちらの集団も、採餌アリとしての平均寿命は三〜四週間だった。二つの集団は、生理面でも行動面でも、加齢の速度が大きく異なっていた。春に生まれた働きアリは急速に色が暗くなり、年齢に応じた行動の変化を急ぎ足で駆け抜けて、わずか四〇日で採餌アリになったのに対し、秋に生まれた働きアリは晩春まで採餌をせず、日齢が二〇〇日を過ぎても体色が明るいことが多かったのだ。言うまでもなく、こうした加齢速度もまた寿命と同じように進化によって変更されうる。

今では私たちは、加齢スケジュールの違いがいかに採餌アリの数を調整して、その出現を暖かな育児シーズンに限定するかがわかっている。採餌シーズンの後半に生まれた加齢の遅い晩熟型の働きアリは、春が来るまで採餌には従事せず、次のシーズンがはじまった頃になってようやく採餌アリの数が増えていく。春に採餌を開始した働きアリは二〜四週間で死んでしまう。そのため晩熟型の働きアリは次第に姿を消していくことになる。しかしながら、いったん繁殖活動がはじまると、コロニーは生殖個体のあとに早熟型の働きアリを生産する。早熟型の働きアリはわずか四〇日で採餌に従事するので、数を減らしていく晩熟型の働きアリと同時期に採餌を行うようになり、最終的にはすべての採餌アリが早熟型に入れ替わる。この入れ替えは九月頃まで続き、その時期になると、コロニーは早熟型の働きアリではなく、晩熟型の働きアリを生産しはじめる。その結果、夏の終わりには、死んだ採餌アリを補充する早熟型の働きアリがいなくなり、一一月初旬には採餌アリの数がゼロになってしまう。このように、異なる加齢速度の働きアリが交互に現れることで、季節ごとの採餌パターンが形成されるのだ。

季節に応じたこの単純なコントロールシステムからは、次のような疑問が生じる。コロニーはどうやって働きアリの加齢速度をコントロールしているのか？　いかなる生理学的機構が、この極端に異なる二種類の加齢速度を生み出しているのか？　もし加齢速度が同一種のライフサイクル内でさえも簡単に変更できるのなら、自然選択によって、種間でも変更されているはずである。

加齢スケジュールの違いは、目の届かない地下で行われている採餌以外の労働の移行にも影響を与えていると考えられる。たとえば、晩熟型の働きアリがいることで、すべての活動は春先まで遅延するが、春先には、晩熟型の働きアリのなかでもっとも若いアリが育児を開始し（生殖個体のあとに働きアリを育てる）、もっとも高齢のアリが採餌をはじめるのである。

採餌アリと育児アリをつなぐ存在

ここまで私たちは、コロニーという超個体が採餌アリという労働集団に対してどれほどの投資をしているのか、その投資がコロニー規模や季節によってどう変化するのか、またどのように調整されているのかについて、多くのことを見てきた。では、他の労働集団に対する投資に関しても同じように推定できるだろうか？　これまで知られてきた労働集団について考えてみると、次のような疑問が自然に浮かんでくる。すなわち、採餌アリが一五センチメートル以上の深さに移動することはなく、ブルードとその世話係が巣の奥底でずっと過ごしているのであれば、採餌によって集めた食糧は深さ一〜二メートルのブルードにどう届けられるのか、種子は深さ三〇〜八〇センチメートルの貯蔵室にどう運ばれるのか、という疑問だ。また、巣内の廃棄物や掘り出した砂は、いかに地表に運ばれていくのか？　こうした疑問からは、互いに接触することがない二つの集団間を行き来する働きアリの集団の存在が予想される。だが、あらゆる活動が地下で行われている集団の存在をどうやって証明できるというのか。

鍵となるのは、最上部の部屋にいる働きアリだ。実験で餌に集まる採餌アリのほぼ全員が印をつけられても、巣の上部一五センチメートルにいる働きアリには、半分程度しか印がつけられていなかった。つまり巣の上部では、採餌をしないために印をつけられることのなかった働きアリが、採餌アリと部屋を共有していたのだ。このアリたちは、採餌アリや育児アリとは異なる集団で、採餌アリが運んできた食糧や種子を育児アリが待っている巣の深部まで運ぶ集団の有力な候補である。またおそらく、巣内の廃棄物や掘り出した砂を上方に運ぶ役割も担っているはずだ。このアリたちを「運搬アリ」と呼ぶことにしよう。巣上部にいるこの印のない働きアリに、採餌アリとは異なる色の印をつければ、運搬アリの候補にマーキングができたことになる。

運搬アリをさがす調査でまず行ったのは、数日にわたって繰り返し餌を撒き、採餌アリに徹底的に印をつけていくことだった。これにより採餌アリの七五〜九二パーセントにマーキングができた。次は巣内にいるアリである。この調査は理屈だけを見れば単純そうに思えるが、運搬アリの候補を捕まえるには、掘り起こしによって巣を一度破壊しなければならないという問題があった。アシスタントのニコラス・ハンリーと私は、上部にある三〜四室の部屋を露出させて働きアリをすべて捕まえ、各部屋の輪郭を透明なアセテートシートに記録した。それから発泡スチロールで部屋の型を作り（図8・6）、その上にアセテートシートを乗せて屋根にした。これをもとの部屋と同じ深さ、向きに埋め、各部屋をつなぐ坑道も作った。アリがこの人工の部屋を拒絶しないかと心配だったが、抵抗なく受け入れてくれたよ

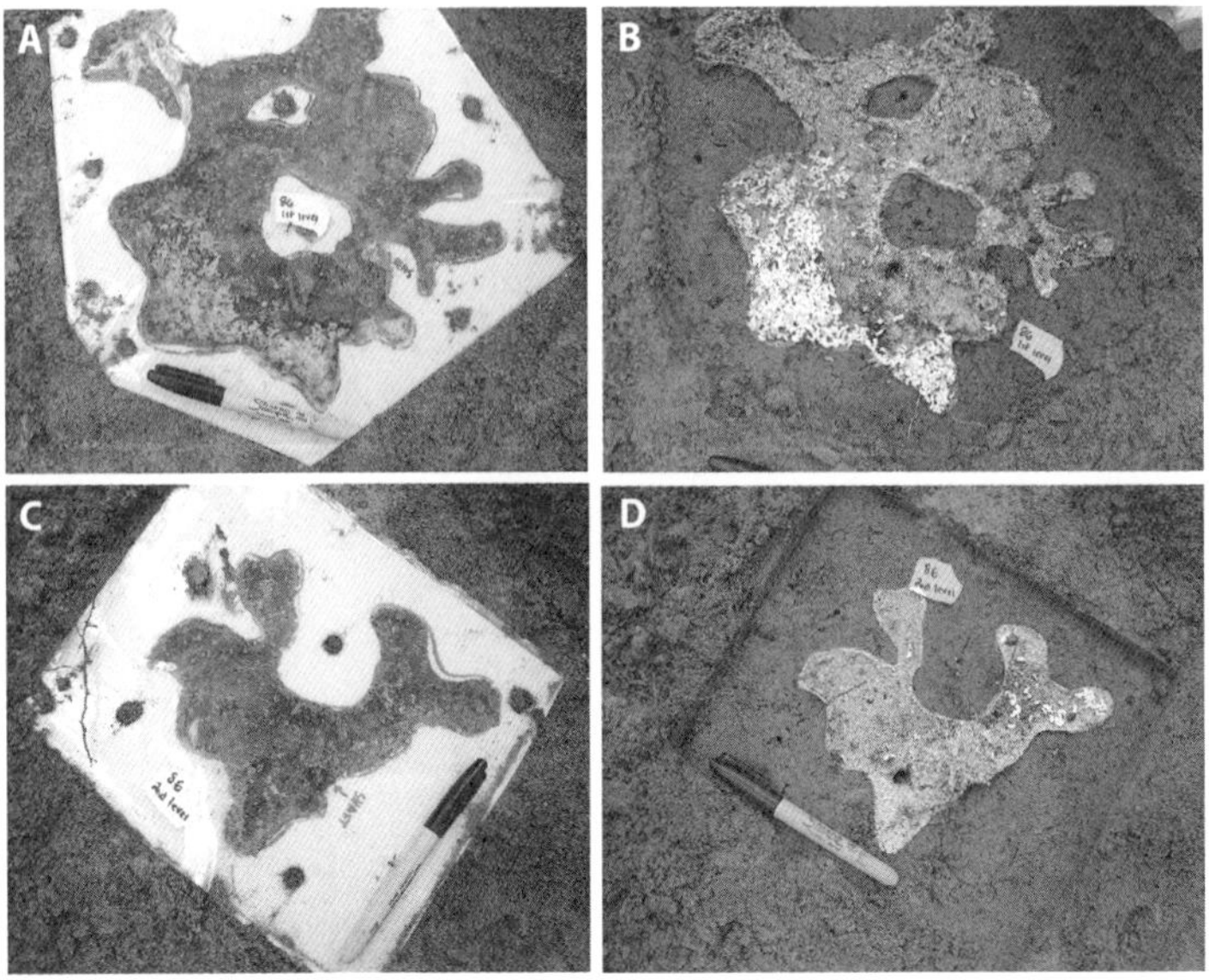

図8・6 働きアリを捕まえるために掘り起こしたフロリダシュウカクアリの巣の最上部の部屋は、切り出した発泡スチロールでもとの形に復元した（AとC）。数日後に再び掘り起こしてみると、アリはその復元された部屋をすっかり受け入れていた（BとD）。画像では周囲を暗く加工して、部屋の形がわかりやすいようにしている。（画像：著者／Tschinkel and Hanley (2017) より）

うだった。ハンリーと私は、二回の夏の間に一一個のコロニーにこの方法を使用した。

巣の上部にいた働きアリはすべて捕まえ、印のついたアリ（採餌アリ）と印のついていないアリに分別した。採餌アリにたとえば緑色の印をつけていたら、印のない働きアリにはオレンジ色の印をつけることにした。オレンジ色の印をつけたアリのなかにも採餌アリがいる可能性はあるが、いたとしても少数にすぎない。このようにしてマーキングをした働きアリは、その後元通りに埋め直した巣に戻され、採餌アリはオレンジ色の印の働きアリはそれ以外の巣内の仕事と、それぞれの日常業務をこなしてもらった。

二〜六日後、コロニーの生活が以前の落ち着きを取り戻した頃合いを見計らって、今度は巣全体を掘り起こし（第3章参照）、部屋ごとの内容物を分類して、印をつけた働きアリを紫外線で確認した。その結果、地表から最深部の部屋までの間に、採餌アリと運搬アリがどのように分布しているかが明らかになった。採餌アリは、先述のとおり、地表と上部一五センチメートルの領域にだけ見られた。それよりも深い場所で見つかった採餌アリもごく少数いたが、それは巣外から戻ってきたものが、私たちが作業しているのに気づかずに作業穴に落ちてしまったせいだと思われる。

一方、最初の掘り起こしのときには上部二〇センチメートルの領域で捕まえた運搬アリのうち、およそ三分の一が巣の底部（一一〇〜一二〇センチメートル）を含むそれよりも深い場所で見つかった（図8・7）。種子の貯蔵室が通常見つかる深さ（七〇センチメートル）までが特に多く、部屋内の働きアリの一〇〜三五パーセントを占めていた。それより深い場所では平均六パーセント（最大一〇パーセント）を占めていた。若い働きアリは深い領域から出ることはめったになく、そのため印もつけられていなかった。

実験の後半では、掘り起こしをはじめる一〜二時間前に、コロニーに蛍光インクで印をつけた種子と蛍光染色したミルワームを与えてみた。採餌アリはすぐにそれらを巣に持ち帰り、最上部の部屋へと放り込んだ。このような変更を加えたのは、運搬アリの行動を見るためで、もし一五センチメートルより深い場所で印をつけた種子や食糧が見つかったなら、運搬アリがすぐに行動を起こして、それらを下方に運んだとみなせることになる。採餌アリは二〇センチメートルより深い場所には行かないので、採餌アリと同じ空間を共有している運搬アリが運んだと考えられるわけだ。この作戦はとてもうまくいった

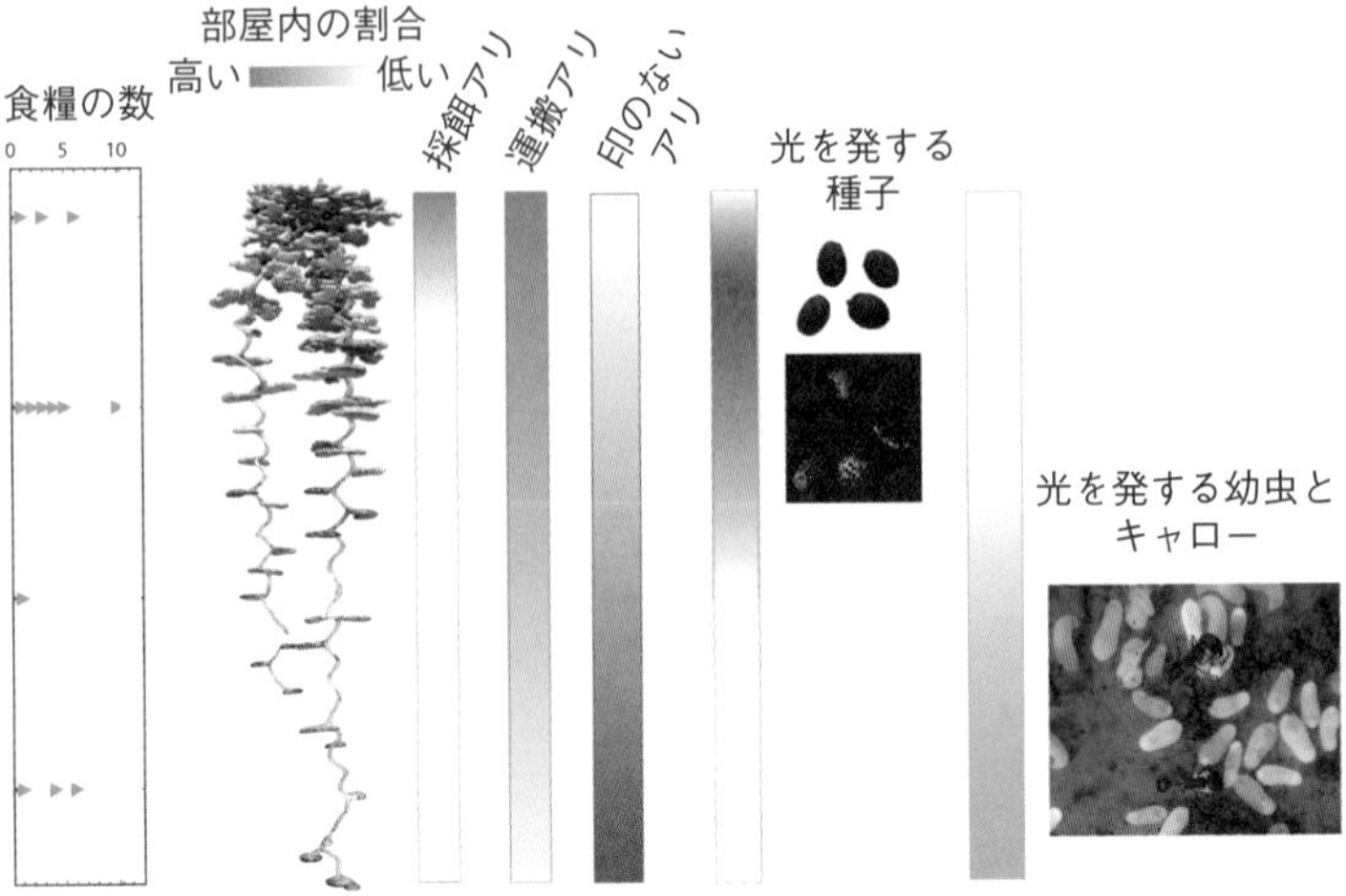

図8・7　採餌アリは巣内の20cmより深い場所にはめったに足を運ばないが、運搬アリは上下かまわず移動し、種子、土、食糧、そしてブルードを移動させる場合もある。中央のコラムは、部屋内での働きアリや内容物の割合を網かけの濃さで表したもの。運搬アリは、印をつけた種子（赤いコラム）と蛍光塗料で染めた食糧（左のグラフ）を速やかに下方へと移動させる。この食糧を食べた幼虫に紫外線を当てると鮮やかな光を発する（緑のコラムとその横の画像）。印をつけられなかった働きアリは、おそらく主に育児に従事しており、それゆえ幼虫と同じ分布だと考えられる。

——印のついた種子が五〇センチメートルの深さで、ミルワームが育児室で見つかったばかりでなく、そのミルワームを食べた多くの幼虫が紫外線を当てるとランタンのように光ったのである（図8・7右）。運搬アリはこの仕事を一〜三時間でやってのけた。巣の内容物をすべて確認したあとは、アイスネストで人工巣を作り、コロニーごとその近くに解放した。アリたちはすぐにその人工巣を見つけ、住処としたので、その後数週間にわたり追跡調査が可能になった。

運搬アリの年齢

いま見た実験結果を説明するには、巣上部にいる採餌アリと、深部にいるブルードとその世話係という、互いに交流のない二つの集団間を行き来する働きアリ（運搬アリ）の集団の存在を仮定するのが、もっとも理にかなっている。ほとんどのアリ種では、採餌アリが最高齢の働きアリである。そして、巣内の位置から推測すれば、運搬アリは採餌アリの次に高齢で、さらに年齢が上がれば採餌アリになっていくものと考えられた。一カ月後に採餌アリを捕まえてみると、思ったとおり、採餌アリの印をつけたアリは消え去っており（つまり死に絶えていて）、運搬アリの印をつけたアリが採餌活動に従事していた。ここからわかるように、若い働きアリの活動範囲はほぼ巣の深部に限定されており、移動性はあまり高くない。だが、年齢が上がるにつれて活動範囲が広がっていき、やがて運搬アリとして活動するようになる。運搬アリは上下に行ったり来たりしながら巣のほとんどの場所に足を運び、最後には最上部の部屋にやってくる。そして最終的に、おそらくゴミや砂を地表に廃棄する仕事を担当しながら、一生の最後の二～三週間で、採餌に必要な技術や能力を身につける。働きアリは巣の深部で生まれ、年齢に応じて上方に移動するため、まるでベルトコンベアのように補充要員が絶えず運ばれてくる。最初は土などを運んで上下し、最後にはコロニーの食糧をさがすために戦場を駆けめぐるのだ。働きアリの役割の変化は、年齢と巣内の位置の両方に関連している。先にも述べたように、この年齢に応じた役割と位置の変化は、超個体という機械の歯車の一つだと言えよう（図8・8）。器官の喩えからは多少外れてしまいそうだが、機能面を見れば、採餌アリは動物の摂食、狩り、採餌活動に、運搬アリは循環系、輸送システムに、育児アリとブルードは有糸分裂成長に対応する。これらの機能はすべて、単独の動物と同様に超個体に必要不可欠なものである。

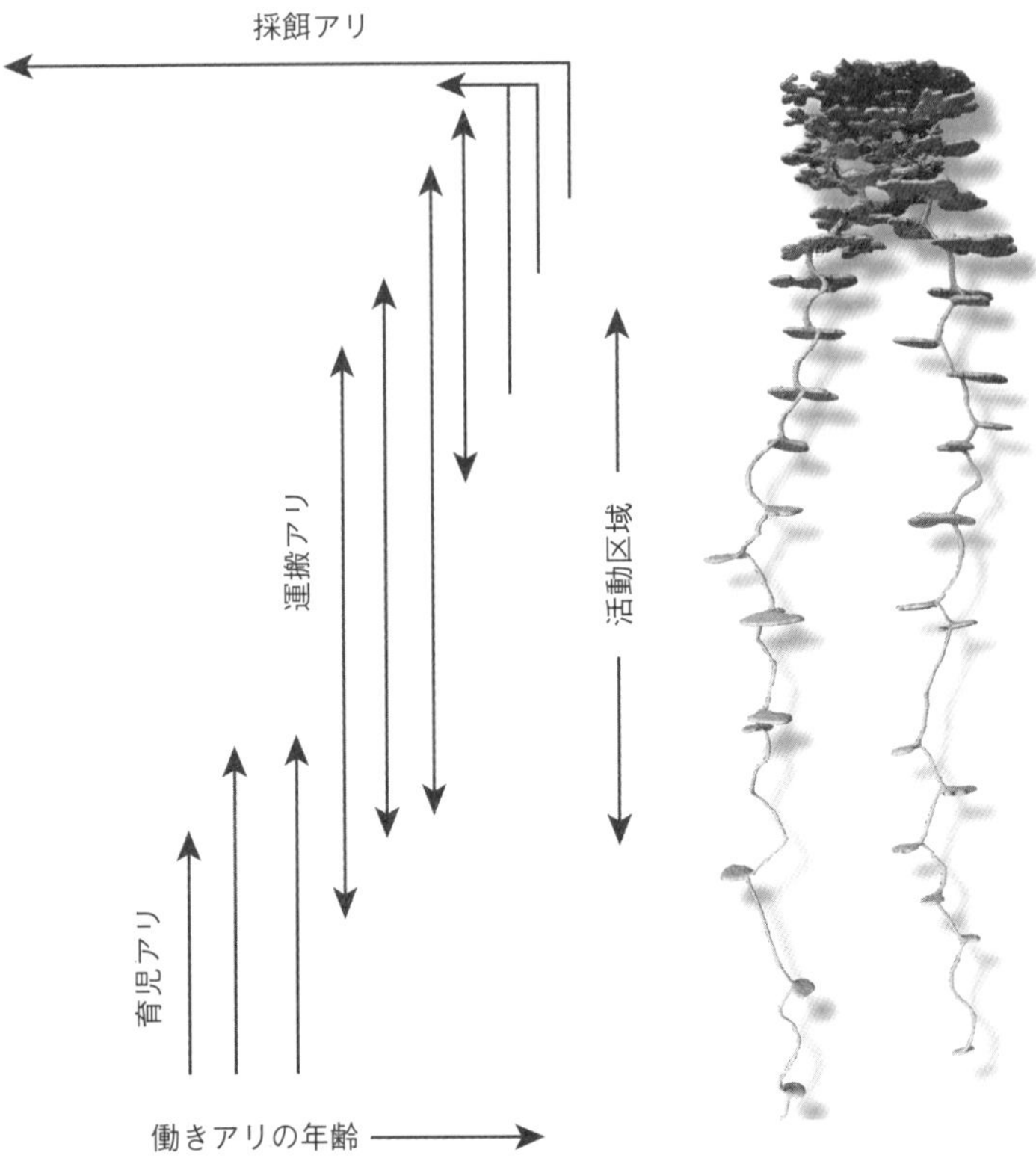

図8・8　年齢増加に伴う位置の上昇と行動の変化。（Tschinkel and Hanley (2017) より）

今後の課題

私たちは今、コロニーを三つの主要な「器官」に分け、それぞれが重要な機能を果たしていると想定してみた。三つの器官とは、食糧を見つけて回収し、縄張りの防衛を行う採餌アリ、巣内でものを運んだり、種子の回収や貯蔵を行う運搬アリ、女王アリや幼虫の世話をする育児アリである。だがこれらの集団はいずれも、ただ一つだけの役割を担っているのではなく、関連する複数の仕事をこなしてコロニーの幅広い要求に応えている。そればかりか、こうした集団内においても、年齢に応じた仕事の移行が起きている可能性がある。たとえば、地表に砂を捨てに出る運搬アリは、他のアリよりも採餌アリになる確率が高いのだ。主要な労働集団における働きアリの行動にどれほどの柔軟性があるのかは、まだわかっていない。しかし、砂、種子、食糧、幼虫などの運搬物や、地表から貯蔵室、貯蔵室から育児室、あるいは巣全体といった運搬アリの「持ち場」については、柔軟に変化すると考えられている。砂担当の運搬アリが徐々に採餌アリへと転職することで、加齢に応じた上方への移動が促され、持ち場の範囲も決まっていくのだろう。運搬アリの柔軟性や持ち場の範囲を検証するにはどのような実験を行うべきかについては、今後の課題となっている。

同じような疑問は育児アリにも当てはまる。育児アリから運搬アリへの移行は、どれほどの柔軟性と可逆性をもっているのだろうか？　採餌アリへの移行が明確な境界をもっていて、不可逆的だからといって、それ以外の移行も必ずそうであるとは言えない。採餌アリが巣内の他のアリとあまり接触しないことには、病気の感染を抑制するという大きな理由がある。また、働きアリが効率的に採餌できる技術を身につけたのであれば、巣内で行われる技術のいらない仕事をこなすよりも、採餌に専念してもらった方がコロニーにとっては価値が高い。需要があるからといってすぐに採餌アリを補充しないことにも理由がある。何らかの原因によって野外で大量の採餌アリが死んでしまった場合、それをすぐに補充するとコロニー全体が大いに消耗してしまう可能性があるのだ。働きアリが十分に年齢を重ねて採餌アリになるまでは、採餌をせずに保管された種子を食べている方がよいからだ。シュウカクアリ属（*Pogonomyrmex*）の西洋種には、巣の入口に陣取ったツノトカゲが働きアリを次々に捕食していくと、採餌をやめてしまうものもある。これについては、コロニーが脅威を「察知して」対応したという説もあるが、それよりもツノトカゲが採餌アリを食べ尽くした可能性の方が高そうだ。

「科学には何かしら魅力的な面がある。事実というものにほんのちょっと投資するだけで、予想という健全な利益を得られるのだ」とはマーク・トウェインの言葉である。この精神に基づき、私もここで一つ予想をしてみたいと思う。働きアリの巣内の位置が上昇していくという傾向がどこまでも続くのなら、採餌アリは年齢が上がるにつれ巣からさらに離れていき、最後には近隣のコロニーの働きアリと遭遇して、争いになって死んでしまうかもしれない。こうした衝突が起こる場所までの巣からの距離がそのコロニーの採餌範囲を決め、その範囲が利用可能な資源量を決め、またそれがコロニーの規模や繁殖活動にフィードバックされることになる。したがって、より多くの採餌アリを擁するコロニーは、自分の巣からより遠い場所で近隣コロニーの採餌アリと遭遇し、ひいては広い採餌範囲をもつことになるだろう。近隣コロニーを囲って外に出られないようにすると、対象コロニーの採餌アリの寿命が延びるのは、こうした境界での争いが原因かもしれない。だが、この仮説を検証するのは他の研究者にお任せすることにしよう。

超個体の寿命

単独の個体と同様、超個体にもそれぞれの平均寿命があり、年齢に応じて死亡率も変化する。単女王制のコロニーでは、ほとんどの場合、女王の寿命がコロニーの寿命である。さまざまな理由から、実験室で観察されたコロニーの寿命はうのみにしてはならないが、悲しいことに、コロニーの寿命を野外で観察した例はほとんど見られない。というのも、野外での寿命を突き止めるには、印をつけたコロニーの誕生から死までを追跡するという、非常に気の長い作業が必要になるからだ。だが、その時間を数年に短縮する方法もある。一つの方法は、個体群が入れ替わる割合、つまり毎年の死亡数と誕生数の割合に基づいたものだ。この二つの数の割合がほぼ同じであれば（すなわち安定した集団であれば）、年間の入れ替わり率の逆数が平均寿命となる。たとえば、毎年一〇パーセントのコロニーが死に、新しいコロニーが補充されるとする。そうすると、平均寿命は〇・一の逆数、すなわち一〇年ということになる。ポスドクのエルドリッジ・アダムスと私は、六年間にわたって一〇〇〇個のヒアリのコロニーを追跡調査したが、その結果、コロニーの入れ替わり率は一三パーセントで、平均寿命は八年であることがわかった。調査期間を短縮するもう一つの洗練された方法は、毎年の死亡数に基づいて、死亡率を算出することだ。調査終了時でも生存している場合は、死亡率に関する情報は得られないため、そこで「打ち切り」となる。この方法からは、時間経過にともなう生存率のプロットも得られる。その種のプロットは、たとえば、性別、年齢、体サイズといった母集団のサブグループについても作成することができる。

この分析のためのデータは、個別に追跡されたフロリダシュウカクアリの四〇〇個のコロニーから得られたものである（第4章参照）。私は六年にわたり、少数の協力者とともに各コロニーを年に四〜七回訪れ、生存しているか、引っ越したか、などを確認した。このとき、一年間活動していないコロニーは死んでいると判断した。また引っ越していれば、コロニーの場所を示すタグを移転先に移した。新しいコロニーが誕生していれば、新しい番号をつけた。私たちは訪問のたびに巣の円盤の直径を計測した。というのも、円盤はアリの個体数と巣の体積の両方に強く相関しており、それを使ってコロニーを規模

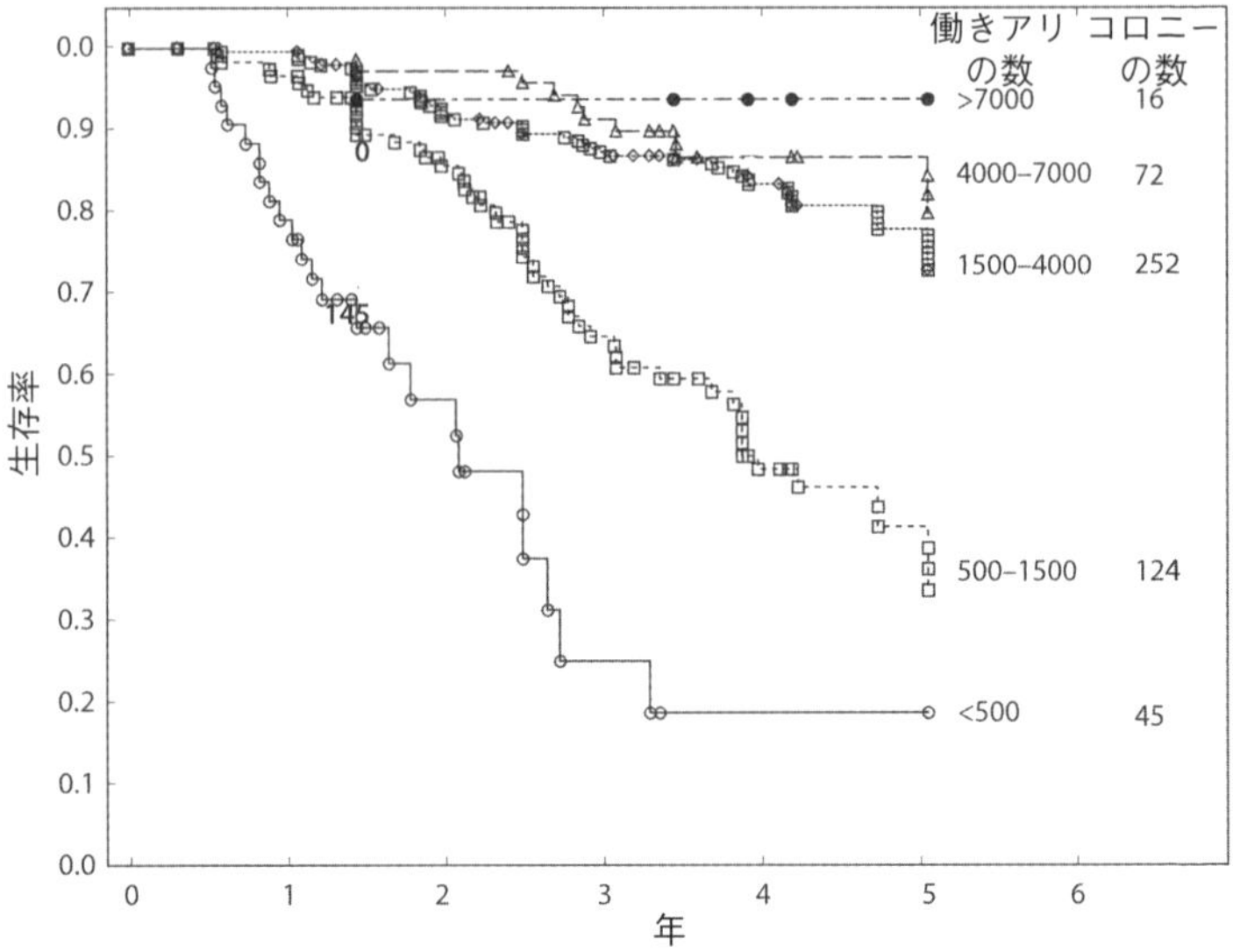

図8・9 生存率はコロニーの規模に大きく依存する。最小規模のコロニーの寿命は約4年、最大規模のコロニーは30年以上になる。分布曲線は、当初の規模が異なるさまざまなコロニーについて、n年後に生存している確率を示す。（Tschinkel (2017b) より）

ごとに分類して、平均死亡率を計算できるからだ。

この調査結果は、できるだけ早く、できるだけ大きく成長することが、コロニーにとってなぜ重要なのかを示している（図8・9）。規模がもっとも小さいコロニーは、一年に二五パーセントが死滅していて、平均寿命は四年だった。中規模のコロニーになると、死亡率は六パーセントまで下がり、平均寿命は一七年に延びた。もっとも大きいコロニーでは、六年後にも九〇パーセント以上が生存しており、平均寿命は三〇年を超えた。興味深いことに、死亡率はコロニーの年齢ではなく規模に大きく依存している。コロニーは年齢に応じて際限なく大きくなるわけではないので、最終的にはある一定の規模に落ちつき、その規模に準じた死亡率になるからだ。このようにコロニーの規模は安全とつながっている。「安全な規模」に到達できないのは、巣を作った場所が貧しい土地だったり近隣コロニーの勢力が強い場合、あるいは、干ばつ、大雨、種子の回収の失敗、好ましくない遺伝子型、間違った交尾相手など、劣悪な環境条件の結果である。近隣のコロニーの規模が大きく、数が多い場合、対象コロニーの寿命は著しく短くなった。

コロニーの寿命が長いことを示す証拠としては、これを書いている二〇一九年の時点で、二〇一〇年に初めて存在を記録した大型コロニーの多くがまだ生存していることが挙げられる。もし私が二〇四〇年になっても生きていて、一〇〇歳でアント・ヘブンを歩き回れるようだったら、私のコロニーのうちのいくつかがまだ生存して、繁栄している姿を目にすることができるかもしれない。それはきっとすばらしい一〇〇歳の誕生日プレゼントになるだろう。

大きいことのもう一つの利点

寿命が長いということは、繁殖の機会も多くなるということである。教え子のクリス・スミスは、コロニー規模と繁殖の関係を明らかにするために、春から夏にかけてフロリダシュウカクアリのコロニーを一九個掘り起こし、個体数調査を行った（私の教え子は穴掘りが主な仕事になることが多い）。スミスが調査で見つけたのは、生殖個体の生産はコロニー規模に正比例している——規模が二倍になれば、生まれる生殖個体も二倍になる——ということだった。この結果は、コロニー規模が大きくなることには、寿命の延長以外にもう一つの利点、つまり子孫を残す確率が高くなるという利点があることを示している。他の条件がすべて同じであれば、娘コロニーを創設（生産）する確率は、生殖個体の年間生産数と寿命を掛け合わせたものになるからだ。適応度（コロニーが一生のうちに生産する生殖個体数）をコロニー規模で比較してみると、働きアリが七〇〇匹ほどのコロニー（生殖個体を生産する最小規模のコロニー）に比べて、働きアリが二〇〇〇匹クラスのコロニーの適応度は四〇倍、四〇〇〇匹クラスだと一五〇倍、六〇〇〇匹以上になると三五〇倍になる。もちろん、実際にはコロニーは成長するため、適応度の差は（なくなりはしないが）次第に縮まっていく。

アント・ヘブンではコロニーが極端に大きくなることはなく、二〇〇〇〜四〇〇〇匹程度の平均的な規模で推移する場合が大半だ。二〇一四年には、四〇あるコロニーのうち、六〇〇〇匹以上の働きアリがいるコロニーは一七しかなかった。それを考えれば、成長のための資源や空間をコロニーが奪い合うことに何の不思議もないのである。

個体と超個体を比較する

本書では、季節によって変化する超個体の代表例としてフロリダシュウカクアリのコロニーを挙げてきた。コロニーは働きアリという労働集団から構成されていて、その労働集団は単独個体の器官に相当する。どちらも主要な生命機能を担い、季節に応じて変化するというわけだ。季節による変化、つまり季節性とは、エネルギーは使い果たす前に獲得しなければならないという、生物の基本的な原則によって生じている。たとえば、こうした原則を満たすのが難しい冬などの時期には、好ましい環境が再び戻ってくるときまで、さまざまな適応によってエネルギーの使用量を減らすことになる。これと同じことは繁殖活動に関しても言える——ある季節は他の季節より繁殖に適しているのである。

こうしたことが念頭にあれば、秋になると、シュウカクアリのコロニーが個体（動物）のように冬眠に似た状態に入る――繁殖活動を停止し、脂肪やタンパク質を蓄え、採餌もやめる――準備をはじめると聞いても、すんなりと理解できることだろう。この準備は、動物であれば生殖腺の退行と行動の変化によって、コロニーであれば女王アリの生殖腺の機能停止と、死んだ採餌アリの補充停止によって行われる。また、冬眠中の動物が代謝を低下させてエネルギーを節約し、体の加齢を遅らせるのに対し、越冬中のコロニーでは、働きアリが夏の働きアリよりもずっとゆっくり歳を取る。働きアリの代謝が低下しているかどうかはわかっていないが、私は低下していると考えている。冬の活動停止期間中、動物はエネルギーとして蓄えていた脂肪を消費し、コロニーは大量の種子と若い働きアリの体に蓄えられた脂肪の両方で生活する。このように、個体レベルと超個体レベルでは、似たような問題に対処する似たような解決策が存在している。

温暖な地域に暮らす動物の多くにとって、春は繁殖にもっとも適した季節である。この時期に集団全体で生殖のタイミングを同期させれば、子供が成長して冬を越すための十分な時間を確保できるからだ。また、春は複数回の繁殖が可能になる季節でもある。春先は食糧が乏しい傾向にあるため、多くの動物は前年に蓄えた代謝物を利用して繁殖を開始する。同じパターンはフロリダシュウカクアリのコロニーにも見られる――コロニーの繁殖を請け負う生殖個体の生産は、採餌に適した季節になる前にはじまり、前年の秋に若い働きアリが体に蓄えた脂肪を燃料として行われる。これらの若い働きアリが痩せて採餌アリになる速度は、働きアリの加齢スケジュールを通じて調整されている。

単独個体が繁殖後に何をするかは、その生活史によって大きく異なる。膨大な時間を費やして子育てをするものもいれば、再度繁殖するものもいるが、いずれにしても膨大なエネルギーを必要とする。またどの場合でも、最終的には冬に備えて繁殖活動を終え、代謝物を蓄えるために食事をしなければならない。フロリダシュウカクアリのコロニーでは、毎年一匹だけ生殖個体（メス）のブルードが誕生し、ほとんどが六月下旬から七月上旬に交尾飛行のために巣を出ていく。したがって、生殖個体がその後もしばらく生きていける体の蓄えを与えた時点で、子育ては終了したことになる。生殖個体が飛び立つ頃には、コロニーは越冬した働きアリの大部分を失っているため、単独個体が繁殖時に体重を減らすのと同じように、コロニー規模も減少する。また繁殖後は、個体の体重もコロニーの規模も次第に回復し、ときには以前より大きくなる場合もある。前者は体が成長することで、後者は早熟型の働きアリを大量に生産することで、それが実現されるのだ。また、多くの個体で体サイズと繁殖能力が正の関係にあるように、アリのコロニーでは、その規模と生殖個体の生産が正の関係にある。どちらの場合でも、大きくなることが適応に有利に働くわけだ。

単独個体とコロニーは、一生のはじまりにおいても似たような規則を共有している。若い動物は自身の成長に多大な投資を行い、体サイズがある閾値を超えて初めて繁殖する。同様に、創設したばかりのアリのコロニーは、働きアリの生産に多大な投資を行い、コロニーを急速に成長させる。そしてコロニーが一定の大きさに達して初めて、コロニーの繁殖を担う生殖個体が生まれる。また両者ともに、最初の繁殖時の年齢が個体群の成長に強く影響する。

本書ではここまで、アリの巣の構造、その種ごとの違い、巣を生み出す労働、営巣の結果としてアリが土壌に与える影響について見てきた。これらのテーマに見られる多様性や複雑性はすべて、数百万年にわたる進化の賜物である。現代のアリとその行動、そして巣の構造は、祖先のアリとその行動に対する自然選択の結果として生まれたのだ。したがって、アリそのものを系統樹——血縁度や枝分かれの時期を示すもの——に並べることができるように、アリの巣の構造もまた、同様の系統樹にまとめられるのではないかと考えるのは、ごく自然な発想だと言えよう。巣の系統樹は、アリそのものの系統樹に歩調を合わせたものなのだろうか？　それとも、巣を掘るという行動は変わりやすくて、その種の並列性は見られないのだろうか？　次章では、そうした巣の構造の系統樹について実際に考えてみたい。それによって、多くのことは望めないにしても、現代の巣の構造の多様性につながった、営巣行動の変化に光を当てることができるかもしれない。

第9章　巣の構造を進化から考える

アリの巣の始祖

現代に生きるすべてのアリにある一つの祖先がいたとすれば、その生き物が掘っていた巣は、現代に見つかるすべてのアリの巣の「始祖」と言えるだろう。では、そのアリの巣の始祖とは、いったいどんなものだったのだろうか？　知られている限り、そのようなアリの祖先の化石も、その祖先が掘った巣の化石も、どちらも見つかっていない。したがって、当時のアリの巣の姿を知りたければ、比較形態学を通じて、間接的な証拠と推論を用いて復元するほか道はない。つまり、現代に見つかる多様な巣の構造を出発点に時間をさかのぼり、祖先の巣がどういうものだったかを進化論的に推論するわけだ。ここで重要になるのが「相同性」の原理、つまり共通の祖先の構造から派生、進化した構造は特定することができるという考え方だ。ある構造が共通の祖先から生じているとき、その構造は相同性をもつ、あるいは相同であると言う。相同といっても、現代の構造が祖先の巣の構造と同じ機能をもつ必要や、あるいは見かけが似ている必要はない。ただ共通の祖先にさかのぼることができればよいのだ。たとえば、今日見られる昆虫の翅《はね》は、機能や見かけがどれほど違っていたとしても、すべて相同性をもっている。昆虫の祖先は、似通った二対の翅をもっていたと考えられる。このことは、太古の昆虫の化石からもわかるし、現代の昆虫のほぼすべてが二対の翅という構造をもっていることからも裏づけられる。現代の昆虫には、よく似た二対の翅をもつ（祖先とあまり変わらない）もののもいれば、一方の対が大きく変化したものもいる。後者の例としては、たとえば、一対が硬い上翅（飛行ではなく体の保護のための機能）に変わった甲虫、小さな平衡器官（平均棍《こん》）へと変化したハエ、完全に消失してしまったノミなどが挙げられるだろう。

こうした比較形態学の原理は、生物の体ばかりでなく、行動や社会構造など他の生物学的対象にも適用することができる。もちろん、本書のテーマであるアリの巣の構造（より正確に言えば、そうした構造を生み出すアリの営巣行動）も例外ではない。アリの直近の祖先は地中に巣を作る単独性のカリバチで、おそらくその巣は小さく、母カリバチが産み落とした子供だけが使うものだったはずである。ここから、アリの祖先の巣と社会もまた規模の小さいものだったと推定される。また、現代のアリの巣に見られる坑道は、垂直（あるいはほぼ垂直）のものがほとんどであることから、祖先のアリの巣にも垂直の坑道が使われていたと考えられる。同様に、現代のアリの巣は一つ以上の部屋をもっているのが普通なので、部屋の存在もまた原始的な特徴と言えそうだ。まとめると、祖先のアリが作っていたのは、一五～二〇センチメートルほどの垂直の坑道と少数の部屋をもった小さい巣ということになる（図9・1）。この推論が重要なのは、現代のアリの巣がその推論による祖先の巣からいかに進化してきたのかという視点が得られる点にある。その視点によって、私たちは巣の構造に見られる進化的な傾向を突き止めることができるのだ。

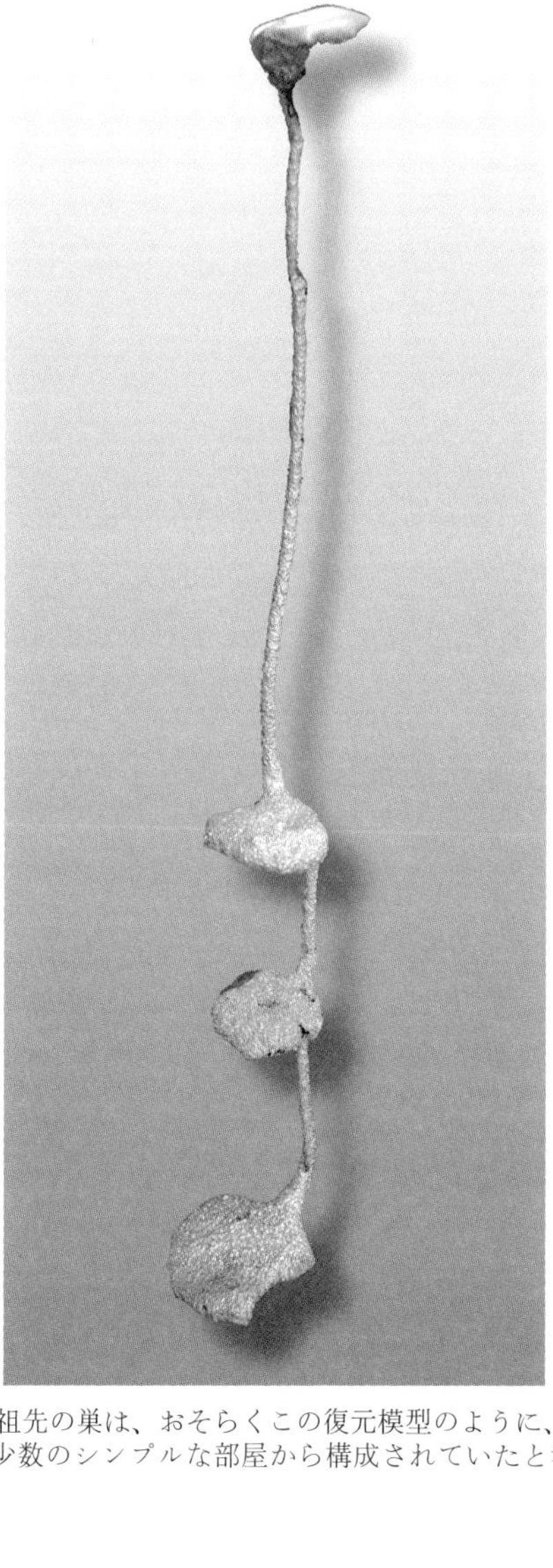

図9・1 アリの祖先の巣は、おそらくこの復元模型のように、1本の坑道と横向きに広がった少数のシンプルな部屋から構成されていたと考えられる。（画像：著者）

巣の構造はいかに変化してきたか？

アリがその社会をより大きく複雑なものへと進化させていくうちに、巣の部屋と坑道もその大きさと複雑さを変えていくことになった。ここで特に注目すべきなのは、アリの社会と巣の双方に見られるモジュラー的性質であり、そのおかげで巣の拡張はとてもスムーズに行われるようになった。コロニーが大きくなるほど進化面で有利なのか？　よし、それならばモジュール（働きアリ）を追加してみよう。大きくなったコロニーは巣も大きいサイズを必要とするのか？　よし、それならばモジュール（部屋や坑道）を追加してみよう、というわけだ。こうした原理が存在することは、アレハダキノコアリ（*Trachymyrmex septentrionalis*）の単純な巣（図7・7参照）と、カリビアンハキリアリ（*Atta laevigata*）の巨大な巣（図9・2）を比べてみれば一目瞭然だろう。後者の巣は、前者の巣に見られるモジュールを追加することで進化し、数百万の働きアリを収容できるまでになっている。このように、コロニーと巣はどちらも基本的な構成要素をモジュール化し、ほぼ制限なく自身を拡張できるようになった。この原理は、多くのアリ種、とりわけ非常に大きなコロニーを形成する種に見られる一方で、植物の進化においても同様の原理が機能している――低木はモジュール（葉と幹）を増やすことで大きな樹木に進化したのだ。

巣はモジュールの追加ばかりでなく、モジュールの変更によっても成長する。そのためコロニーは、部屋や坑道の構造、相対的サイズ、坑道と部屋の位置関係など、多くの細部で祖先とは異なる大きな巣を作るようになった。こうしたモジュールの「仕様変更」の多くは互いに独立していると考えられ、そ

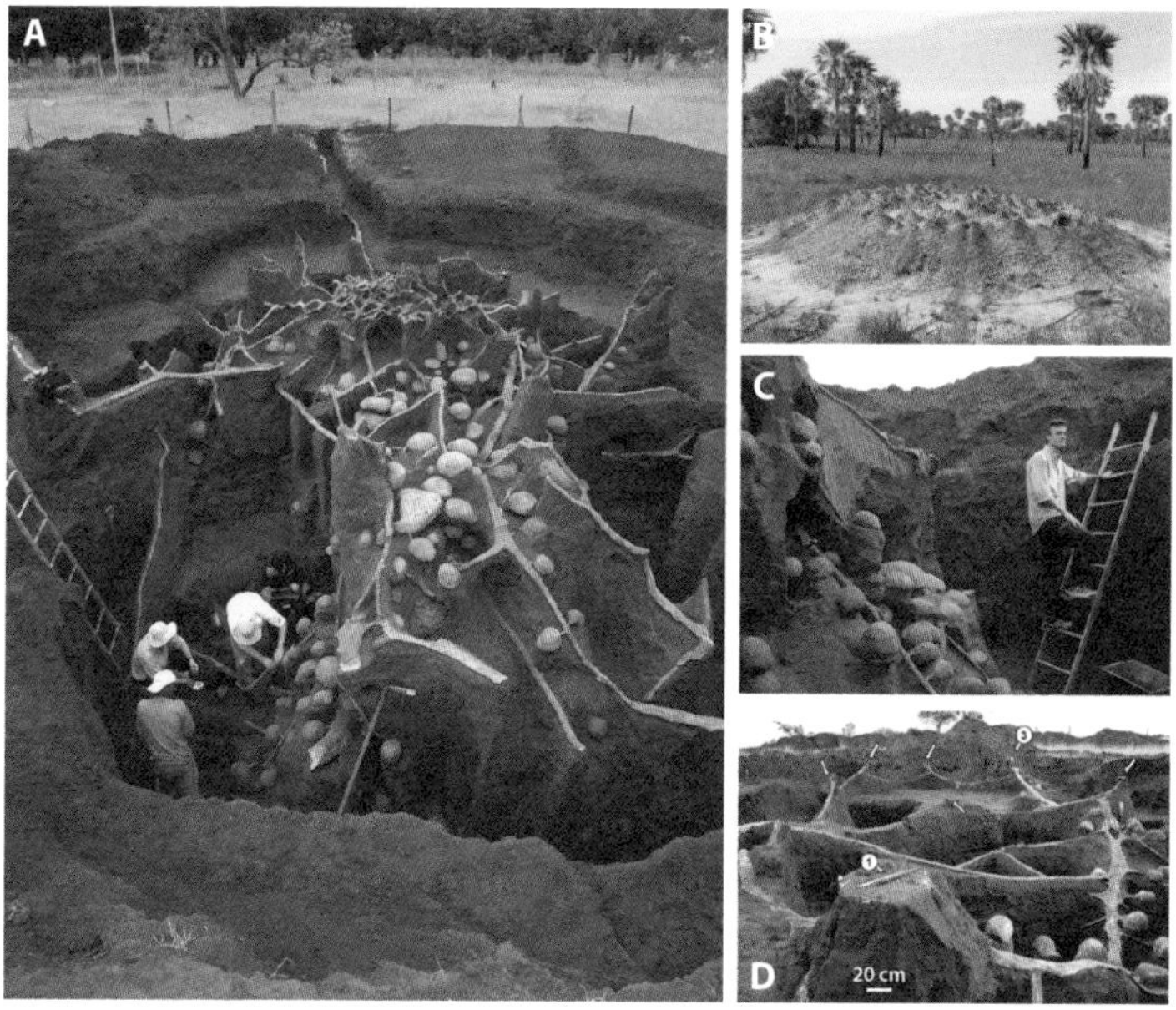

図9・2　ハキリアリの巨大な巣は、モジュール（部屋と坑道）を追加することで拡大する巣の好例である。A：ルイス・フォルティとフラビオ・ロセスらによってブラジルのボトゥカトゥで掘り出された、カリビアンハキリアリ（*Atta laevigata*）の巣のセメント製の注入模型。（画像：Wolfgang Thaler）。B：アルゼンチンのフォルモーサにあるチャコハキリアリ（*Atta vollenweideri*）の蟻塚。アリが巣内の換気のために作った、風を受ける複数の小塔がはっきりと見える。（画像：Christoph Kleineidam）。C：カリビアンハキリアリの巣の掘り起こしの様子。人物（フラビオ・ロセス）との対比から巣の大きさがわかる。D：ルイス・フォルティによるカピバラハキリアリ（*Atta capiguara*）の注入模型と掘り起こしの様子。菌類の栽培室の間隔が広く、それをつなげ、採餌にも用いるトンネルが長いことに注目。

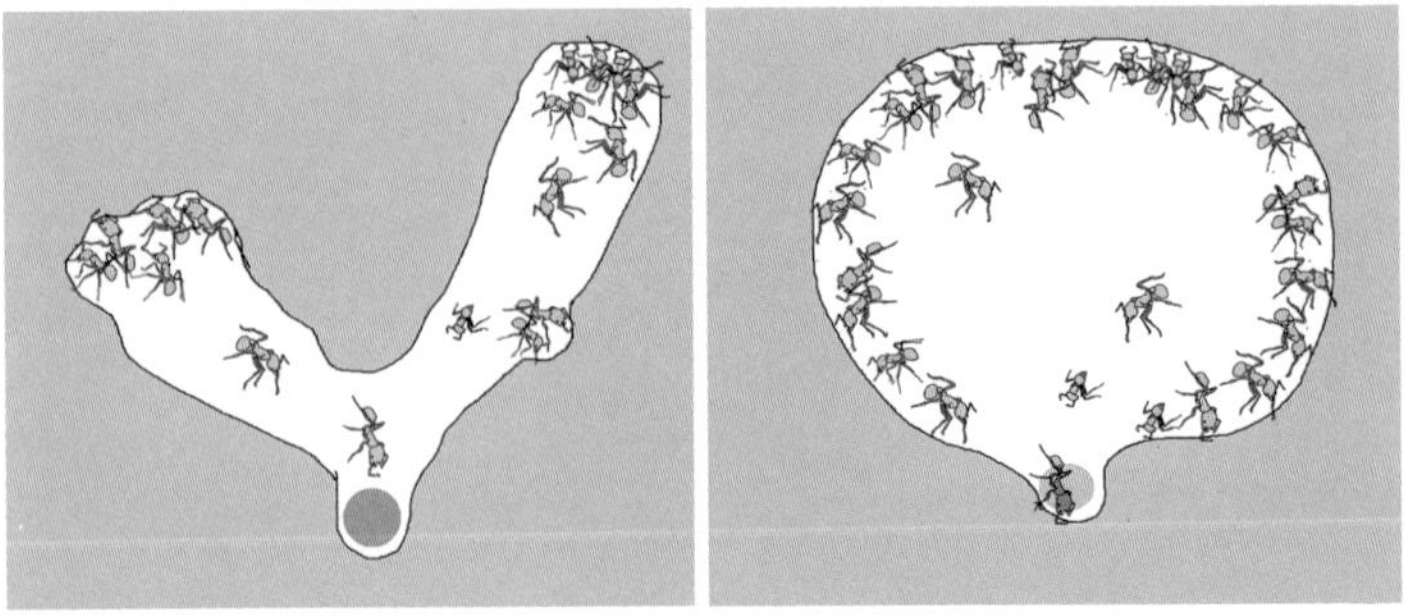

図9・3 作業する働きアリの分布が変わることで部屋の形も変化していく。

れをさまざまに組み合わせることで、私たちが今日見るような多彩な巣の構造が生まれている。

先述したとおり、アリの祖先の巣では部屋は小さかったと推論される。また、部屋は坑道のどちらかの側に作られていたと考えられるが、その理由は、そうした配置が現代のアリの巣でももっとも頻繁に見られるものだからだ。現代のアリの巣で見つかるさまざまな部屋の形状から判断するに、祖先の小さな部屋は、いくつかある労働力の特徴的な配分パターン——実際の作業現場（採掘面）に働きアリをいかに割り当てるかを決定するもの——を通じて、進化の過程で拡大してきたと考えられる。部屋とは、その巣で行われた労働の「歴史」を記録した一種の化石のようなもので、長い部屋、狭い部屋、切れ込みの深い部屋、枝分かれした部屋、丸い部屋、楕円の部屋は、それぞれ異なる歴史をもっているという見方ができる。アリの巣の部屋は、坑道との接続部から水平方向に拡張される。これはつまり、働きアリが部屋に入り、距離の長短はあるがともかく壁まで歩き、それから作業を開始することを意味している。このとき、作業をする働きアリが採掘面に対してどのような配置につくかで、その部屋が放射状に広がるか、葉のような浅裂状に広がるか、あるいは狭くなるか、広くなるかが決まる

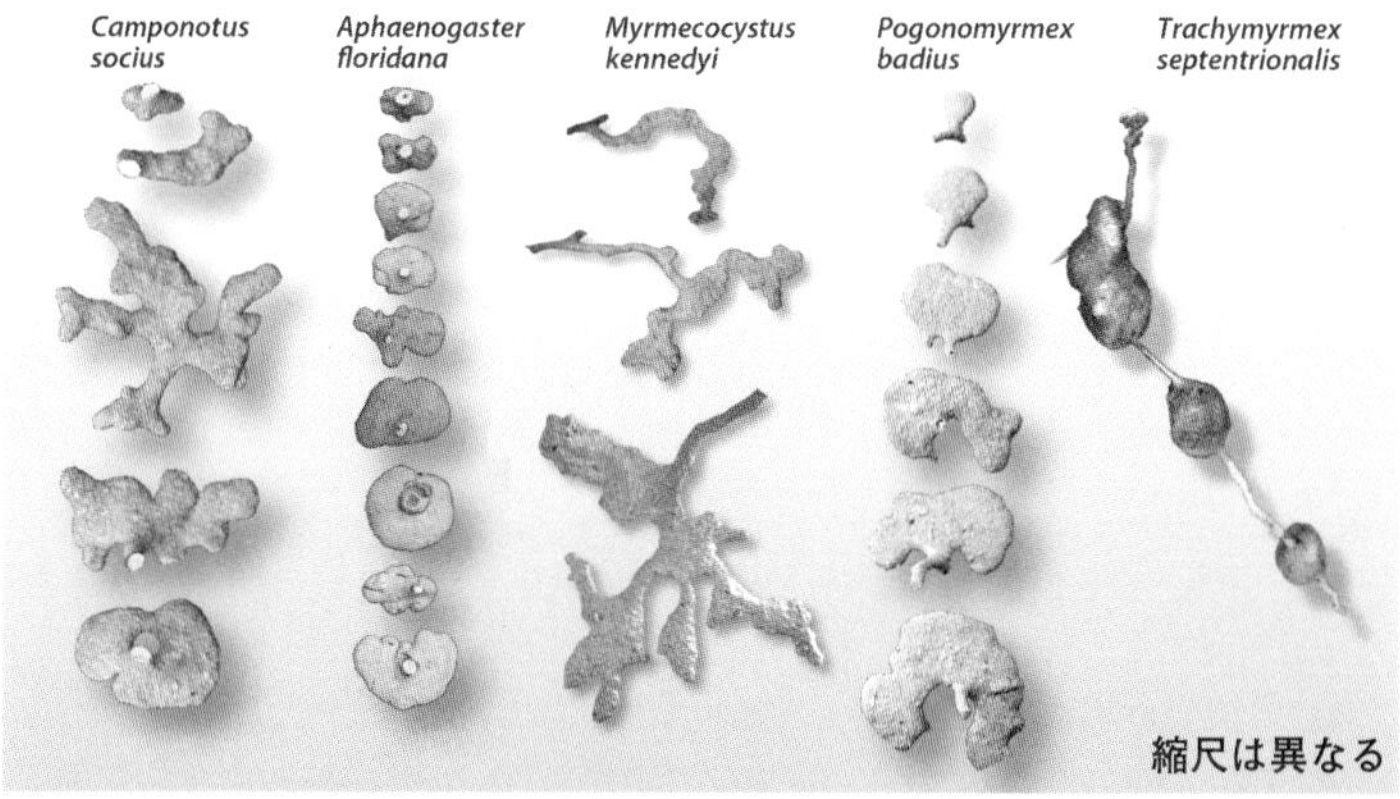

図9・4　サキュウオオアリ（*C. socius*）、フロリダアシナガアリ（*A. floridana*）、ケネディミツツボアリ（*M. kennedyi*）、フロリダシュウカクアリ（*P. badius*）、アレハダキノコアリ（*T. septentrionalis*）の部屋。多くの場合、部屋は拡張されるにつれて形を変える。その変化は種によって異なるが、同じ種でも深さによって形が変わるケースも見られる。（画像：著者／Tschinkel (2015a) より）

（図9・3、図9・4）。また、一部の熱狂的な働きアリが新しい場所を掘りはじめると、浅裂状の部屋の切れ込みが深くなり、枝分かれした部屋へと形を変えていく。部屋を掘る方向が二次元ではなく三次元になると、部屋は卵型になり、アレハダキノコアリの真珠に糸を通したような巣が出来上がる（図9・4）。ハキリアリ類（*Atta* spp.）の巨大なコロニーには、こうした卵型の部屋が数百個も見られ、傾斜した坑道や、垂直の坑道で互いに連結されている（図9・2参照）。

特定の箇所に労働力の集中が起きるのは、作業中の働きアリと新たにやってきた働きアリの間に生じる引力、言い換えれば、「何かが起きている場所にいたい」という一種の願望が原因かもしれない。あるいは、坑道が斜めに接続されているために部屋の向こう側の壁へと働きアリが流れていき、その結果、涙型の部屋が作られるといったような、何らかの幾何学的配置が原因だとも考えられる。円形の大きな部屋は比較的珍しい。というのも、そうした部屋が作られるには、部屋の外周に働きアリが均等に分散する必要があるからだ。したがって円形の部屋は、垂直な坑道が天井の中央につながっているときに生じやすい。その場合であれば、働きアリは、仕事に取りかかる前に、どの半径方向にも均等に向かうことができるのである（図9・4参照）。

多くの種では、地表のすぐ下にある最上部の部屋は、横方向に延びる複数のトンネルで形成されているという点で、深い領域にある部屋と異なった基本構造をもっていると言える（ここでトンネルとは、鉱山労働者の言う「横坑」、つまり水平方向の坑道のことを指す）。最上部の部屋は、既存の部屋の壁を外側に広げていくのでも、トンネルの幅を大きく拡張するのでもなく、主にトンネルの先端部だけを掘り進めていくことで形成される。独立心の強い働きアリが時折現れて、横道を掘りはじめることもあるが、そのトンネルもまた前方向にのみ掘り進められる。こうしたトンネルは直線ばかりではなく、また、ところどころ枝分かれもしている。よって、結果として出来上がるのは、分岐と合流を繰り返すトンネルが織りなす複雑な構造、あるいは星のような形をした部屋になる（図9・5）。一般的に、こうした構造は巣の最上部にしか見られない——深い領域にある部屋は複雑さを失い、いくつかの例外はあるにせよ「平凡な」形へと収斂《しゅうれん》するのである。このことは、トンネルと部屋はどちらも水平方向の構造ではあるものの、坑道と部屋のように異なる行動プログラムによって生み出されているのではないか、という疑問を呼び起こす。もしかすると、トンネルは水平方向へと延びる坑道であって、深さによって表現を変えているだけなのかもしれない。あるいは、狭い部屋にすぎないのかもしれない。この問題は未解決だが、いつの日か野心的で想像力豊かな学生が答えを見つけたとしたら、その学生には立派な博士号が

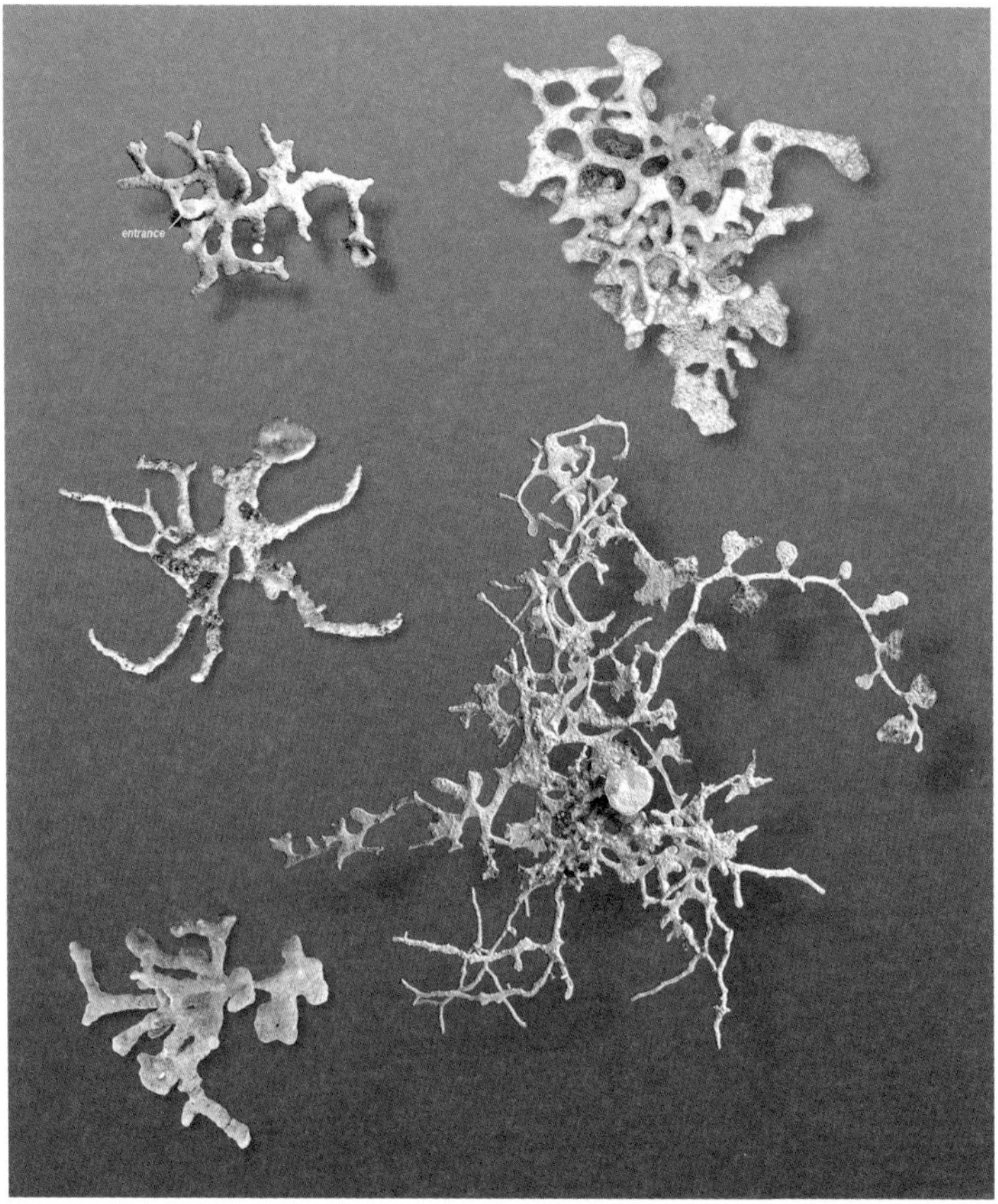

図9・5　地表すぐ下の部屋。深い領域にある部屋とは形やサイズが異なっていることが多い。上段：フロリダシュウカクアリ（*Pogonomyrmex badius*）の小型の部屋（左）とかなり大型の部屋（右）。中段左：ナバホミツツボアリ（*Myrmecocystus navajo*）。中段右：カリフォルニアシュウカクアリ（*Pogonomyrmex californicus*）。下段：ビューレンクビレアリ（*Dorymyrmex bureni*）。各部屋の縮尺は異なる。（画像：著者／ Tschinkel (2015a) より）

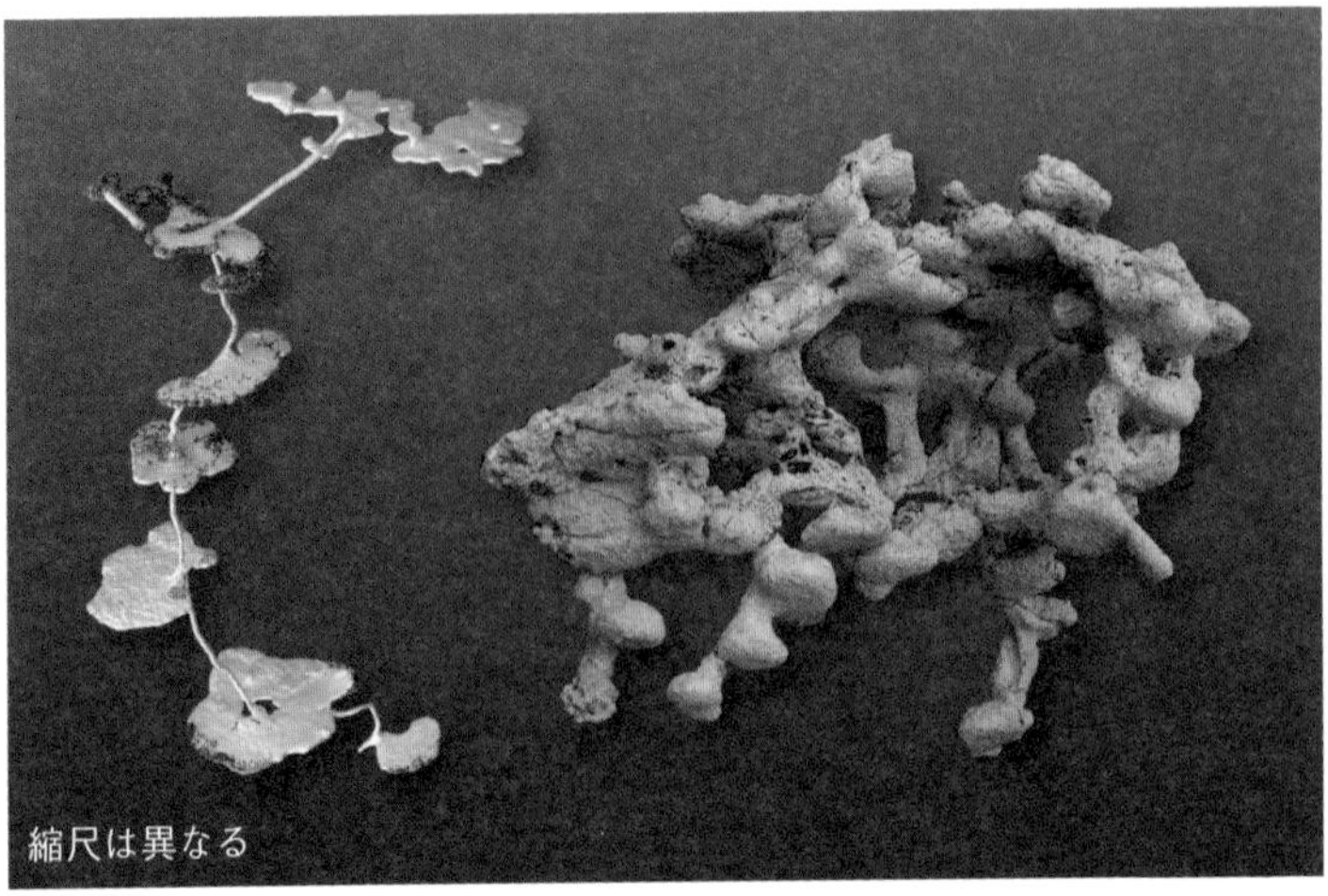

図9・6　巣によって部屋の高さと面積の比はさまざまに異なる。左はアゴヒゲオオズアリの薄い部屋で、単位高さあたりの面積は非常に大きい。右はコウカツヤマアリのずんぐりした部屋で、単位高さあたりの面積は小さい。（画像：著者）

授与されることだろう。

部屋の天井の高さは、必然的にアリの体サイズに沿ったものになる。だが、自由度もかなり高く、部屋の高さと面積の比も種によってさまざまだ。たとえば、フロリダシュウカクアリ（*Pogonomyrmex badius*）の働きアリの体重はフロリダアシナガアリ（*Aphaenogaster floridana*）の体重の四〜八倍あり、部屋の面積もずっと広いが、天井の高さはどちらも一センチメートルほどである。したがって、フロリダシュウカクアリの部屋の方が高さに対する面積の比がずっと高いことになる。また、コウカツヤマアリ（*Formica dolosa*）の大きな働きアリが作る部屋は、天井が高く全体的にゴロっとしている（図9・6右）。実用的だがあまり見栄えのしないこの部屋では、見てわかるとおり、高さに対する面積の比は低くなる。一方、小さなアゴヒゲオオズアリ（*Pheidole barbata*）が砂漠に作る、

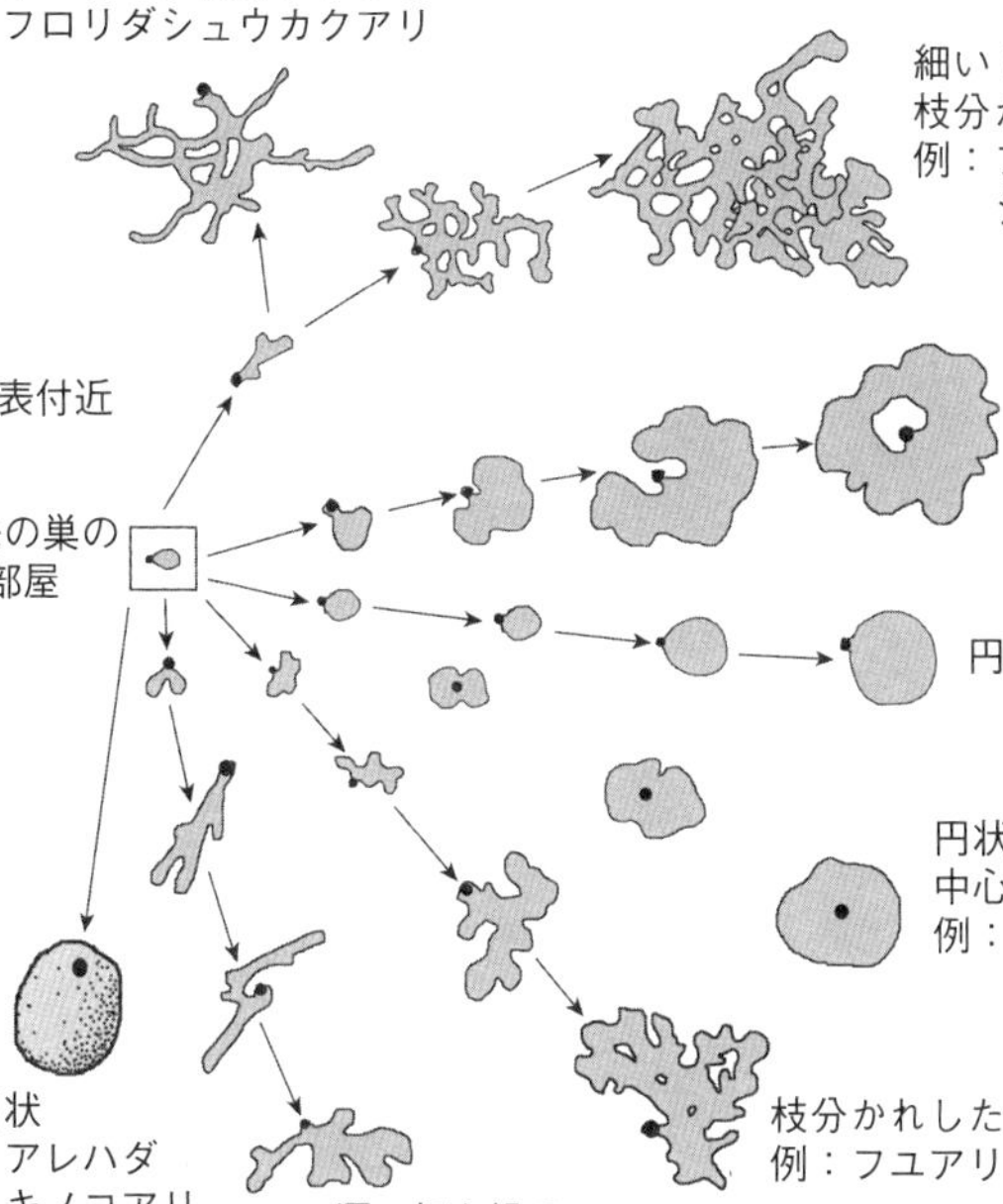

図9・7 掘り方の変化は、進化の過程を経て部屋の形状の違いにつながり、多彩な部屋をもつ現代のアリの巣を生み出した。

床が完璧に水平な部屋は、面積は広いが高さはわずか二〜三ミリメートルしかなく、高さに対する面積の比は非常に高い（図9・6左）。

本章ではここまで、部屋の形状とサイズが祖先の巣からいかに変化してきたかを示す例と、そこから示唆される変化のメカニズムについて見てきた。その知識を用いて作ったのが、図9・7の部屋の進化の模式図だ。ここで再び念を押しておくが、進化したのは部屋ではなく、働きアリの営巣行動を制御するプログラムである。そうした営巣行動の変化から、模式図に示したさまざまな形の部屋がどう生まれたかを理解するのは、さほど難しいことではないだろう。なお床の水平性については、おそらく実際的な理由から、坑道の垂直性と同じく、祖先の巣からほとんど変化せずに残った特徴のように思われる。アリもまた、人間と同様、重力には敏感に反応するからだ。

坑道に対して部屋をどのような間隔で配置するかは、祖先の巣から大きく変化してきた要素の一つだ。部屋の形状がそうだったように、部屋の配置パターンもまた、現代のアリの巣に見つかるさまざまなバリエーションから推定される（ただし、そのバリエーションが規則的な進化に従って生じたとは必ずしも言えない）。部屋の配置は変化に富んでおり、間隔が近いもの、遠いもの、不規則なもの、深さによって変わるものなどがある。図9・8に示したのは、極端に間隔が近いコウタクヒメアリ（*Monomorium viridum*）、極端に間隔が遠いコブクビレアリ（*Dorymyrmex bossutus*）、巣が深くなるにつれて間隔が広がっていくフロリダシュウカクアリの例である。

巣の変化の傾向のなかには、非常に強力で、明らかに何度も繰り返し生じたと考えられるものもある。その一つが、地表近くに部屋面積が比較的集中するという傾向だ。これは、地表のすぐ下に大きな部屋を作ること（図9・5参照）と、部屋の間隔が近いこと（図9・8参照）に起因する傾向で、必然的に深い領域の部屋間隔は相対的に広くなる。深い領域の部屋間隔が、浅い領域の間隔より狭くなることはまれである。部屋の間隔が非常に規則正しい種もあるが（たとえば図9・8のクビレアリ）、一般的とまでは言えない。

縦方向の坑道は垂直か、それに準じるものが圧倒的に多いが、一貫して斜めの坑道を作る種もいる（図9・9）。また、巣上部では斜めだが、一定の深さを越えると垂直になる種も多い。そうした巣は、

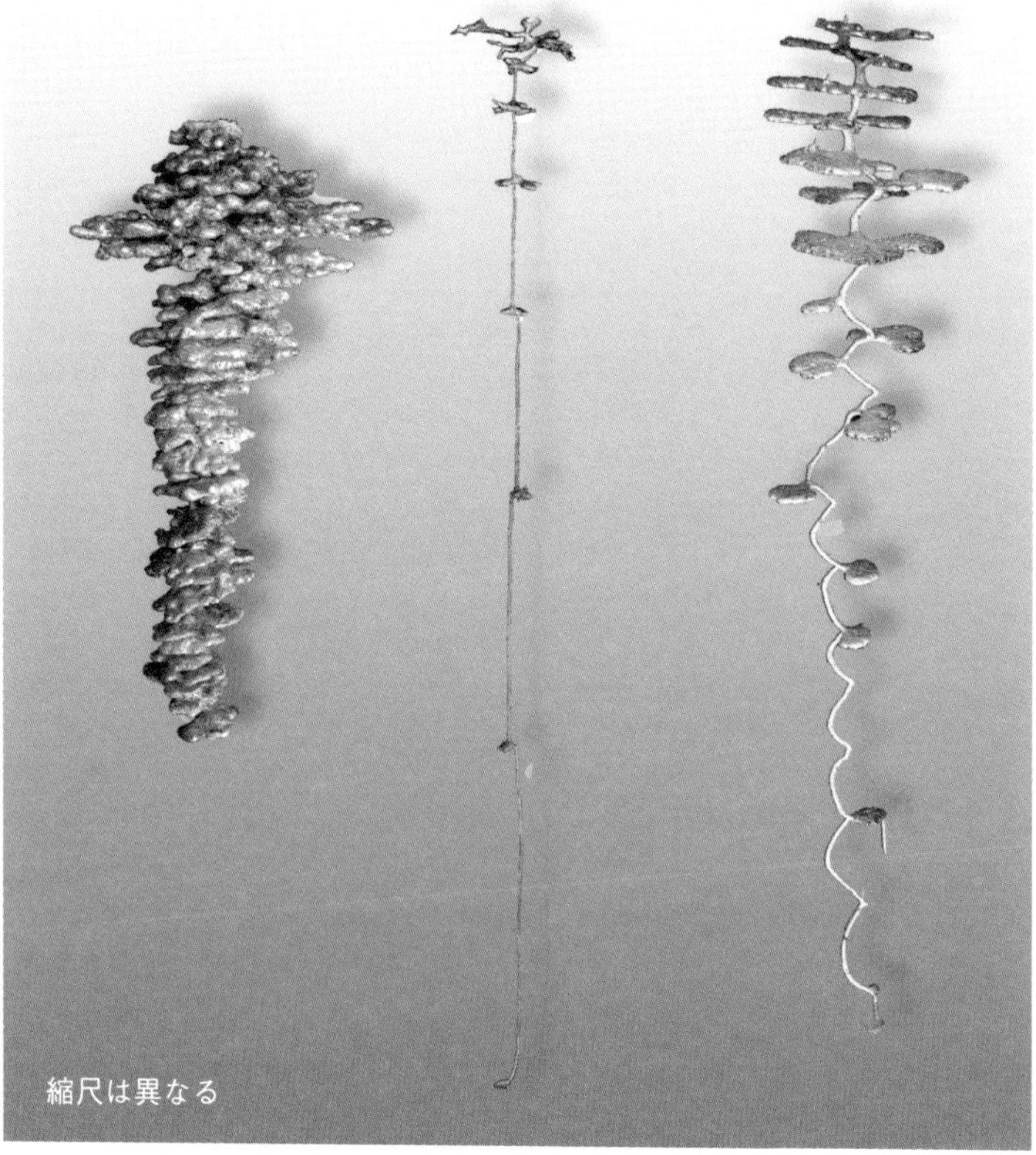

図9・8 部屋の間隔は巣によってさまざまに異なっている。左のコウタクヒメアリ（*Monomorium viridum*）は間隔が極端に狭く、中央のコブクビレアリ（*Dorymyrmex bossutus*）は非常に広い。右のフロリダシュウカクアリ（*Pogonomyrmex badius*）では、巣が深くなるにつれて間隔が広がっていく。（画像：著者／Tschinkel (2015a) より）

砂漠に暮らす種によく見られる印象があるが、そう断言するには私のサンプル数は少なすぎるだろう。特徴的な螺旋状の坑道は、これまでのところ、第4章で見たフロリダシュウカクアリの巣にしか見つかっていない（図2・2、図4・10参照）。それ以外では、枝分かれを繰り返す坑道と、それぞれの枝道に配置された部屋をもつ種も確認されている。このような枝分かれによる巣の拡張は、「シシケバブ型」ユニット――坑道と部屋が肉を串で刺したような形状をしているユニット――を丸ごと追加する拡張方法とは若干異なっている。シシケバブ型ユニットは、一部の種にとって巣の主な拡張手段である。たとえば、ヒアリ（*Solenopsis invicta*）やアカカミアリ（*Solenopsis geminata*）では、このユニットが密接に組み合わさって融合した部屋が生まれる。一方、モリスオオズアリ（*Pheidole morrisi*）やフロリダシュウカクアリでは、そうしたユニットはそれぞれ独立している（図9・10）。巣の中に短いシシケバブ型ユニットが見つかる場合もあるが、それはそのユニットがあとから付け加えられたもので、しかも掘削作業中であることを示唆している。またモリスオオズアリでは、坑道だけで部屋をもたないユニットが見つかるケースもあり、同じ現象はフロリダシュウカクアリでも時折観察される。複数のユニットが融合する前の状態（と思われるもの）は、オーストラリアニクアリ（*Iridomyrmex purpureus*）の巨大な巣で見ることができる。このアリは、シシケバブ型の独立した巣を密集させて巨大なクラスターを形成する。それぞれの巣には専用の入口があり、隣接する巣と地下でつながっていることはほとんどない（図9・11）。シシケバブ型ユニットの間隔が狭まる進化が起こったとしたら、徐々にヒアリの巣のような構造に近づいていくことだろう。ここでもまた、モジュールの増殖が進化を支える基本的なプロセスとなる。

最後に挙げる巣の構造の変化は、部屋の消失である。図9・12のユウレイアメイロアリ（*Nylanderia*

図9・9　大多数の種では坑道はほぼ垂直だが、カリフォルニア州アンザ・ボレゴ砂漠に生息するサバククロシュウカクアリ（*Veromessor pergandei*）のように、坑道が常に斜めになっている種もある。（画像：著者／Tschinkel (2015a) より）

phantasma）の巣からわかるように、部屋が消えたあとに残されるのは、ところどころ不明瞭に幅を広げた坑道だけだ（ただし、地表近くの部屋が保存される場合もある）。この変化が極度に進み、枝分かれも生じるようになると、同じ図に示したムカシキノコアリ（*Cyphomyrmex rimosus*）やシンリンオオズアリ（*Pheidole dentigula*）の巣のように、坑道が無計画に張り巡らされた無秩序な巣が出現する。「混沌」という言葉がこれほど似合う巣は他にないだろう。最後に、マリーナミカタアリ（*Dolichoderus mariae*）の働きアリは、草の下の砂をすべて掘り出して根を露出させ、その根にしがみつく。このアリの巣は、住処というよりは塹壕を思い出させるものである（図9・13）。

こうした傾向と並行して、働きアリの体のサイズもまた巣の進化に影響を与えてきた。働きアリの体サイズは種によって何倍もの違いがあるが、そうした違いがあることは、コロニーの規模とは

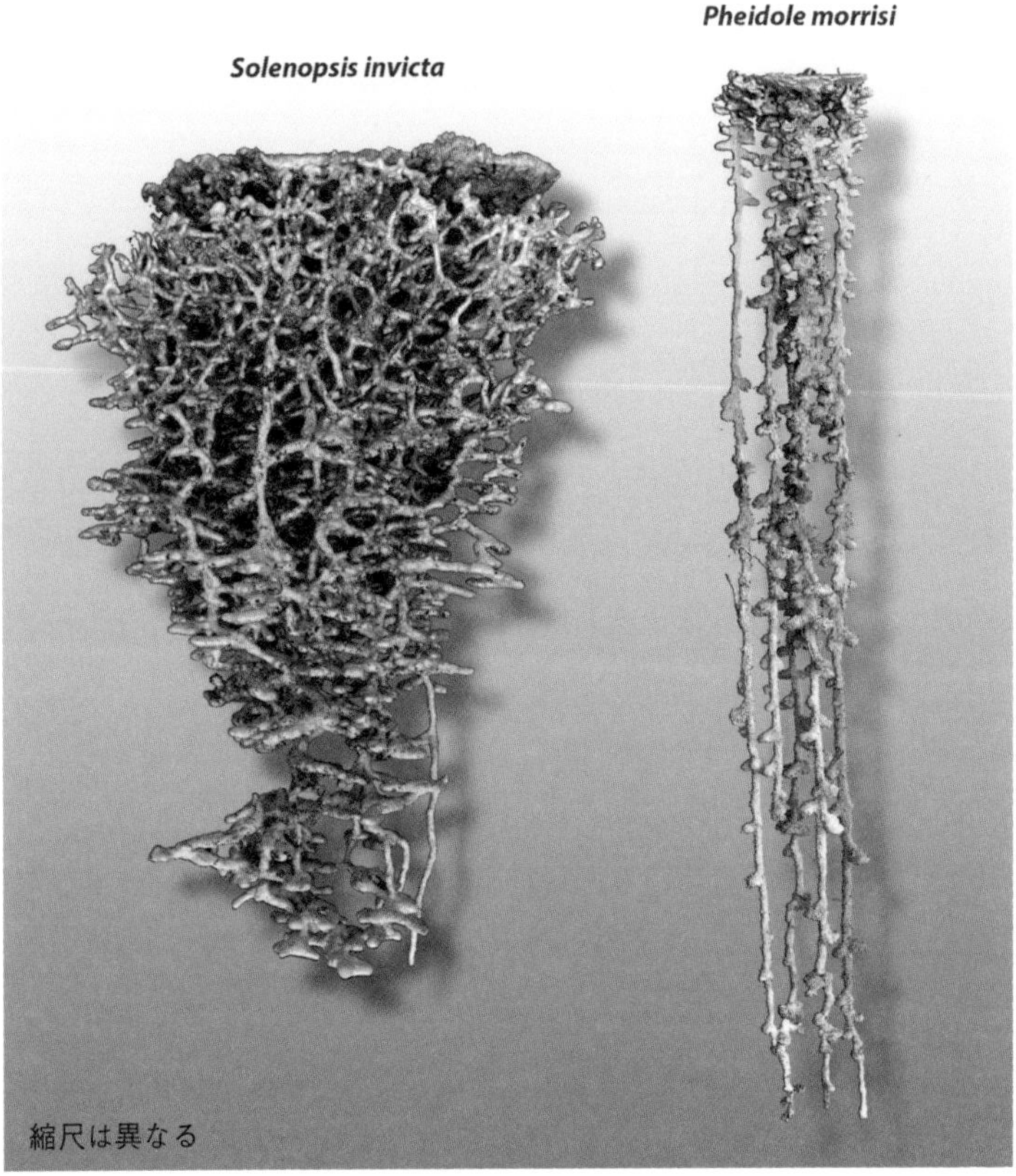

図9・10 左のヒアリ（*Solenopsis invicta*）や右のモリスオオズアリ（*Pheidole morrisi*）のように、「シシケバブ型」ユニットを新しく追加して巣を拡張する種は珍しくない。（画像：著者／ Tschinkel (2015a) より）

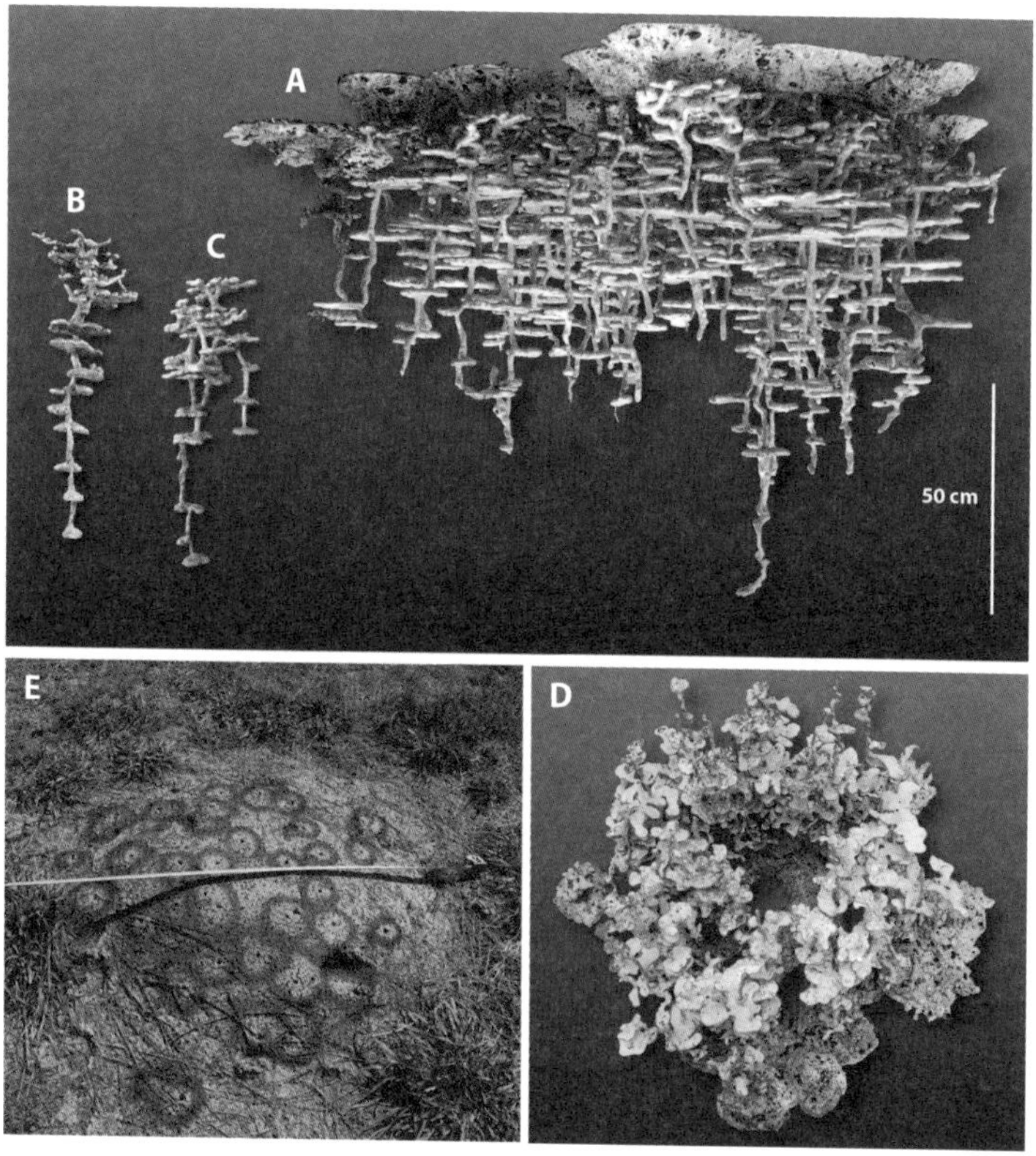

図9・11　オーストラリアニクアリ（*Iridomyrmex purpureus*）は比較的シンプルな巣の集合体を形成するが、それらの巣が地下でつながっていることは滅多にない。A：隣り合う数十の巣を1つの模型にしたもの。もっとも長い坑道は1m 以上にもなるが、模型では再現できなかった部分も多い。上部の円錐形構造は、模型を一体化させるための人工物。B と C：単一のユニットの例。D：下から見た模型。E：流し込み前の地表の様子。丸で囲ったところはすべて巣の入口である。（画像：Australian Ant Art および Christopher and Stephen East が所有するものを Walter R. Tschinkel が加工した）

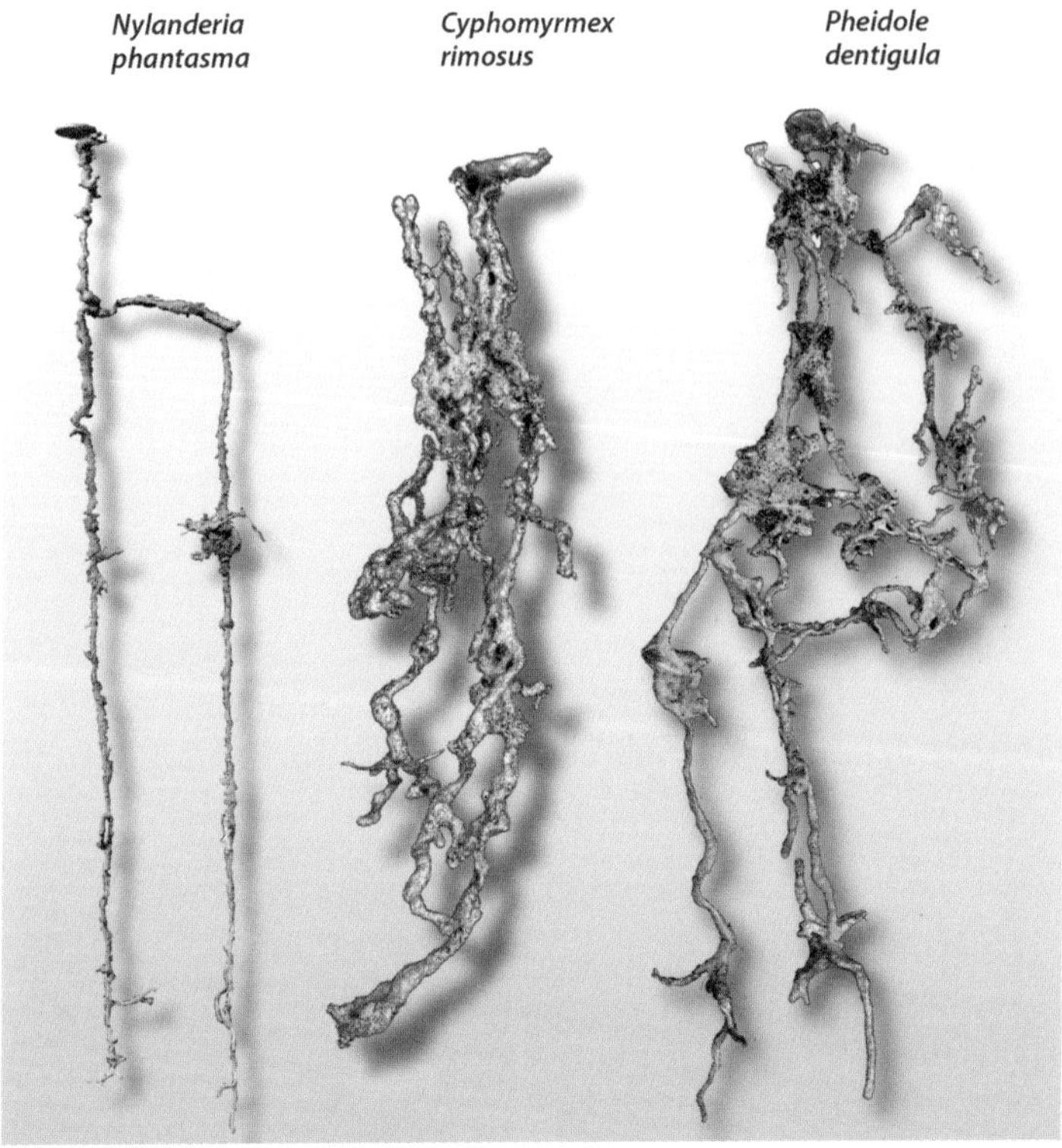

図9・12 明確な形のある部屋をもたなくなった巣はいくつかの種で見られる。（画像：著者／Tschinkel (2015a) より）

無関係に、さまざまな巣のサイズを生み出す要因となった。図9・14に示したのは、コロニーを構成する働きアリの数は近いが、働きアリの体サイズに二五〜四〇倍の開きがある二つの種の巣である。サキュウオオアリ（*Camponotus socius*）の逞しくて無骨な巣と、ローズマリーオオズアリ（*Pheidole adrianoi*）の細くて繊細な巣は、きわめて対照的に見えることだろう。体サイズによる同様の影響は、他の多くの種でも確認されている。

図 9・13　マリーナミカタアリ（*Dolichoderus mariae*）の巣は、家というよりも塹壕に近い。マリーナミカタアリは多女王制で、暖かい季節にはこうした一時的な巣をいくつも作るが、越冬するのはそのうち１つか２つである。（画像：著者／ Tschinkel (2015a) より）

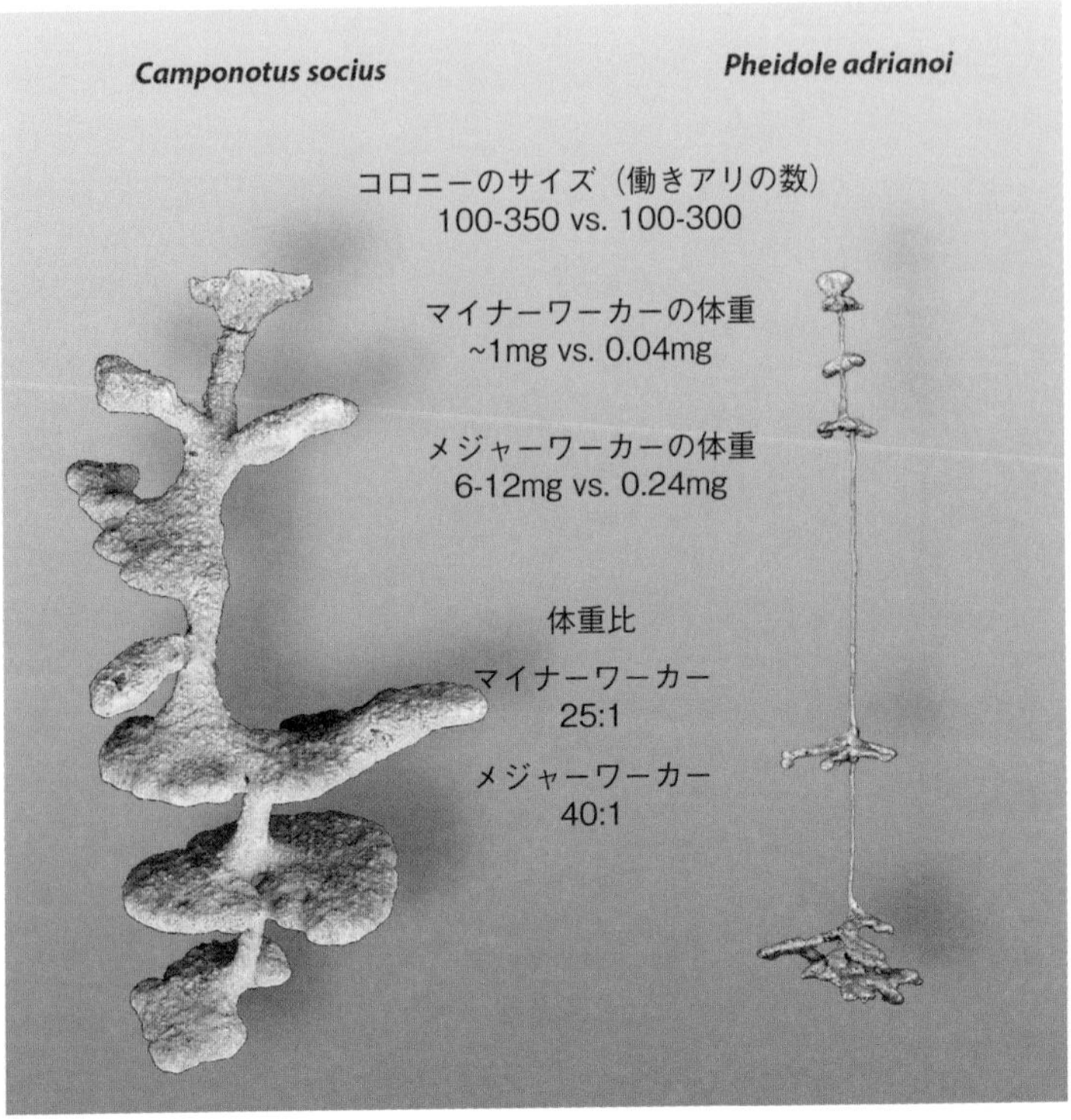

図 9・14　ほぼ同数の働きアリが作った巣を比べると、働きアリの体サイズの影響を容易に確認することができる。サキュウオオアリ（*Camponotus socius*）とローズマリーオオズアリ（*Pheidole adrianoi*）のコロニーは、どちらも数百匹の働きアリで構成されているが、前者の働きアリの体重は後者の 25 ～ 40 倍も重い。模型の縮尺は同じである。（画像：著者）

部屋の形の進化と同様、私たちは部屋と坑道の配置の進化についても仮説を立てることができる。図9・15にその模式図を示したが、これは配置がどのように変わりうるか、その可能性を提示したものにすぎないことに注意してほしい。変化の過程は違っても同じ最終結果にたどり着くこともあるはずだが、残念ながらサンプル数が少なすぎて、今のところ進化の道程について確かなことは言えない。また形状の場合と同様、配置の変化の多くは互いに独立して進化できるようで、その結果、各種の巣に見られる特徴がモザイク状に分布している。図9・15で示した配置が私の研究ですべて見つかっているわけではないが、それでもその配置が存在しないということにはならない。

不安定な構造が多様性を生み出す

アリの巣の構造には多くの「カップル」が存在しているように思える。つまり、巣を構成する部屋と坑道の組み合わせがさまざまにあり、そうした組み合わせが、まるで互いに独立に進化してきたように見えるということだ。このことは、巣の特徴はどれほど簡単に変化するのかという非常に重要な疑問につながる。ある特徴の組み合わせは、他の組み合わせよりも保持されやすいのだろうか？　各特徴は互いに関連をもちながら進化するのだろうか？　他の問い方をすれば、アリは進化に伴い、同系統内では似通っているが他の系統とは似ていない巣を作るのだろうか？　あるいは、そうしたパターンは存在しない、言い換えれば、構造の類似性はアリの同系性と相関しているのだろうか？　これらの問いに答えるには、系統樹に並べられるほどの充実したサンプルが必要になる。だが、アリそのものに対しては形態学的、遺伝学的特徴に基づいて、そうした研究が行われてきたものの、アリの巣に対する研究はとて

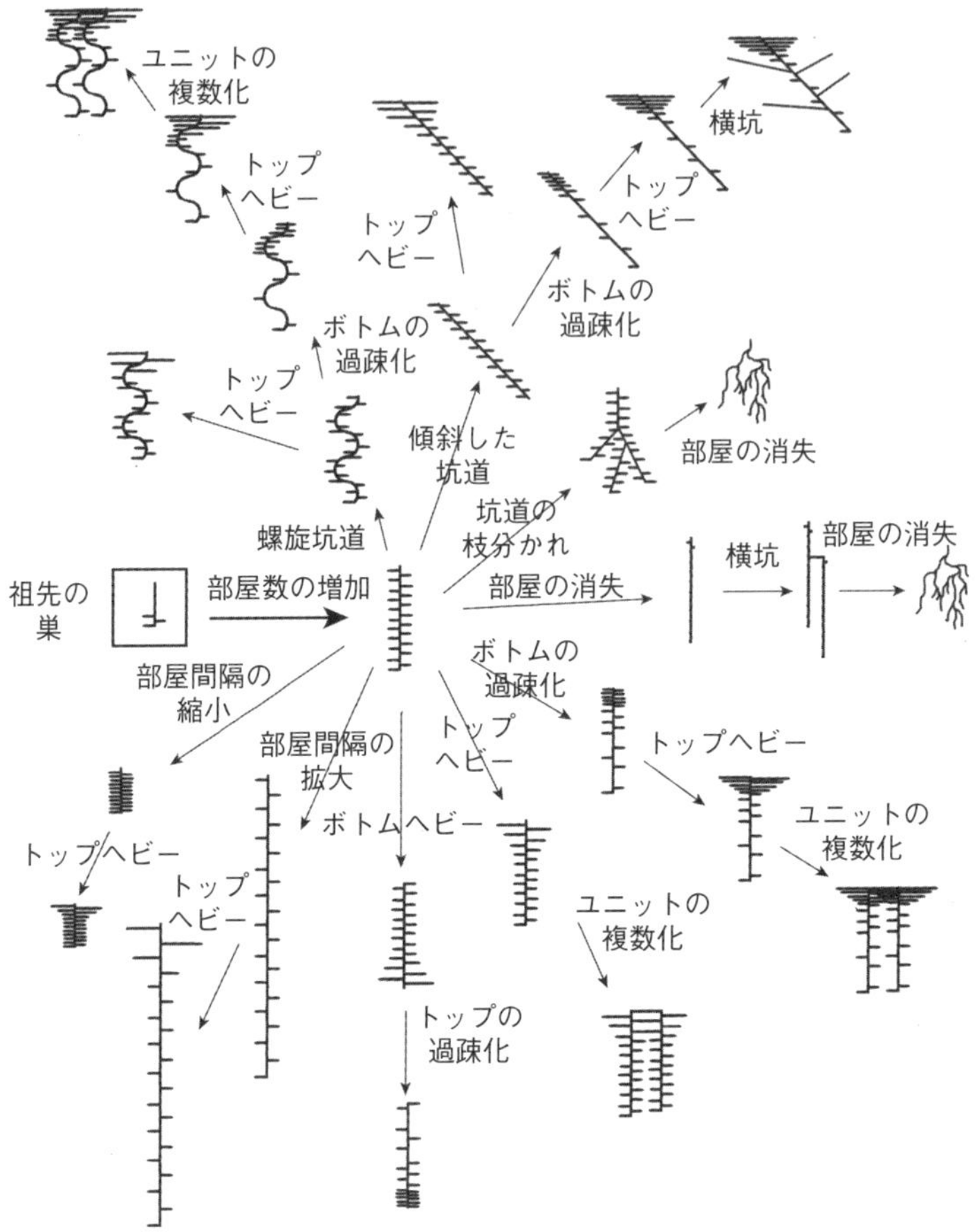

図9・15 部屋の配置の進化的、発達的変化は現代のさまざまな巣のタイプをもたらした。

も十分と言えるものではない。したがって、巣の構造――とりわけ遠縁種の巣の構造――に関して、提示できる答えは存在しない。私の注入模型は一部の種に限定されているし、またサンプル数も少なすぎるのである。具体的に見れば、私が模型を作製した四三種のアリ（表9・1）は、一七あるアリ亜科のうちの四つの亜科しか含んでいない。一つの亜科（フタフシアリ亜科（*Myrmicinae*））に二六種、その他の三亜科（ヤマアリ亜科（*Formicinae*）、カタアリ亜科（*Dolichoderinae*）、チガイハリアリ亜科（*Ponerinae*））に一～九種という内訳である。私が発表した以外の（表9・1には掲載されていない）研究から手に入るのは、フタフシアリ亜科に属するハキリアリの知識が主なものになるだろう（図9・2参照）。そうした研究に関する資料は巻末の参考文献で紹介している。いずれにせよ、遠縁の分類群から導けるはずの幅広いパターンについて、私が言えることはあまりない。

種をまたいだ進化のパターンを推定するには、相同性をもつ（共通の祖先をもつ）特徴を比較する必要がある。ある特徴が相同である可能性が高くなるほど、より信頼度の高い系統樹を作ることができるだろう。現代のアリの巣と祖先のアリの巣を比較すると、現代の巣に見つかる坑道のほとんどが相同性をもっているに違いないとわかる。つまり、同じ一つの祖先の巣の坑道から派生したということだ。同様に、現代のアリの巣の水平の部屋のほとんども同じ理由で相同性をもつ――部屋の水平性は祖先の巣の形質だからだ。言うまでもなく、実際に相同なのは坑道や部屋ではなく、働きアリにこうした構造を生み出させる行動プログラムの方である。

坑道と部屋のどの特徴が相同なのかを突き止めるのは、それよりずっと難しく、不確かさも増す。種Aの部屋に見られる深い切れ込みは、種Bの切れ込みと相同なのだろうか？　もしその二つの種が、た

表9・1　種ごとの巣の構造の特徴（学名のアルファベット順）

No.	種	図版	部屋	坑道	その他
1	アシュミードアシナガアリ (*Aphaenogaster ashmeadi*)	4・3、9・17	簡素で数が少ない、特徴があまりない	簡素	巣が浅い
2	コッカレルアシナガアリ (*Aphaenogaster cockerelli*)	なし	上部は大きな星型、下部は簡素	垂直、しっかりしている	
3	フロリダアシナガアリ (*Aphaenogaster floridana*)	4・2、9・4、9・17	3〜8室、間隔が広い、大半が簡素	垂直、部屋の中心を通ることが多い	上部の部屋は複数の坑道でつながる
4	トリートアシナガアリ (*Aphaenogaster treatae*)	9・17	簡素、無骨	垂直、簡素	
5	フロリダオオアリ (*Camponotus floridanus*)	なし	不規則、雑然	浅い、不明瞭	複数の巣をもつ
6	サキュウオオアリ (*Camponotus socius*)	9・16	しっかりしていて優美、切れ込みが多い	蛇行、太い	夏になると複数の巣に進出する
7	ムカシキノコアリ (*Cyphomyrmex rimosus*)	9・12	部屋はない	混沌、あまり組織化されていない	部屋と坑道の見分けがつかない
8	マリーナミカタアリ (*Dolichoderus mariae*)	9・13	草の下に単一の大きな部屋	坑道はない	夏になると複数の巣に進出する
9	コブクビレアリ (*Dorymyrmex bossutus*)	9・8	極小、間隔が広い	非常に深い、直線	最上部に星形の複雑な部屋
10	ビューレンクビレアリ (*Dorymyrmex bureni*)	9・16	極小、間隔が広い	非常に深い、直線	最上部に星形の複雑な部屋
11	サクランクビレアリ (*Dorymyrmex insana*)	なし	極小、間隔が広い	蛇行	最上部に星形の複雑な部屋
12	チャイロデコメハリアリ (*Ectatomma brunneum*)	なし	簡素なものから、切れ込みのあるものまで	深くない、直線	アマゾン（ペルー）に生息

13	シモホクベイルリアリ (*Forelius pruinosus*)	なし	指状、縁が下向き、浅い領域に部屋が集合	複数、いろいろな方向	複数の女王と巣、複雑
14	アーチボルトヤマアリ (*Formica archboldi*)	9・18	ずんぐり、密集	単一～複数、簡素	
15	コウカツヤマアリ (*Formica dolosa*)	9・6、9・18	でこぼこ、ずんぐり、密集	枝分かれ、傾斜	大きな巣は圧倒的
16	タマムシヤマアリ (*Formica pallidefulva*)	9・18	でこぼこ、ずんぐり、密集	単一、傾斜	コウカツヤマアリと似ている
17	アルゼンチンアリ (*Linepithema humile*)	なし	不明瞭	混沌、相互連結	複女王制
18	コウタクヒメアリ (*Monomorium viridum*)	9・8	切れ込み、間隔が非常に狭い	単一、垂直	浅い巣、美術品
19	ケネディミツツボアリ (*Myrmecocystus kennedyi*)	9・21	切れ込みが枝分かれ、大きい	蛇行	
20	クラメミツツボアリ (*Myrmecocystus lugubris*)	なし	楕円、規則的な間隔	蛇行	
21	ナバホミツツボアリ (*Myrmecocystus navajo*)	9・21	切れ込み、地表近くに星形の部屋	ほとんどが垂直	
22	スナズキアメイロアリ (*Nylanderia arenivaga*)	9・20	部屋はない	2～5本のみすぼらしい垂直坑道、入口は1箇所	複数の坑道が水平方向のトンネルでつながる
23	キタアメイロアリ (*Nylanderia parvula*)	9・20	簡素、小さい、多様	蛇行	
24	ユウレイアメイロアリ (*Nylanderia phantasma*)	9・12	部屋はない	みすぼらしい、垂直	複数の坑道が水平方向のトンネルでつながる
25	ナントウアギトアリ (*Odontomachus brunneus*)	9・16	簡素、しっかりしているがみすぼらしい	垂直、簡素、やや蛇行	
26	ローズマリーオオズアリ (*Pheidole adrianoi*)	4・12、9・19	細長い、星形、3～5層	非常に細い、単一、直線	ごく小さい空間に見事なまでのシンプルさ

27	アゴヒゲオオズアリ (*Pheidole barbata*)	9・6、9・19	薄い、大きい、広い	方向が変化	大型コロニー
28	バンノウオオズアリ (*Pheidole dentata*)	9・19	しばしば不明瞭、輪郭がわかりにくい	一部枝分かれ、方向が変化	
29	シンリンオオズアリ (*Pheidole dentigula*)	9・12、9・19	部屋はない	混沌、相互に連結	
30	モリスオオズアリ (*Pheidole morrisi*)	9・10、9・19	簡素で小さな横方向の部屋が多い	最大4本の扁平な坑道	垂直のシシケバブ型ユニットが複数
31	クロムネオオズアリ (*Pheidole obscurithorax*)	9・19	大半が簡素、浅い切れ込み	単一、垂直に近い、非常に深い	上部の部屋は階段状に配置
32	スナズキオオズアリ (*Pheidole psammophila*)	9・19	地表近くに多い、その下は小さい	深さに応じた傾斜	
33	シワオオズアリ (*Pheidole rugulosa*)	9・19	小さい、多様	蛇行	
34	カワキオオズアリ (*Pheidole xerophila*)	9・19	小さい、切れ込み	蛇行	
35	フロリダシュウカクアリ (*Pogonomyrmex badius*)	2・2、4・8-4・11、9・5、9・8	周縁の曲がった部分には切れ込みのある複雑な部屋がある、深くなるにつれて小さくなる	螺旋	地表近くに大きく複雑な部屋、アリの巣の女王的存在
36	カリフォルニアシュウカクアリ (*Pogonomyrmex californicus*)	9・22	大きい、切れ込み、地表下は複雑	水平、深くなるにつれて蛇行	非常に大きい巣
37	コシュウカクアリ (*Pogonomyrmex magnacanthus*)	4・1、9・23	規則的、簡素、坑道の左右に均等な間隔で配置	枝分かれ、とりとめがない、深くなるにつれ蛇行	非常に広い巣
38	フユアリ (*Prenolepis imparis*)	10・1	1mより浅い領域にはない、深い切れ込み、間隔が広い	きわめて深い、単一、直線	地表すぐ下に絡み合ったトンネル

39	ヒアリ、アカカミアリ (*Solenopsis invicta, S. geminata*)	2・1、9・10、9・16	数百の小さな部屋、しばしば融合している	複数、密集、巣の中央部の方が深い	複数のシシケバブ型ユニットが連結
40	ペルガンドヌスビトアリ (*Solenopsis pergandei*)	なし	小さい、楕円	大きな体積、まとまりのないネットワーク	
41	スナズキムネボソアリ (*Temnothorax texanus*)	なし	小さい、でこぼこ、単一	はっきりとした坑道はない	非常に浅い
42	アレハダキノコアリ (*Trachymyrmex septentrionalis*)	7・7、9・4	1〜4室の卵型の菌類栽培室	簡素、垂直	イモムシの糞や植物片の上で菌類を育てる
43	サバククロシュウカクアリ (*Veromessor pergandei*)	9・9	大きい、平坦	単一、傾斜	非常に大きく、深い巣

とえば同じ属であるなど十分に近縁であれば、相同だと言いたくなるはずだ。これと同じことは、部屋の配置についても言える。しかしながら、働きアリのちょっとした行動の変化があれば、それだけで遠縁の種でも似通った切れ込みが見られ、近縁の種でも異なった切れ込みが生まれるだろうことは、想像に難くない（図9・3参照）。一般に、行動の変化がわずかだったとしても、正のフィードバックがあればその効果は増幅され、近縁種であっても最終的に巣の構造に大きな変化をもたらす可能性がある。正のフィードバックの例としては、たとえば次のようなものが考えられるだろう。穴掘りを行う際、他のアリがすでに作業に取りかかっている場所で作業をはじめる傾向が少しだけ強まったとしよう。すると、最初に働きアリが一匹で作業していたところに、働きアリが何匹か引き寄せられる。すると今度は、その数匹が働いている状況がさらに他のアリの行動を刺激して、最終的にはそれ以上立ち入れなくなるほど作業場が混雑する。部屋は、他のアリから刺激を受けた働きアリが外周部に移動したときに拡張されるが、そのとき集団が二つに分かれると部屋の切れ込みが生まれることになる。同様の力学によって、さまざまな部屋の形が生まれると考えられる。

もちろん、もっとも下位の分類レベルである「種」において一貫した構造が見られないのであれば、ここまで見てきたアイデアはすべて無意味なものになる。よって私たちは、種ごとに明らかな構造の一貫性があるか（すなわち、その種に典型的な構造があるか）どうかを問う必要がある。そしてそのためには、同一種では共有されているが、他の種とは異なる構造的特徴やその組み合わせを突き止めなくてはならないだろう（図9・15）。図9・16は、私が複数の注入模型を作製し、その種の巣が同じ建設計画に従っていると断言できる一七種のアリの代表的な例である。この図に示した顕著な特徴を見れば、巣

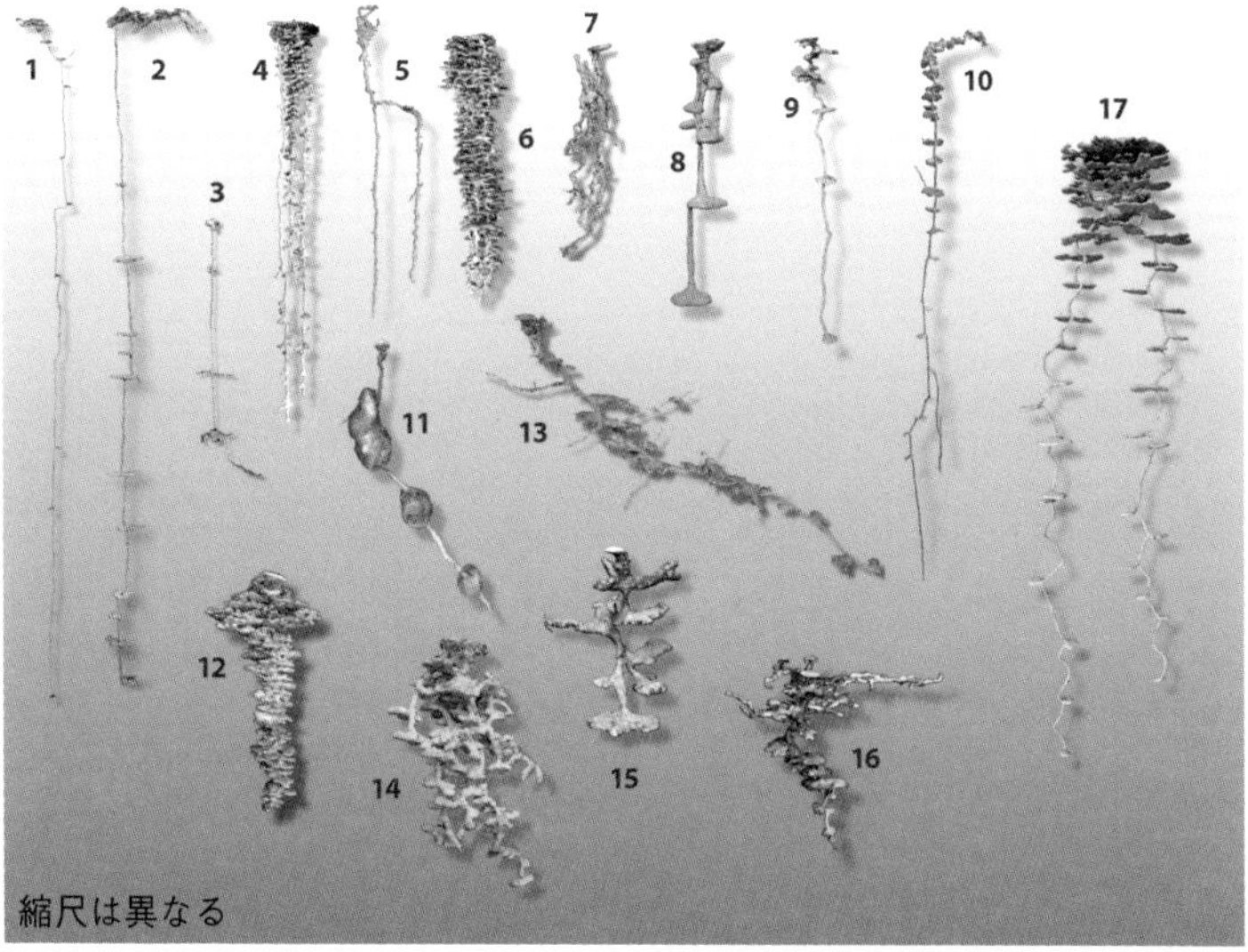

図9・16　その種に典型的に見られる構造の代表例。複数の注入模型を分析して判断した。1. ビューレンクビレアリ（*Dorymyrmex bureni*）、2. フユアリ（*Prenolepis imparis*）、3. ローズマリーオオズアリ（*Pheidole adrianoi*）、4. モリスオオズアリ（*Pheidole morrisi*）、5. バンノウオオズアリ（*Pheidole dentata*）、6. ヒアリ（*Solenopsis invicta*）、7. ムカシキノコアリ（*Cyphomyrmex rimosus*）、8. フロリダアシナガアリ（*Aphaenogaster floridana*）、9. ナントウアギトアリ（*Odontomachus brunneus*）、10. クロムネオオズアリ（*Pheidole obscurithorax*）、11. アレハダキノコアリ（*Trachymyrmex septentrionalis*）、12. コウタクヒメアリ（*Monomorium viridum*）、13. サバククロシュウカクアリ（*Veromessor pergandei*）、14. コウカツヤマアリ（*Formica dolosa*）、15. サキュウオオアリ（*Camponotus socius*）、16. タマムシヤマアリ（*Formica pallidefulva*）、17. フロリダシュウカクアリ（*Pogonomyrmex badius*）。

がどの種によって作られたのかがわかる。表9・1は、その顕著な特徴を簡単にまとめたもので、図9・16を補完するものになっている。

種の一つ上の分類レベルである「属」内の近縁種間では、話はそれほど単純明快ではない。たとえば、アシナガアリ属（*Aphaenogaster*）の三つの種を結びつける特徴は、明確なものではない（図9・17）。確かに、どの巣もほぼ一本の坑道からなる単純な構造をしている。だが、フロリダアシ

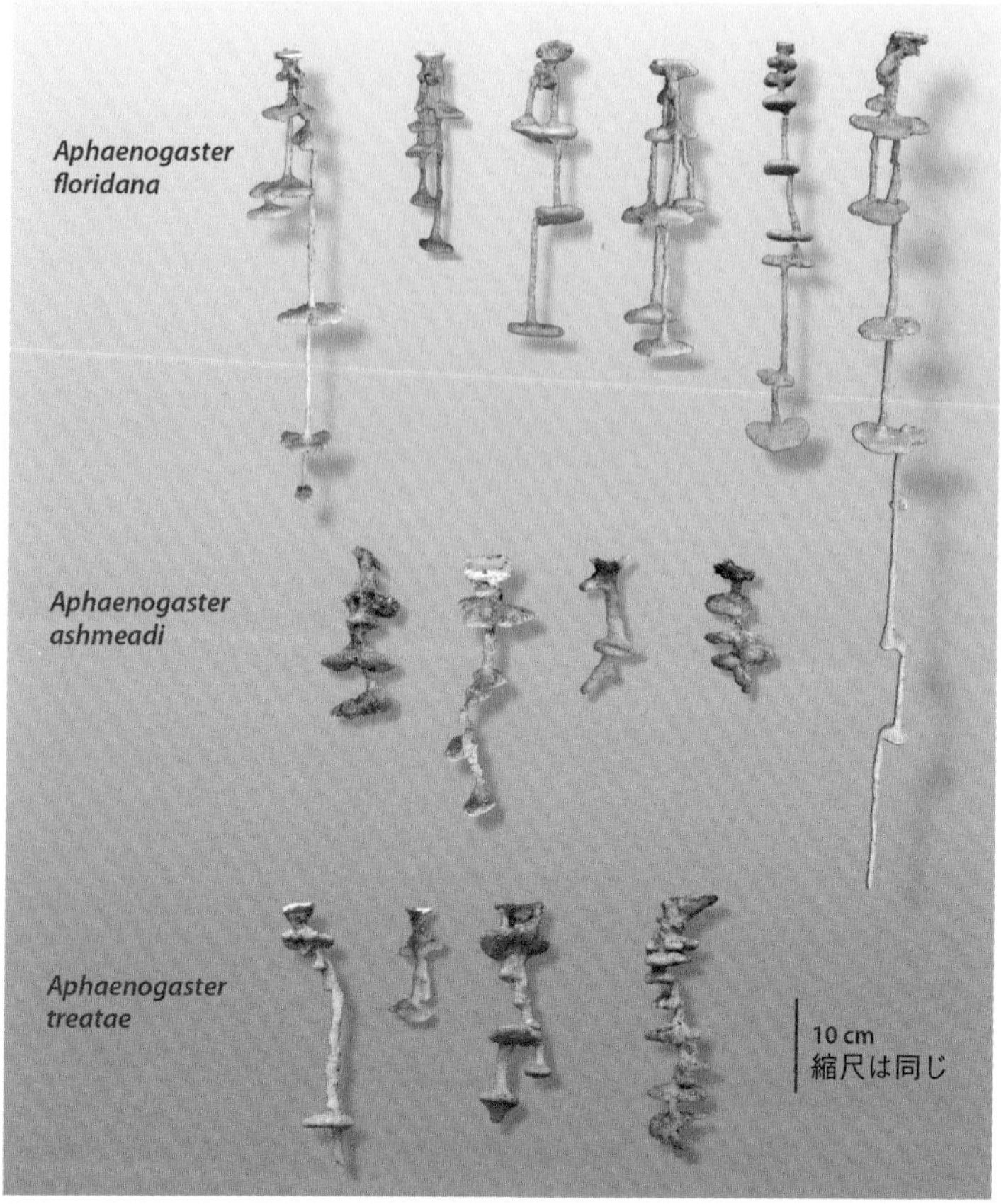

図9・17　アシナガアリ属（*Aphaenogaster*）3種の巣の構造の違い。（画像：著者／Tschinkel (2015a) より）

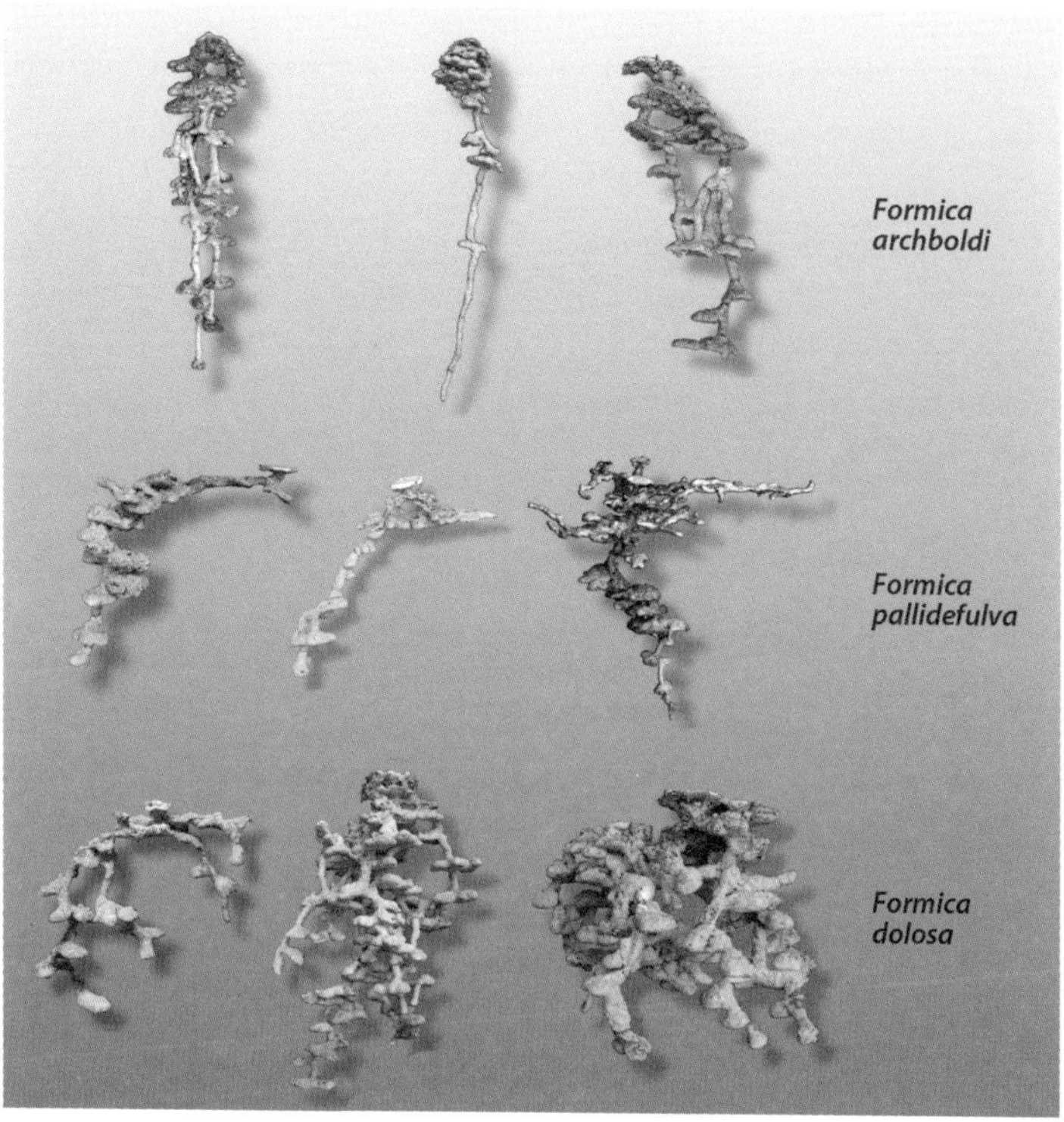

図9・18　ヤマアリ属（*Formica*）3種の巣の構造の違い。（画像：著者／Tschinkel (2015a) より）

ナガアリ（*A. floridana*）の規則正しい華麗な巣に比べれば、トリートアシナガアリ（*A. treatae*）とアシュミードアシナガアリ（*A. ashmeadi*）の不規則でだらしない巣は、いかにもみすぼらしい。図9・18に例を示したヤマアリ属（*Formica*）の三種に見られる共通の特徴は、坑道が太く、部屋がずんぐりしていることだが、これはおそらく三種とも大型のアリだからだと思われる。反対に三種を分ける特徴としては、アーチボルドヤマアリ（*F. archboldi*）のほぼ単一の垂直坑道、タマムシヤマアリ（*F. pallidefulva*）の特定の角度に傾斜した坑道、コウカツヤマアリ（*F. dolosa*）のいろいろな角度に傾斜し、枝分かれした坑道が挙げられる。その結果、コウカツヤマアリの巣は深い領域の方が部屋面積が多くなる「ボトムヘビー」となり、残り二種は反対にトップヘビーの状態になっている。こうした構造の違いから働きアリの行動プログラムの違いを推定するのは難しいことではない。またその推定からは、巣の構造が働きアリの行動プログラム――どこで、どのように、どのくらいの数で巣を掘るのかに影響を与えるプログラム――の帰結として、いかに進化してきたかに関するヒントが得られるだろう。トフシアリ属（*Solenopsis*）のアカカミアリ（*S. geminata*）とヒアリ（*S. invicta*）では、巣の構造は非常によく似ている。アカカミアリの巣はヒアリの巣（図9・10左）より部屋が大きく平坦である。だが、前者の巣は後者の巣より小さい。これは明らかにコロニーの規模の違いによるものだろう。

近縁種であっても構造に大きな違いが生じるケースが少なくないため、巣の構造が不安定であることを示す証拠はたくさんある。たとえば、世界でも指折りの体サイズと多様性をもつアリに、オオズアリ属（*Pheidole*）がいる。私が北アメリカで採取した九種のサンプルからは、同じ属にもかかわらず、構造的特徴の多くがきわめて不安定であることが見てとれる（図9・19）。体サイズの違いを脇に置いたとしても、ローズマリーオオズアリ（*Ph. adrianoi*）の巣の素朴さや繊細さは、モリスオオズアリ（*Ph. morrisi*）の巣の密度の高さや豪快さとは完全に別世界である。シンリンオオズアリ（*Ph. dentigula*）の巣の混沌と、アゴヒゲオオズアリ（*Ph. barbata*）の薄いパンケーキ状の部屋は、先の二種のどちらとも大きく異なっている。また、スナズキオオズアリ（*Ph. psammophila*）の巣は、クロムネオオズアリ（*Ph.

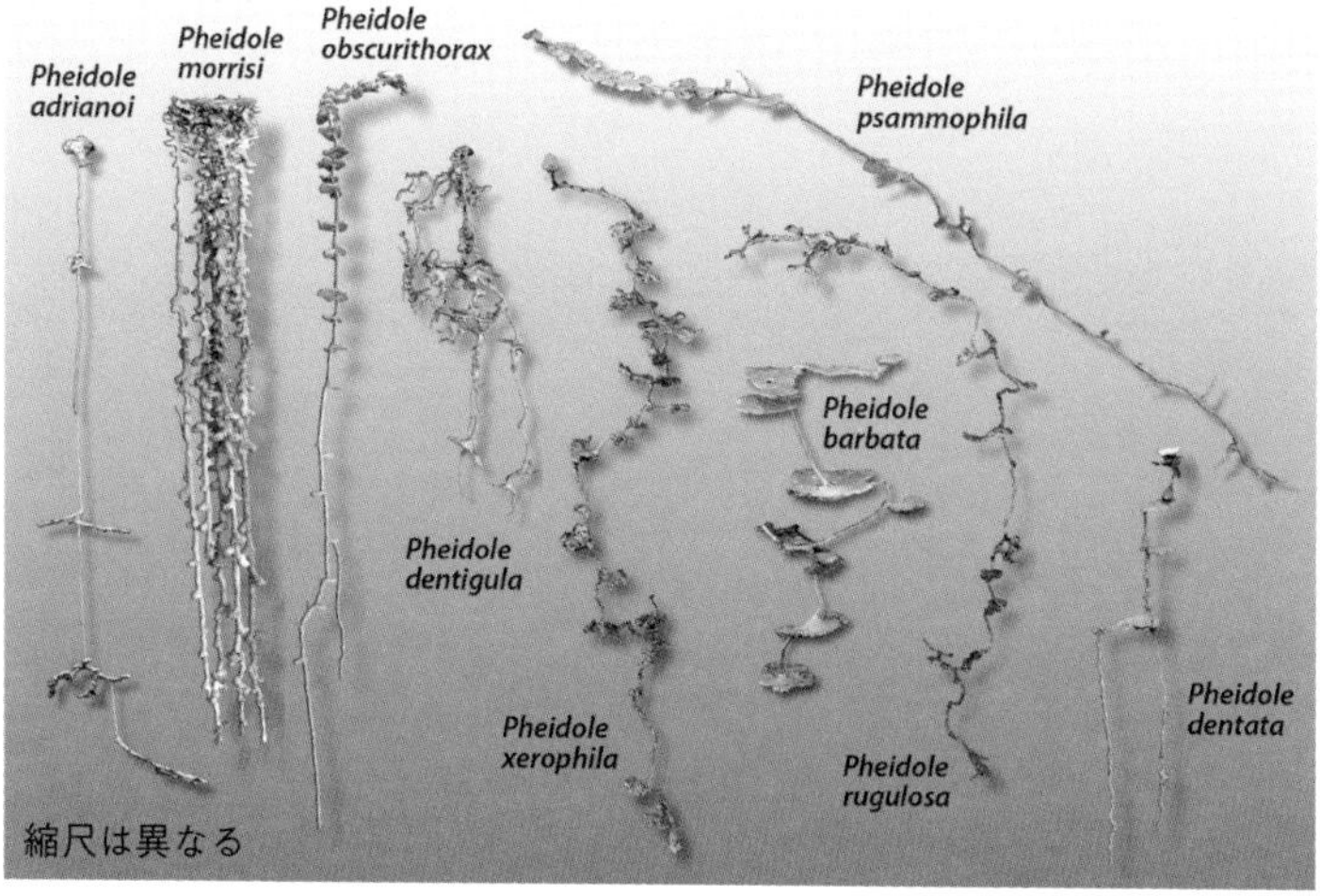

図9・19　オオズアリ属（*Pheidole*）の巣の構造の違い。各模型の縮尺は同じではないが、ローズマリーオオズアリ（*Ph.adrianoi*）の巣がもっとも小さく、クロムネオオズアリ（*Ph.obscurithorax*）の巣がもっとも大きい。（画像：著者）

obscurithorax）の巣の上部に見られる階段状の部屋を全体のモチーフとして採用しているように見える。クロムネオオズアリはもともと南アメリカに生息する種であり、巣の特徴をいくらか共有している種とは遠縁であるだけに、これは実に不思議なことである。バンノウオオズアリ（*Ph. dentata*）の奇妙な巣の形は、こうした状況をさらに混乱させる役割しか果たしていない。

同様のことは、アメイロアリ属（*Nylanderia*）の三種にも言える（図9・20）――キタアメイロアリ（*N. parvula*）の特色のない単純な巣と、スナズキアメイロアリ（*N. arenivaga*）とユウレイアメイロアリ（*N. phantasma*）の木の根のような形をした、部屋のない巣では、ほとんど共通点がないように思えるのだ。また、ミツツボアリ属（*Myrmecocystus*）の二種に共通する特徴を見つけるのも難しい（図9・21）。ケネディミツツボアリ（*M. kennedyi*）の巣では、折れ曲がった坑道に、

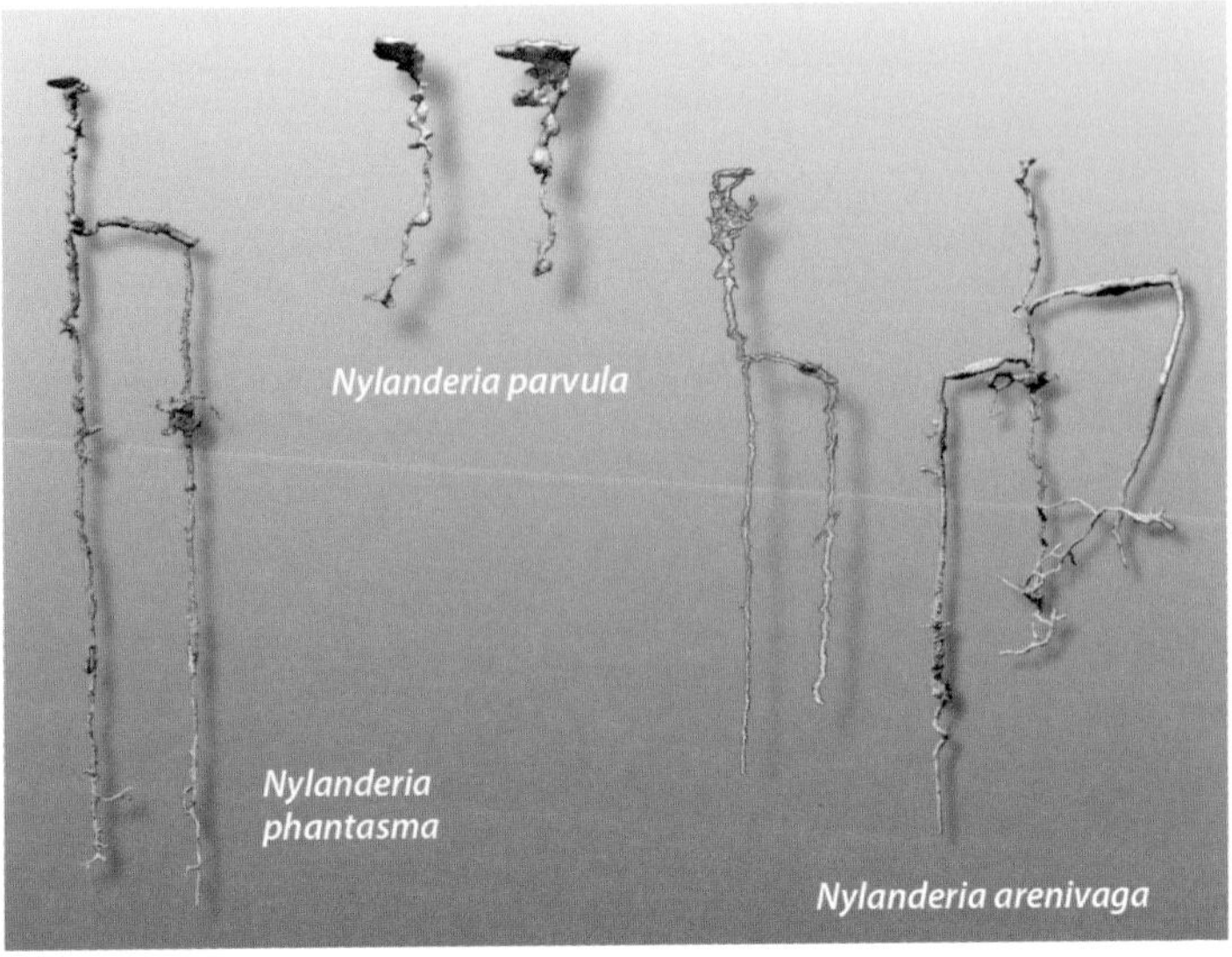

図9・20　アメイロアリ属（*Nylanderia*）の巣の構造の違い。（画像：著者）

枝分かれして薄く広がった部屋が配置されているが、ナバホミツツボアリ（*M. navajo*）では、垂直の坑道に、ごく平凡な部屋が添え付けられている（最上部には星型に広がるトンネルがある）。この二種に共通していると確かに言えるのは、天井の高い部屋があるという点くらいだろう。その天井には腹部に蜜を貯めたアリ（蜜壺）がぶら下がっており、食糧難になるとその甘い（私には不味かった）液体を吐き出すのである。この二種の巣は、オオズアリ属の一部がそうだったように、遠縁のアリのものとしか思えない。これもまた、近縁種間の巣の構造がひどく不安定であることの一つの傍証である。

同様の巣の構造の相違は、私が注入模型を作製したシュウカクアリ属（*Pogonomyrmex*）の三種にもある。シュウカクアリ属は、南北アメリカ大陸に数十種生息しており、その大半が何らかの形で種子の収集を行う。ここまで見てきた

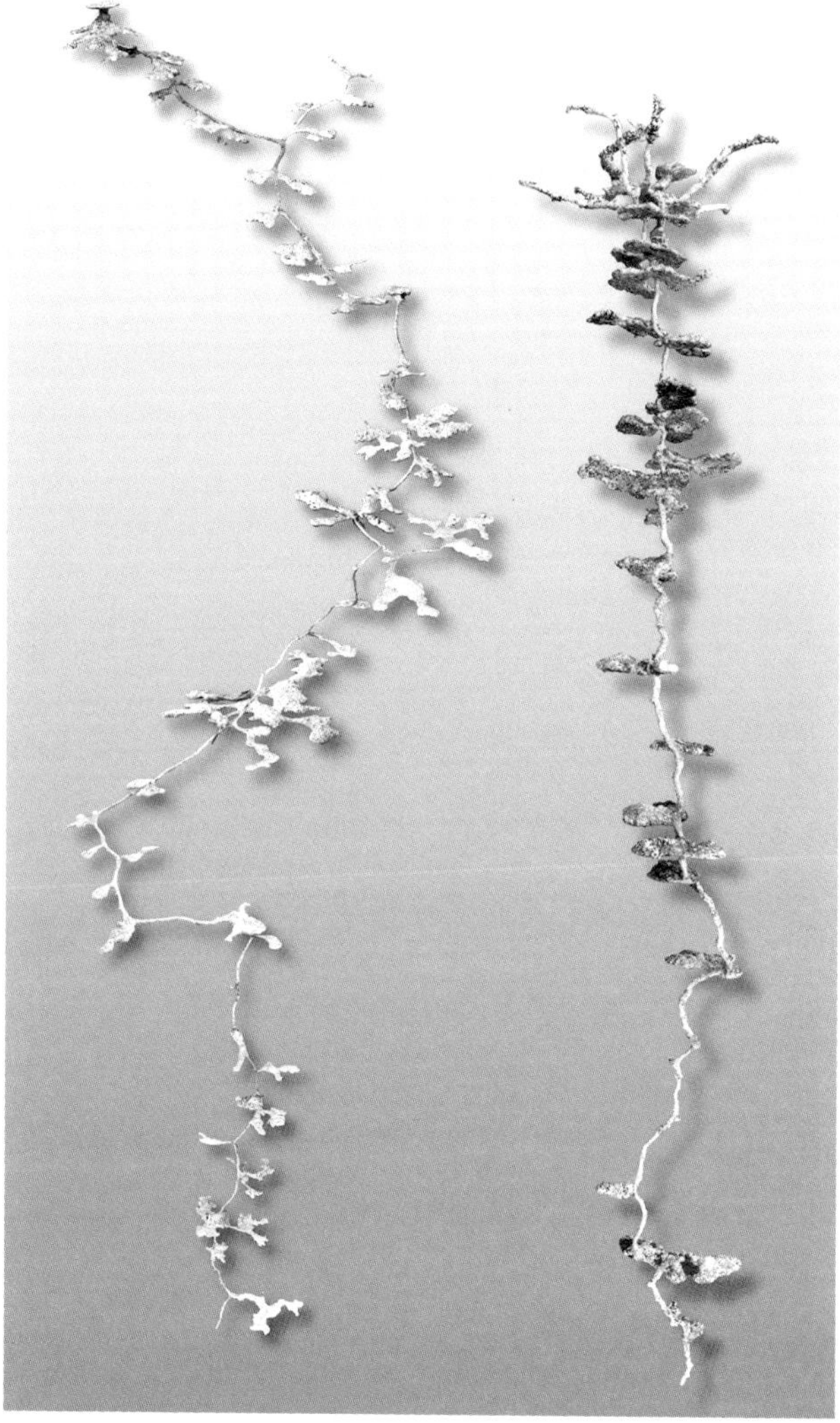

図9・21　ミツツボアリ属（*Myrmecocystus*）の巣の構造の違い。左はケネディミツツボアリ（*M. kennedyi*）、右はナバホミツツボアリ（*M. navajo*）の巣である。（画像：著者）

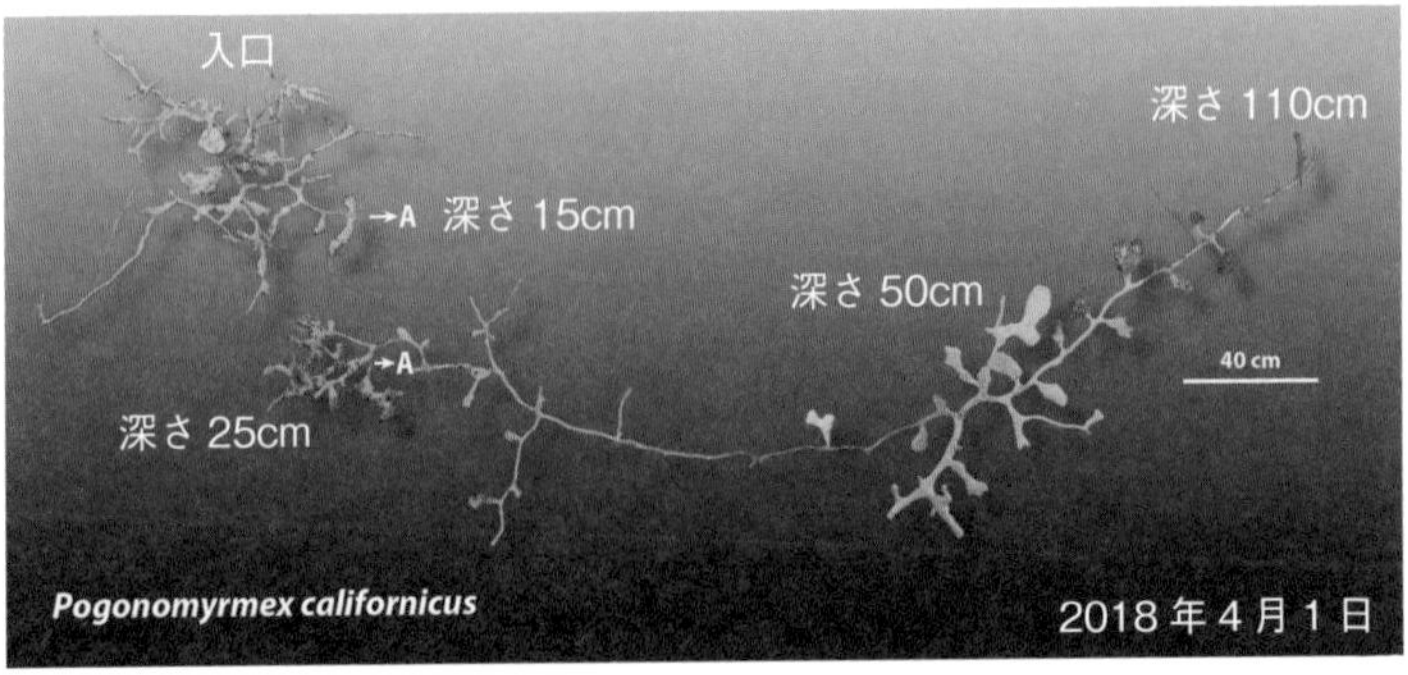

図9・22 カリフォルニアシュウカクアリ（*Pogonomyrmex californicus*）の巣の注入模型。最上部の複雑な形状の部屋（左上）の下に、多少簡素になった部屋が置かれている。アルファベットのAで示したのは、その2つの部屋の接続部分である。左側の最上部の部屋は、浅いところを通る細いトンネルにつながり、右側の急激に下降する坑道と部屋へといたる。模型が示している最下部の部屋は深さ110cmだが、巣はそれよりもずっと深くまで続く。（画像：著者）

とおり、私はフロリダシュウカクアリの模型を数多く作ってきたが、南カリフォルニアで作製したそれ以外の二種の巣は、どちらも異なる建築様式に触発されているようだった。たとえば、カリフォルニアシュウカクアリ（*P. californicus*）は、フロリダシュウカクアリと同様、地表のすぐ下に大きな部屋を作る。だがその形状は異なり、フロリダシュウカクアリの網構造ではなく、細いトンネルが放射状に延びたような形をしている（図9・5、図9・22）。また整った螺旋状の坑道もないが、その代わりに、入口の真下のやや深いところに部屋の集合が見られる。この部屋の集合のあとには傾斜の緩いトンネルが続き、その間は部屋がないが、やがて傾斜のきつい坑道にいたると両側に部屋が現れる。カリフォルニアシュウカクアリの巣には、フロリダシュウカクアリのような整然とした緊密さは見られないが、それでもやはり美しい巣であるのは間違いない。

コシュウカクアリ（*P. magnacanthus*）の巣は、いま見た二種のシュウカクアリとは似ても似つかないものだ

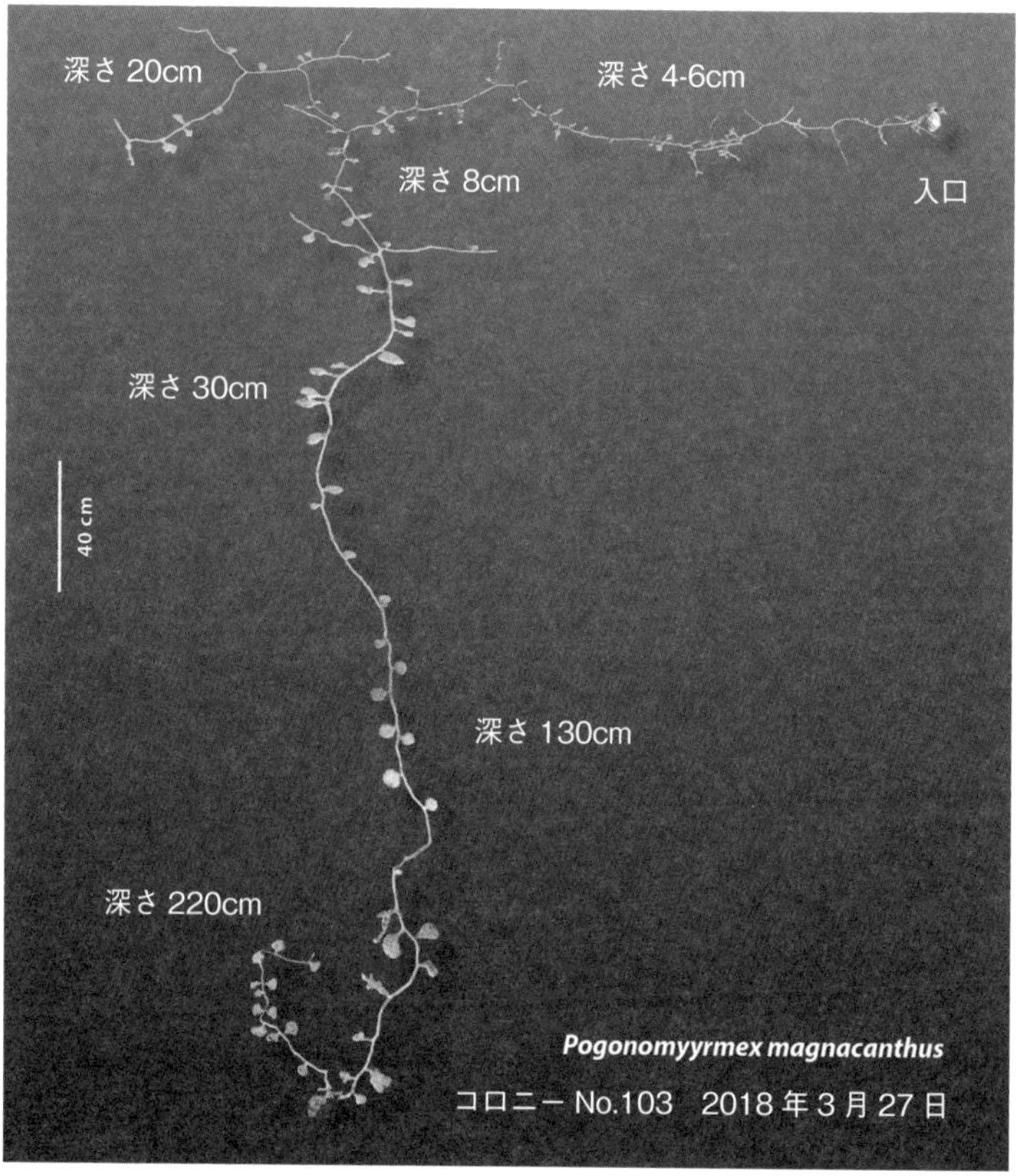

図 9・23　コシュウカクアリ（*Pogonomyrmex magnacanthus*）の巣の注入模型。地表近くに非常に長いトンネルが走り、その枝道の 1 本が 220cm の深さまで下降している。模型はそこで終わっているが、実際の巣はもっと深くまで続いていた。フロリダシュウカクアリ（*P. badius*）やカリフォルニアシュウカクアリ（*P. californicus*）とは異なり、シンプルな部屋が、間隔をやや変えながら、坑道のどちらかの側に配置されるというパターンが繰り返されている。小さな働きアリと入口付近に堆積したわずかな砂からは、地下にこれほどの巣があるとは思いもよらないはずだ。（画像：著者）

（図9・23）。地表近くの大きく複雑な部屋はない。螺旋坑道もない。深さに応じて形と大きさを変える部屋もない。その代わりにこのアリの巣に見つかるのは、どこまでも続くアリ版の高速道路と、それに沿って建設されたショッピングモールである。浅い領域を走る長いトンネルは枝分かれしていて、その枝道の一つが、傾斜角を増しながらかなりの深さまで続いている。私も二・二メートルの深さまでは追えたが、流し込みの技術と乾いた砂漠の砂を掘りつづける体力が限界に達し、そこで模型づくりを断念することになった。なお、コシュウカクアリの巣の部屋は、このとてつもなく長いトンネルと坑道の両側に配置されているが、互いが正対するケースは皆無である。目立たない入口の周囲に積み上げられたわずかな砂と、働きアリの小ささからは、これほど広がりのある巣が地中に隠されているとは誰も想像できないはずだ。

いま見た三種のアリがこれほど異なる構造の巣を作るのであれば、他のシュウカクアリ属はどうなのかということが、当然気になってくる。各種文献からは、フロリダシュウカクアリの巣の特徴の一部がこの属で広く見られる可能性が示唆されているが、私や他の研究者が詳細な模型を作るまでは、その答えはわからないままだろう。とはいえ、すでに明らかだと思われることもある。一つは、見事な構造をもつ巣——アリがそれをいかに手に入れたかという問題は別にして——は、どうやらシュウカクアリ属の間で広く共有されているらしいこと。もうひとつは、たとえ近縁種内であっても、進化によって巣の構造に大きな変化が生じうることだ。働きアリの行動プログラムをちょっと変更するだけで、異なる構造が誕生するのである。

血縁か、偶然か？

興味深いことに、種内においても巣の構造が非常に長い間保持される可能性もあるようだ。ジョン・J・スミスらは、カンザス州西部にある新第三紀のオガララ層から見つかった、大量のアリの巣の化石（と思われるもの）を記載している。これらの巣は三〇〇万〜二〇〇〇万年前のもので、シュウカクアリを含む現代の一部のアリの巣と似た構造が確認されており、そこから、巣の構造には数百万年にわたって変化していない部分があることが示唆される。残念ながら、この巣を作ったアリの化石標本は見つかっていない。だが、私にとっては非常に光栄なことに、この新しいタイプのアリの巣の化石には、*Daimoniobarax tschinkeli* という私の名前にちなんだ学名が付けられることになった。さらに多くのアリの巣の化石が見つかり、それを作ったアリが特定されれば、いつの日か、巣の構造（および種）の長期的な安定性が立証されたり、あるいは反証されるときがやってくるかもしれない。

私が作製した注入模型を全部並べて比較し、アリの血縁度や系統樹という視点から眺めてみると、細部は大きく異なるものの、部屋、坑道、シシケバブ型ユニットといった、ほぼ普遍的な特徴がいくつか立ち現れてくる。また近縁種のなかでも、おおまかに一貫した構造をもつグループと、劇的に異なる構造をもつグループがあることもわかる。それを考慮に入れれば、巣の構造は必ずしも血縁に従って変化しているわけではないことが読みとれるだろう。

同じ属であっても巣の構造に大きなばらつきが見られることを考えると、巣を作る働きアリの行動プログラムはかなり柔軟で、進化の過程でたやすく変更されるものと結論せざるをえない。ここまでの話を思い出してもらえば、それは何ら驚くことではない。というのも、同一の巣の中でも実際に使われる行動プログラムが変化している例が、一つならずあったからだ。そのプログラムは、部屋のサイズだけでなく、部屋が置かれる深さについても影響を与えていた(図9・2、図9・3参照)。部屋のサイズと形状と間隔が深さに応じて変化する種はいくつかある。この事実が示唆するのは、行動の選択肢を記録した複数のテープのうちどれがアリの神経系で再生され、行動を生み出すのかは、外部の要因に偶発的に左右されること、そして、働きアリは一つではなく複数のテープを再生する――あるいは連続的に変化するプログラムを実行する――ことだ。こうした偶発性を考慮すると、巣を掘るという行動が、進化による変更要請にきわめて敏感に反応するのは当然だと思われる。私たちが見てきた構造のバリエーションを他にどうやって説明できるだろうか? さらに根本的な疑問もある――なぜこのようなバリエーションが必要だったのだろうか? ある構造は、他の構造よりも優れた機能を発揮するのだろうか? 現時点では、第6章で検討したように、こうした疑問に対する答えはほとんど見つかっていない。アリの巣研究の現時点での限界、言うなれば私たちがたどり着いたフロンティアははっきりとしているが、その向こうに何が待ち受けているのかは、依然として謎に包まれている。

第10章　未来に向けて

本書の冒頭で約束したのは、低予算のローテク科学について、その喜び、やりがい、見返りを読者の皆さんにお伝えしようということだった。そして今、自分が知っている限りの話をすることで、その約束を果たし終えたように思う。私はその道程で、シンプルな科学、問題解決、ちょっとした実験器具の製作、注意深い観察の楽しさを紹介してきた。どれも自然と親密に交流することに関連した楽しさである。私はまた、本来なら見ることのかなわないアリの巣という空洞を目に見える形で現前させることで、私たちの足下に隠された世界をつまびらかにした。注入模型を手際よく作るための考え方と問題解決法を共有し、その模型製作技術を通じて、アリの巣の形状を明らかにした。こうして姿を現したアリの巣は、圧倒的な魅力と美しさを有すると同時に、多くの不思議をも隠し持っていた――あの小さな生物が、かくも巨大で、複雑で、美しいものをいったいどうやって生み出したというのか。しかも、光の差し込まない暗闇の中で、設計図もリーダーもなしに、これほどの短期間で。アリのコロニーがテーマごとに見せるさまざまな技法は、美的な面からも興味深く、目に心地良いものだ。その見事さは人間の彫刻家に比肩すると言っていい。アリが部屋と坑道というたった二つの基本要素から、これほど多彩な巣の構造を進化させた事実には、ただ感嘆するほかない。

自然が生み出す形状は無限で、それぞれが宝石のような価値をもっているが、アリの巣もそのうちの一つに数えられるのは、もう説明するまでもないと思う。美しい形状は、美しい音楽の一節のように私たちの心を揺さぶる。音楽では、特定の音を特定のタイミングで組み合わせることで、意味と喜びが生まれる。一方アリの巣では、平面、曲線、間隔が適切に組み合わさって生まれる形状によって、私たちの神経系に素敵な和音が奏でられる。それは形と色とテクスチャーによる音楽だ。音楽の喜びにおいて、主題のバリエーションが特別な位置を占めているように、アリの巣が奏でる「形の音楽」では、形状のバリエーションが特別な意味をもっている。同一種が作った巣であっても、建設ルールは必ずしも厳密ではなく、したがって各テーマには多彩な変化が生じる。もちろん、種が異なれば、そこに見つかる変化はより著しいものとなり、私たちの目を喜ばせてくれる。

しかし、アリの巣の姿を白日の下にさらすことは、実は長い旅の第一歩にすぎない。その実像が明らかになれば、それがどう作られ、なぜそれぞれ固有の形をもっているのか、どうしても知りたくなるものだからだ。こうした疑問を考えていくうちに、私たちはアリのコロニーを「超個体」とみなすことになった。その超個体は、あらゆる生命機能を遂行するための、複数レベルで構造化された複数の部分から構成され、自分たちのような存在をさらに生み出すという究極の目的をもっていた。この構造と機能の関係は、年齢や仕事が異なる働きアリ、貯蔵された種子、ブルードの巣内の配置によって成り立っている。アリの巣は、比喩的な意味で超個体の「肉体」と見ることができる。そしてそこでは、動物の臓器の配置がそうであるように、異なる場所にある異なる部分が、生命に不可欠な異なる機能を果たしている。その機能を発揮するために、アリは巣の底で生まれ、上方に移動しながら仕事を変え、最終的には採餌やコロニー防衛に従事して死んでいく、ということを延々と繰り返す。これが機能の美しさであり、適応の見事さであり、世界が与える困難に立ち向かい、ときに勝利して繁栄し、ときに敗北して衰退することの壮麗さなのである。

構造と機能の関係、すなわち「すべての機能にはそれを実行する構造があり、（ほとんど）すべての構造は機能を有している」という関係は生物学の基本的な前提であり、それゆえ私たちは、構造のバリエーションの細部にすら機能が宿っているはずだと思いたがる。その考えからいけば、巣の構造に見られる多様性の理由がわからないのは非常にもどかしいことだと言える。無知は確かに将来の研究への原動力だが、しかしどの方向に進むべきなのか？　価値ある問いとはどのようなもので、それにどう答えればよいのだろうか？

植物の研究に学ぶ

ある特定の構造的特徴がなぜ機能をもつのかという疑問は、ある意味、植物の葉にはなぜあれほど多様な形と配置（つまり構造）があるのかという疑問と通底している。驚いた読者もいるかもしれないが、こうした考え方は、実はそれほど突拍子のないものではない。なぜなら、アリのコロニー、巣、植物はどれも、似通った部分（働きアリ、部屋と坑道、葉と茎）の反復によって構成されたモジュール的存在だからだ。つまり、モジュールを追加したり切り離すことで、成長や衰退を繰り返すという共通点があるわけだ。本書ではここまで、巣の特定の構造的特徴を検証する実験がほぼ不可能であることを説明してきた。それと同じような困難は、特定の葉の形や配置を検証する実験にも現れるように思う。だが植物学者は、実験に頼らないアプローチでその困難を乗り越えてきた。たとえば、もっとも一般的なのは、進化系統の観点を考慮しながら、植物の構造を気候などの生息地の特徴と相関させるというやり方だ。こうした相関とモデリングを組み合わせることで、エネルギーの出入り、寒暖のダメージ、葉と大気の温度の差などが、葉のサイズに与える影響を示してきたのである。したがって、大きな葉をもつ種は、気化冷却に用いる水分に事欠かない湿潤熱帯地方に多く見られ、小さな葉をもつ種は、冷却に用いる水分が制限されている高温乾燥地帯か、冷害が脅威となる寒冷地帯に多く見られることになる。葉のサイズや形に関するデータは、数千もの植物種について入手可能で、ほぼすべての生息地を網羅している。それを使えば、植物に関する説得力のある相関を十分な数だけ手に入れることができるのだ。

これと同様のアプローチが、巣の構造に影響する要因を明らかにする際にも使えるのではないかと期待されている。だが、有益な相関を見つけられるようになるには、まずデータベースを大幅に拡張する必要があるだろう。幅広い生息地と環境（土壌）から、さらに数百種のアリの巣のデータを集めなくてはならない。残念ながら、現在のデータベースには、ほんの一握りの生息地で集めた数十種のアリしか収められていない。充実したデータベースがあれば、砂地（あるいは寒冷地域、乾燥地域、湿潤熱帯地域、高地）に作られた巣の構造は特定の特徴を共有しているか、といった問いを立てることも可能になるだろう。たとえば、私が南カリフォルニアの砂漠で注入模型を作製したいくつかの種では、巣の坑道が垂直ではなく、傾斜していたが、フロリダではそうした例はめったに見られなかった。データベースが充実していれば、そうした謎にも何らかの答えが出せると考えられるが、現状のようにたった数個の模型を作ったくらいでは、結論は保留せざるをえない。

定量化の必要性

データベース以外にも問題はある——実験の方法という問題だ。私の研究では、巣の形状のどこが似ているかは、ほぼすべて目で見て判断していた。「役所仕事にはそれで十分」とも言えるが、厳密さを求めるならば、形状と全体の構造を数学的、幾何学的に表現すべきだろう。それによって構造を量として扱うことが可能になり、実際に模型を手にしなくても、複数の研究者の論文を比較できるようになる。こうした方法はまた、種内および種間に見られるバリエーションを定量化し、任意の構造が異なっている（あるいは異なっていない）という主張に厳密性を与えることにもなる。それに加えて、コロニーの成長に伴い巣の構造が変化するかという疑問にも答えられるようになるだろう。なお私自身は、構造は変化しないと言いつづけてきたが、自分の手法がかなり粗いものであることは承知している。

将来に託された課題

ある集団内の巣の構造に関して、種間で類似性が認められた場合には、その類似性が種の進化系統と関連があるものなのか、それとも環境による選択に応じて系統とは無関係に生じたものなのか、という疑問が生まれる。私は、非常に限られたサンプルしかもっていなかったが、同じ属の数種のアリを対象に、この疑問について考えてみることにした。その答えは、矛盾をはらんだ、いくぶんややこしいものだ。つまり、私はその一つの属のなかにとても似通った構造を見つけたが、それと同時に、大きな違いも発見したのである。このことは、外的な選択圧の影響が系統内に受け継がれない進化的環境もあれば、それが保存される環境もあることを示唆している。だがともかく、他と同様、この問題もまた、さらなるデータが必要なのは間違いないようだ。

広大な範囲（あるいは幅広い土壌タイプや生息地タイプ）に暮らす同一種内の巣の構造について、地理的なバリエーションが見られた場合は、気候や土壌の特性が構造に影響を与えている可能性が考えられる。アリ種の多くは非常に広い範囲に生息しているので、この問題を調査するにはもってこいの対象だと言えよう。一例を挙げれば、フユアリ（*Prenolepis imparis*）もまた生息域が広いアリである。その巣は、フロリダの海岸平原では深さが四メートルほどあり、上部一メートルに部屋がないものが多いが、オハイオ州やミズーリ州では深さが二メートルで、地表すぐ下から部屋を作る（図10・1）。この違いは、季節による行動変化や気候の特性と相関する一方で、おそらく土壌の特性とも相関していると考えられる。こうした場合、土壌の影響を打ち消すために、土壌は同じ（たとえば砂地）だが緯度が異なる地域に暮らす単一種を比較するのも、特に有効な一手となるだろう（私も単一種の模型を複数もっているが、残念なことに、その大半がタラハシー南部の同じ地域のものである）。同様に有効なのが、同じ地域だが異なる土壌に営巣している単一種を調べることだ。私が行った実験では、少なくとも巣のサイズは土壌の種類に影響を受けることを示していた。しかし、形状についてはまだ何もわかっていない。

巣内におけるコロニーの構成からも洞察が得られるかもしれない。言うまでもなく、構成に関する情報を得るのは、ただ注入模型を作製するよりも難しい。だがそこからは、何らかの構造、あるいはその構造の一部と相関する、働きアリやブルードの分布パターンが見つかる可能性がある。また社会組織の他の側面、たとえば巣の混雑具合や季節ごとの差異などとも相関している可能性があり、構造がもつ機

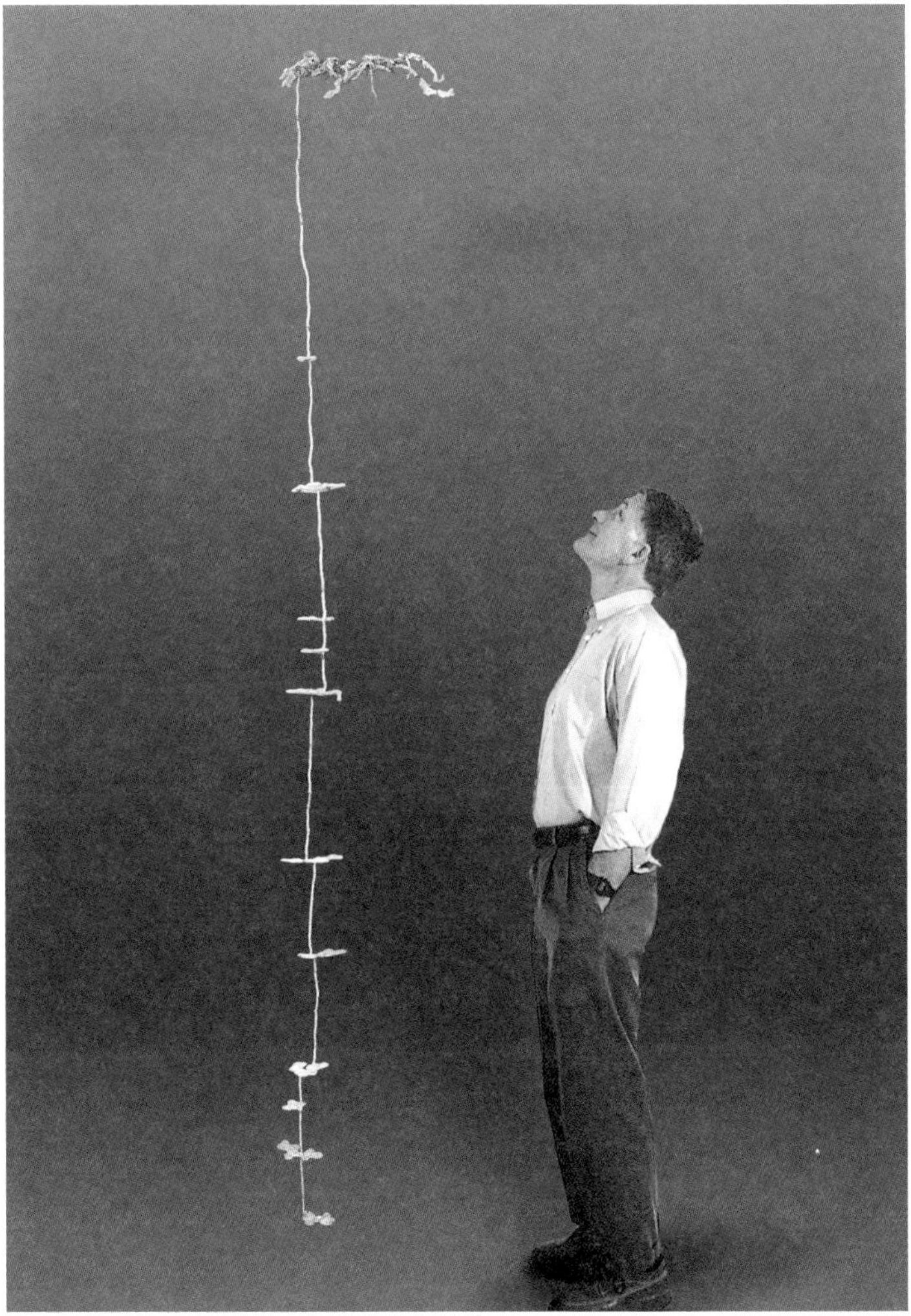

図 10・1　フユアリの巣は、それが作られた地域や気候によって構造がさまざまに異なる。フロリダ州では巣はとても深く、地表〜 1m に部屋は見つからない（画像参照）。オハイオ州とミズーリ州では巣の深さはその半分以下で、地表のすぐ下にも部屋がある。（画像：Charles F. Badland / Tschinkel (2015a) より）

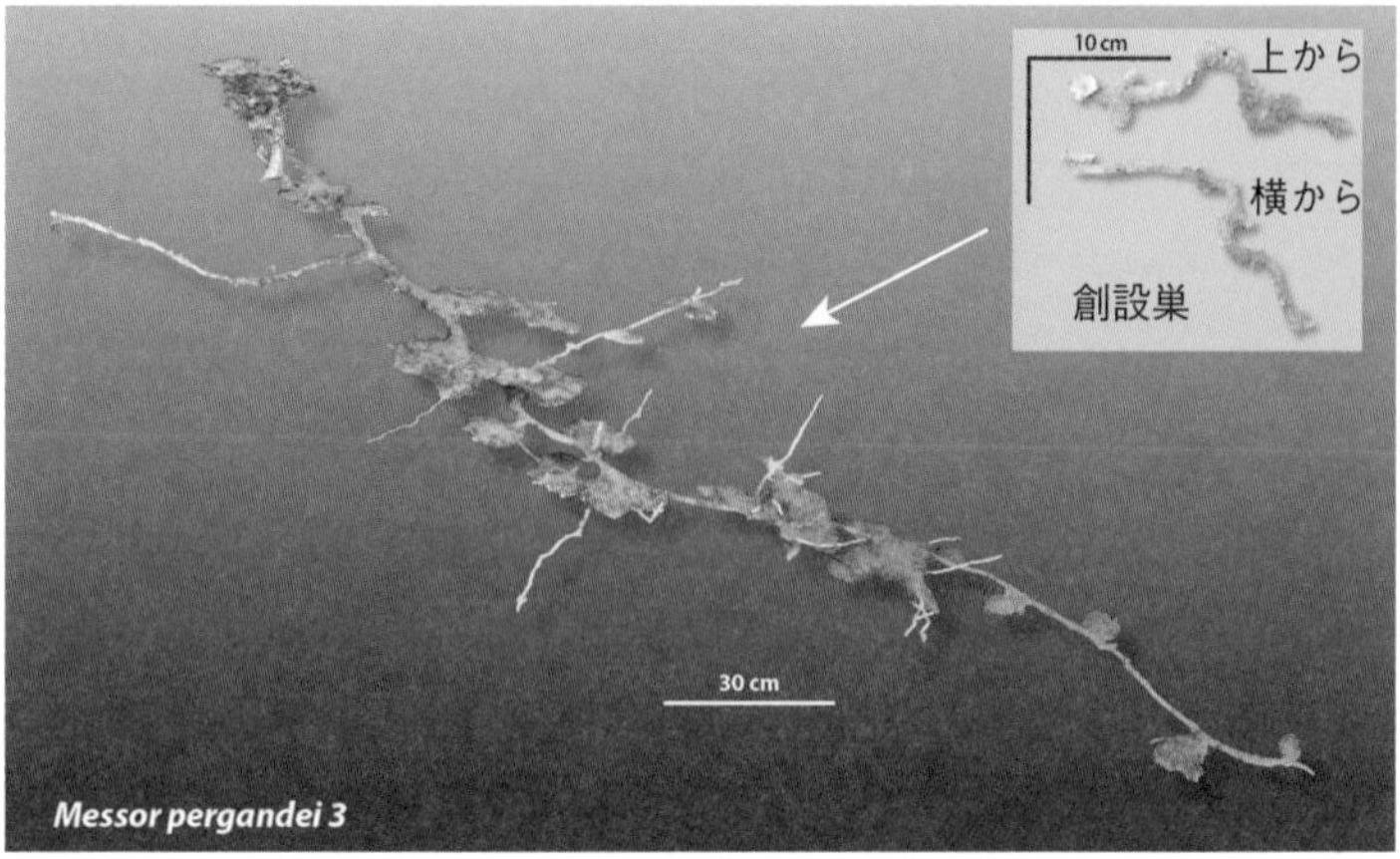

図 10・2　サバククロシュウカクアリ（*Veromessor pergandei*）の巣の模型。交尾したばかりの女王アリが掘った創設巣が大きくなって、成熟した巣となった。成熟した巣にはっきりと見られる特徴的な坑道の傾斜は、女王アリが単独で作った創設巣（右上）にも見られ、ここから女王アリと働きアリが同じプログラムで行動していると推測できる。（画像：著者／ Tschinkel (2015a) より）

能的重要性に関するヒントを提供してくれるかもしれない。

大部分のアリのコロニーにとって、巣は交尾したばかりの女王アリが作った小さな創設巣からはじまり、働きアリの数が多くなるにつれて次第に拡大していく。巣のサイズはしばしば数千倍も大きくなるが、私が行った比較的粗い分析によると、その間、巣の形状にはほとんど変化が見られない（図10・2〜10・4）。この変化の欠如こそが、種に典型的な巣の構造を生み出し、営巣のルールが絶対的なものではなく、相対的なものであることを示唆しているのだ。そのルールがどのようなものかという疑問は、今後しばらくは中心的な問題として議論されることだろう。

最終的には、物理的環境、社会的環境、進化的要因が、巣の構造にいかに影響を与えるかについて仮説を立て、それによって、巣のサイズや形状の研究で実現したように、潜在的な因果関係をモ

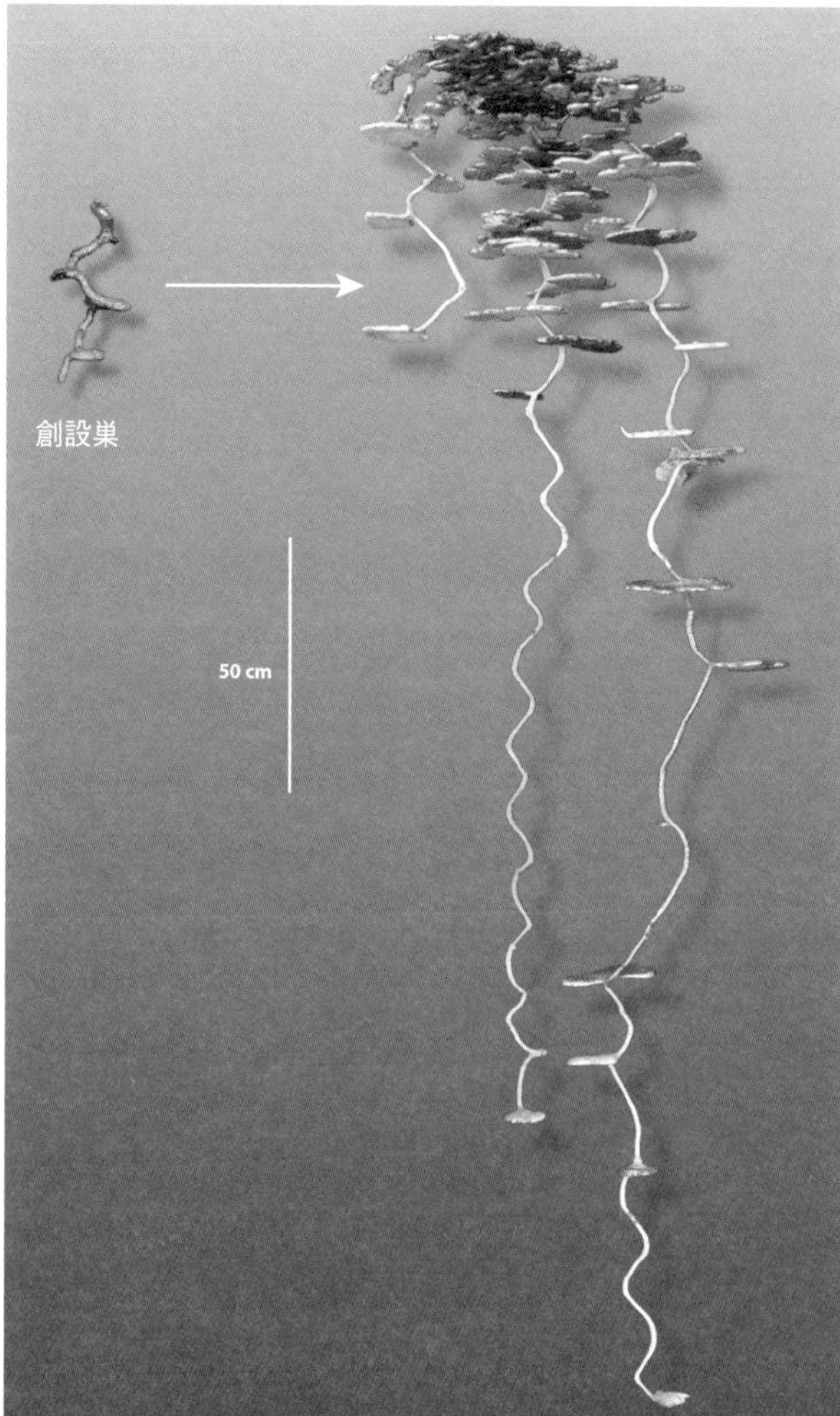

図 10・3 フロリダシュウカクアリの巣の模型。図 10・2 と同様、交尾したばかりの女王アリが掘った創設巣が大きくなって、成熟した巣となった。創設巣（左）には、成熟した巣と同じく、螺旋状の坑道があるのが見える。ここからも、女王アリと働きアリが同じプログラムで行動していることが読みとれる。画像内の 2 つの巣の縮尺は同じではない。（画像：著者／ Tschinkel (2015a) より）

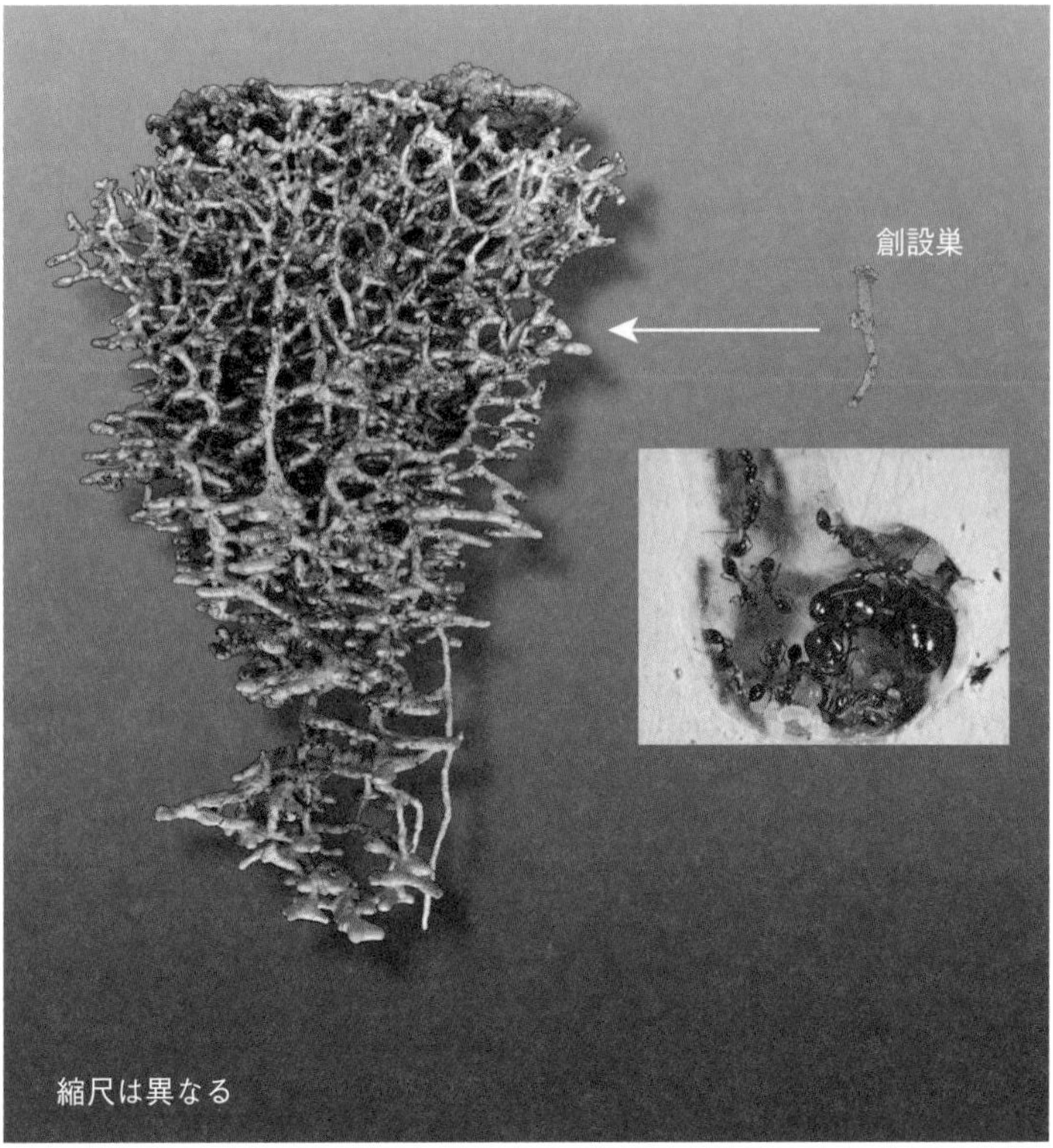

図10・4　ヒアリの巣の模型。図10・2、図10・3と同様、交尾したばかりの女王アリが掘った創設巣が大きくなって、成熟した巣となった。創設巣（右）は簡素な坑道からなり、一番底の部屋（挿入図）では女王アリが最初のブルードを育てている。（画像：著者／ Tschinkel (2015a) より）

デル化することが可能になるかもしれない。個人的には、それがすぐに実現するとは思えないし、科学を急がせることもできない。いつの日か、しかるべき時がやってきて、適切な方法が見つかれば……いつだって希望はあるものなのだ。

今日までの私の試行錯誤が問題の上っ面を軽くなぞったにすぎず、アリの巣にまつわる重要な謎の大部分がいまだ手つかずのまま残されていることに議論の余地はない。働きアリは自らをどうやって組織化して巣を作るのか？　特定の形が特定の機能を果たすメカニズムはどのようなものか？　進化によって働きアリの能力はどう変わり、その結果、巣の構造はどう変化するのか？　巣のサイズはいかに調整されているのか？　アリ科全体を見渡したとき、その巣の構造にはどれほどの幅があるのか？　まだ見つかっていない巣の構造はあるのだろうか？　こうした疑問をはじめ、さらに多くの謎が、野心と好奇心にあふれた未来の生物学者たちを待ち受けている。やるべき仕事はまだ大量に残っている。その仕事を一つひとつ終えていくたびに、私たちは新しいもの、興味深いもの、そして美しいものの姿を目にすることだろう。

謝辞

アリの巣の構造を探究しはじめてから二〇年あまりになるが、その間、実に多くの人たちが私の研究に携わってくれた。私の注入模型作りを見学したいだけの人から、重要な支援をしてくれた人まで、関わり方はさまざまだ。アリの巣に金属を流し込む腕前を前者の方々に披露するのは楽しいことだったし、流し込みや穴掘りを手伝ってくれた後者の方々には改めて礼を述べたい。また私の教え子やアシスタントである、ケビン・ヘイト、クリスティーナ・クワピッチ、ジョシュア・キング、タイラー・マードック、クリスティーナ・ラスキス、エリオット・ロイス、ヘンリー・チンケル、ダニエル・フリオ・ドミンゲス、ニコラス・ハンリー、デニス・ハワードに特別な感謝を捧げる。ケビン・ヘイト、ニコラス・ハンリー、ダニエル・フリオ・ドミンゲス、タイラー・マードック、そしてニール・ジョージは、その手腕を大いに発揮して、長期にわたる関連プロジェクトを下支えしてくれた。生物学の実験器具を製造しているサンディ・ヒースとラルフ・アンダーソンは、鋼製のスキューバタンクで「るつぼ」を作り、アルミ製のスキューバタンクを模型の材料として使えるようにしてくれた。ヘンリー・チンケルとデニス・ハワードは、ビデオおよび写真撮影を担当してくれた。シュウカクアリのバイオターベーションン（生物擾乱《じょうらん》）について調査する共同プロジェクトを提案してくれたジャック・リンクとジム・ダンバーにも感謝する。最後に、本書の草稿を読み有益な提案やコメントをくれたクリスティーナ・クワピッチ、

索引

さ行

た行

な行

は行

ま行

や行

ら行

わ行

参考文献

Branstetter, M. G., B. N. Danforth, J. P. Pitts, M. W. Gates, R. R. Kula, and S. G. Brady. 2017. Phylogenomic insights into the evolution of stinging wasps and the origins of ants and bees. *Current Biology* 27:1019–25.

Cassill, D. L., and W. R. Tschinkel. 1995. Allocation of liquid food to larvae via trophallaxis in colonies of the fire ant, *Solenopsis invicta. Animal Behaviour* 50 (3): 801–13.

Cerquera, L. M., and W. R. Tschinkel. 2010. The nest architecture of the ant *Odontomachus brunneus. Journal of Insect Science* 10:64.

Conway, J. R. 2003. Architecture, population size, myrmecophiles, and mites in an excavated nest of the honey pot ant, *Myrmecocystus mendex* Wheeler, in Arizona. *Southwestern Naturalist* 48:449–50.

Cushing, P. E. 1995. Description of the spider *Masoncus pogonophilus* (Araneae, Linyphiidae), a harvester ant myrmecophile. *Journal of Arachnology* 23 (1): 55–59.

Debruyn, L. A. L., and A. J. Conacher. 1994. The bioturbation activity of ants in agricultural and naturally vegetated habitats in semiarid environments. Australian *Journal of Soil Research* 32:555–70.

Diehl-Fleig, E., and E. Diehl. 2007. Nest architecture and colony size of the fungus- growing ant Mycetophylax simplex Emery, 1888 (Formicidae, Attini). *Insectes Sociaux* 54 (3): 242– 47.

Dlussky, G. M. 1981. *Ants of Deserts*. Moscow: Nauka (in Rus sian).

Dobzhansky, T. 1973. Nothing in biology makes sense except in the light of evolution. *American Biology Teacher* 35:125–29.

Duarte, A., F. J. Weissing, I. Pen, and L. Keller. 2011. An evolutionary perspective on self-organized division of labor in social insects. *Annual Review of Ecology, Evolution, and Systematics* 42:91–110.

Halfen, A. F., and S. T. Hasiotis. 2010. Neoichnological study of the traces and burrowing behaviors of the western harvester ant *Pogonomyrmex occidentalis* (Insecta: Hymenoptera: Formicidae): Paleopedogenic and paleoecological implications. *Palaios* 25:703–20.

Hamilton, W. D. 1964. The genetical evolution of social behaviour, I. and II. *Journal of Theoretical Biology* 7:1–52.

Harrison, J. S., and J. B. Gentry. 1981. Foraging pattern, colony distribution, and foraging range of the Florida harvester ant, *Pogonomyrmex badius. Ecology* 62 (6): 1467–73.

Hart, L. M., and W. R. Tschinkel. 2012. A seasonal natural history of the ant, *Odontomachus brunneus. Insectes Sociaux* 59 (1): 45–54.

Hunt, J. H., and C. A. Nalepa, eds. 1994. Nourishment, evolution and insect sociality. In *Nourishment and Evolution in Insect Societies*, 1–19. Boulder, CO: Westview Press.

Jacoby, M. 1935. Erforschung der Struktur des *Atta*-Nestes mit Hilfe des Cementausguss-Verfahrens. *Revista Entomologia* 5:420–24.

Johnson, B. R., and T. A. Linksvayer. 2010. Deconstructing the superorganism: Social physiology, groundplans, and sociogenomics. *Quarterly Review of Biology* 85 (1): 57–79.

Kondoh, M. 1968. Bioeconomic studies on the colony of an ant species, *Formica japonica*

Motschulsky. 1. Nest structure and seasonal change of the colony members. *Japanese Journal of Ecology* 18:124–33.

Kwapich, C. L., and W. R. Tschinkel. 2013. Demography, demand, death, and the seasonal allocation of labor in the Florida harvester ant (*Pogonomyrmex badius*). *Behavioral Ecology and Sociobiology* 67 (12): 2011–27.

——. 2016. Limited flexibility and unusual longevity shape forager allocation in the Florida harvester ant (*Pogonomyrmex badius*). *Behavioral Ecology and Sociobiology* 70 (2): 221–35.

Laskis, K. O., and W. R. Tschinkel. 2009. The seasonal natural history of the ant, *Dolichoderus mariae*, in northern Florida. *Journal of Insect Science* 9:2.

MacKay, W. P. 1981. A comparison of the nest phenologies of three species of *Pogonomyrmex* harvester ants (Hymenoptera: Formicidae). *Psyche* 88 (1–2): 25–74.

——. 1983. Stratification of workers in harvester ant nests (Hymenoptera: Formicidae). *Journal of the Kansas Entomological Society* 56:538–42.

McGlynn, T. P. 2012. The Ecology of nest movement in social insects. *Annual Review of Entomology* 57:291–308.

Mersch, D. P., A. Crespi, and L. Keller. 2013. Tracking individuals shows spatial fidelity is a key regulator of ant social organization. *Science* 340 (6136): 1090–93.

Meysman, F. J. R., J. J. Middelburg, and C. H. R. Heip. 2006. Bioturbation: A fresh look at Darwin's last idea. *Trends in Ecology and Evolution* 21:688–95.

Mikheyev, A. S., and W. R. Tschinkel. 2004. Nest architecture of the ant *Formica pallidefulva*: Structure, costs and rules of excavation. *Insectes Sociaux* 51 (1): 30–36.

Moreira, A. A., L. C. Forti, A. P. P. Andrade, M. A. Boaretto, and J. Lopes. 2004. Nest architecture of *Atta laevigata* (F. Smith, 1858) (Hymenoptera: Formicidae). *Studies on Neotropical Fauna and Environment* 39:109–16.

Moser, J. C. 2006. Complete excavation and mapping of a Texas leafcutting ant nest. *Annals of the Entomological Society of America* 99:891–97.

Murdock, T. C., and W. R. Tschinkel. 2015. The life history and seasonal cycle of the ant, *Pheidole morrisi* Forel, as revealed by wax casting. *Insectes Sociaux* 62 (3): 265–80.

Nicotra, A. B., A. Leigh, K. Boyce, C. S. Niklas, K. J. Jones, D. L. Royer, and H. Tsukaya. 2011. The evolution and functional significance of leaf shape in the angiosperms. *Functional Plant Biology* 38:535–52.

Nowak, M. A., C. E. Tarnita, and E. O. Wilson. 2010. The evolution of eusociality. *Nature* 466: 1057– 62.

Pamminger, T., S. Foitzik, K. C. Kaufmann, N. Schützler, and F. Menzel. 2014. Worker personality and its association with spatially structured division of labor. *PloS ONE* 9 (1): 8.

Penick, C. A., and W. R. Tschinkel. 2008. Thermoregulatory brood transport in the fire ant, *Solenopsis invicta. Insectes Sociaux* 55 (2): 176–82.

Porter, S. D. 1985. *Masoncus* spider: A miniature predator of Collembola in harvester ant colonies. *Psyche* 92:145–50.

Porter, S. D., and C. D. Jorgensen. 1981. Foragers of the harvester ant, *Pogonomyrmex owyheei* : A disposable caste? *Behavioral Ecology and Sociobiology* 9:247–56.

Richards, P. 2009. *Aphaenogaster* ants as bioturbators: Impacts on soil and slope processes. *Earth-Science Reviews* 96:92–106.

Richards, P., and G. S. Humphreys. 2010. Burial and turbulent transport by bioturbation: A 27-year experiment in southeast Australia. *Earth Surface Processes and Landforms* 35:856–62.

Rink, W. J., J. S. Dunbar, W. R. Tschinkel, C. Kwapich, A. Repp, W. Stanton, and D. K. Thulman. 2013. Subterranean transport and deposition of quartz by ants in sandy sites relevant to age overestimation in optical luminescence dating. *Journal of Archaeological Science* 40 (4): 2217–26.

Robinson, G. E. 1992. Regulation of division of labor in insect societies. *Annual Review of Entomology* 37:637– 65.

Roth- Nebelsick, A., A. D. Uhl, V. Mosbrugger, and H. Kerp. 2001. Evolution and function of leaf venation architecture: A review. *Annals of Botany* 87:553– 66.

Seal, J. N., and W. R. Tschinkel. 2006. Colony productivity of the fungus gardening ant *Trachymyrmex septentrionalis* (Hymenoptera: Formicidae) in a Florida pine forest. *Annals of the Entomological Society of America* 99:673–82.

Seid, M. A., and J. F. A. Traniello. 2006. Age-related repertoire expansion and division of labor in *Pheidole dentata* (Hymenoptera: Formicidae): A new perspective on temporal polyethism and behavioral plasticity in ants. *Behavioral Ecology and Sociobiology* 60 (5): 631–44.

Sendova- Franks, A. B., and N. R. Franks. 1995. Spatial relationships within nests of the ant *Leptothorax unifasciatus* (Latr.) and their implications for the division of labour. *Animal Behaviour* 50 (1): 121–36.

Talbot, M. 1964. Nest structure and flights of the ant *Formica obscuriventris* Mayr. *Animal Behaviour* 12 (1): 154–58.

Tschinkel, W. R. 1987. Seasonal life history and nest architecture of a cold loving ant, *Prenolepis imparis*. *Insectes Sociaux* 34:143– 64.

——. 1993. Sociometry and sociogenesis of colonies of the fire ant *Solenopsis invicta* during one annual cycle. *Ecological Monographs* 64 (4): 425–57.

——. 1998. Sociometry and sociogenesis of colonies of the harvester ant, *Pogonomyrmex badius*: Worker characteristics in relation to colony size and season. *Insectes Sociaux* 45 (4): 385– 410.

——. 1999a. Sociometry and sociogenesis of colonies of the harvester ant, *Pogonomyrmex badius*: Distribution of workers, brood and seeds within the nest in relation to colony size and season. *Ecological Entomology* 24 (2): 222–37.

——. 1999b. Sociometry and sociogenesis of colony-level attributes of the Floridaharvester ant (Hymenoptera: Formicidae). *Annals of the Entomological Society of America* 92 (1): 80 –89.

——. 2003. Subterranean ant nests: Trace fossils past and future? *Palaeogeography, Palaeoclimatology, PalaeoEcology* 192:321–33.

——. 2004. The nest architecture of the Florida harvester ant, *Pogonomyrmex badius*. *Journal of Insect Science* 4:21.

——. 2005. The nest architecture of the ant, *Camponotus socius*. *Journal of Insect Science* 5:9.

——. 2010. Methods for casting subterranean ant nests. *Journal of Insect Science* 10:88.

——. 2011. The nest architecture of three species of North Florida *Aphaenogaster* ants. *Journal of Insect Science* 11:105.

——. 2013a. Florida harvester ant nest architecture, nest relocation and soil carbon dioxide gradients. *PLoS ONE* 8 (3): e59911.

——. 2013b. A method for using ice to construct subterranean ant nests (Hymenoptera: Formicidae) and other soil cavities. *Myrmecological News* 18:99–102.

——. 2014. Nest relocation and excavation in the Florida harvester ant, *Pogonomyrmex badius. PLoS ONE* 9 (11): e112981.

——. 2015a. The architecture of subterranean ant nests: Beauty and mystery underfoot. *Journal of Bioeconomics* 17:271–91.

——. 2015b. Biomantling and bioturbation by colonies of the Florida harvester ant, *Pogonomyrmex badius. PLoS ONE* 10 (3): e0120407.

——. 2017a. Do Florida harvester ant colonies (*Pogonomyrmex badius*) have a nest architecture plan? *Ecology* 98:1176–78.

Tschinkel, W. R. 2017b. Lifespan, age, size-specific mortality and dispersion of colonies of the Florida harvester ant, *Pogonomyrmex badius. Insectes Sociaux* 64:285–96.

——. 2017c. Testing the effect of a nest architectural feature in the fire ant *Solenopsis invicta* (Hymenoptera:Formicidae). *Myrmecological News* 27:1–5.

Tschinkel, W. R., and D. J. Dominguez. 2017. An illustrated guide to seeds found in nests of the Florida harvester ant, *Pogonomyrmex badius. PLoS ONE* 12 (3): e0171419.

Tschinkel, W. R., and N. Hanley. 2017. Vertical organization of the division of labor within nests of the Florida harvester ant, *Pogonomyrmex badius. PLoS ONE* 12 (11): e0188630.

Tschinkel, W. R., W. J. Rink, and C. L. Kwapich. 2015. Sequential subterranean transport of sand and seeds by caching in the harvester ant, *Pogonomyrmex badius. PloS ONE* 10 (10): e0139922.

Tschinkel, W. R., and J. N. Seal. 2016. Bioturbation by the fungus-gardening ant, *Trachymyrmex septentrionalis. PLoS ONE* 11 (7): e0158920.

Wagner, G. P. 1989. The biological homology concept. *Annual Review of Ecology and Systematics* 20:51–69.

Ward, P. S. 2014. The phylogeny and evolution of ants. *Annual Review of Ecology and Systematics* 45:23–43.

Wilkinson, M. T., P. J. Richards, and G. S. Humphreys. 2009. Breaking ground: Pedological, geological, and ecological implications of soil bioturbation. *EarthScience Reviews* 97:254–69.

Williams, D. F., and C. S. Lofgren. 1988. Nest casting of some ground-dwelling Florida ant species using dental labstone. In *Advances in MyrmEcology*, edited by J. C. Trager, 433–44. Leiden, Netherlands: E. J. Brill.

Wilson, D. S., and E. Sober. 1989. Reviving the superorganism. *Journal of Theoretical Biology* 136: 337–56.

Wright, I. J., N. Dong, V. Maire, I. C. Prentice, M. Westoby, S. Díaz, R. V. Gallagher, B. F. Jacobs, R. Kooyman, E. A. Law, M. R. Leishman, Ü. Niinemets, P. B. Reich, L. Sack, R. Villar, H. Wang, and P. Wilf. 2017. Global climatic drivers of leaf size. *Science* 357:917–21.

Yang, A. S. 2007. Thinking outside the embryo: The superorganism as a model for EvoDevo Studies. *Biological Theory* 2:398–408.

【アリの生物学関連】

Choe, J. 2012. *Secret Lives of Ants*. Baltimore: Johns Hopkins University Press.

Hölldobler, B., and E. O. Wilson. 1990. *The Ants*. Cambridge, MA: Harvard University Press.

——. 1994. *Journey to the Ants*. Cambridge, MA: Belknap Press of Harvard University Press.〔ヘルドブラー／ウィルソン『蟻の自然誌』（辻和希／松本忠夫訳　朝日新聞社）〕

——. 2009. *The Superorganism: The Beauty, Elegance, and Strangeness of Insect Socie ties*. New York: W. W. Norton.

Hoyt, E. 1996. *The Earth Dwellers: Adventures in the Land of Ants*. New York: Touchstone.

Keller, L., and É. Gordon. 2009. *The Lives of Ants*. Translated by J. Grieve. Oxford, UK: Oxford University Press.

Moffett, M. W. 2010. *Adventures among Ants*. Berkeley: University of California Press.

Oster, G. F., and E. O. Wilson. 1978. *Caste and Ecology in the Social Insects*. Princeton, NJ: Princeton University Press.

Tschinkel, W. R. 2006. *The Fire Ants*. Cambridge, MA: Harvard University Press.

Wilson, E. O. 1971. *The Insect Societies*. Cambridge, MA: Harvard University Press.

【ハキリアリ関連】

Cardoso, S. R. S., L. C. Forti, N. S. Nagamoto, and R. S. Camargo. 2014. First-year nest growth in the leaf-cutting ants *Atta bisphaeric*a and *Atta sexdens rubropilosa*. *Sociobiology* 61 (3): 243– 49.

Diehl- Fleig, E., and E. Diehl. 2007. Nest architecture and colony size of the fungus- growing ant *Mycetophylax simplex* Emery, 1888 (Formicidae, Attini). *Insectes Sociaux* 54 (3): 242– 47.

Jacoby, M. 1952. Die Erforschung des Nestes der Blattschneider- Ameise Atta sexdens rubropilosa Forel (mittels des Ausgußverfahrens in Zement), Teil I. *Zeischrift für Angewandte Entomologie* 34:145– 69.

Jonkman, J. C. M. 1980. The external and internal structure and growth of nests of the leaf- cutting ant Atta vollenweideri Forel, 1893 (Hym.: Formicidae). Part I. *Zeischrift für Angewandte Entomologie* 89:158–73.

Kleineidam, C., R. Ernst, and F. Roces. 2001. Wind-induced ventilation of the giant nests of the leaf-cutting ant *Atta vollenweideri*. *Naturwissenschaften* 88 (7): 301–5.

Klingenberg, C., C. R. F. Brandão, and W. Engels. 2007. Primitive nest architecture and small monogynous colonies in basal Attini inhabiting sandy beaches of southern Brazil. *Studies on Neotropical Fauna and Environment* 42:121–26.

Moreira, A. A., L. C. Forti, A. P. P. Andrade, M. A. Boaretto, and J. Lopes. 2004. Nest architecture of *Atta laevigata* (F. Smith, 1858) (Hymenoptera: Formicidae). *Studies on Neotropical Fauna and Environment* 39:109–16.

Moreira, A. A., L. C. Forti, M. A. C. Boaretto, A. P. P. Andrade, J. F. S. Lopes, and V. M. Ramos. 2004. External and internal structure of *Atta bisphaerica* Forel (Hymenoptera: Formicidae) nests. *Journal of Applied Entomology* 128 (3): 204 –11.

Moser, J. C. 2006. Complete excavation and mapping of a Texas leafcutting ant nest. *Annals of the Entomological Society of America* 99 (5): 891–97.

Rabeling, C., M. Verhaagh, and W. Engels. 2007. Comparative study of nest architecture and

colony structure of the fungus-growing ants, *Mycocepurus goeldii* and *M. smithii. Journal of Insect Science* 7:40.

Verza, S. S., L. C. Forti, J. F. S. Lopes, and W. O. H. Hughes. 2007. Nest architecture of the leaf-cutting ant *Acromyrmex rugosus rugosus. Insectes Sociaux* 54 (4): 303–9.

Wirth R., H. Herz, R. J. Ryel, W. Beyschlag, and B. Hölldobler. 2003. *Herbivory of Leaf Cutting Ants: A Case Study on* Atta colombica *in the Tropical Rainforest of Panama*. Springer Ecological Studies No. 164. Berlin: Springer-Verlag.

【実験室および理論的研究関連】

Buhl, J., J. Gautrais, J. L. Deneubourg, and G. Theraulaz. 2004. Nest excavation in ants: Group size effects on the size and structure of tunneling networks. *Naturwissenschaften* 91 (12): 602–6.

Deneubourg, J. L., and N. R. Franks. 1995. Collective control without explicit coding: The case of communal nest excavation. *Journal of Insect Behavior* 8:417–32.

Halley, J. D., M. Burd, and P. Wells. 2005. Excavation and architecture of Argentine ant nests. *Insectes Sociaux* 52:350 –56.

Theraulaz, G., E. Bonabeau, and J. L. Deneubourg. 1999. The mechanisms and rules of coordinated building in social insects. In *Information Processing in Social Insects*, edited by C. Detrain, J. L. Deneubourg, and J. Pasteels, 309–30. Basel, Switzerland: Birkhäuser Verlag.

Theraulaz, G., J. Gautrais, S. Camazine, and J. L. Deneubourg. 2003. The formation of spatial patterns in social insects: From simple behaviours to complex structures. *Philosophical Transactions of the Royal Society* A 361 (1807): 1263–82.

Toffin, E., D. Di Paolo, A. Campo, C. Detrain, and J. L. Deneubourg. 2009. Shape transition during nest digging in ants. *Proceedings of the National Academy of Sciences of the United States of America* 106 (44): 18616–20.

【アリの巣の化石関連】

Smith, J. J., B. F. Platt, G. A. Ludvigson, and J. R. Thomasson. 2011. Ant-nest ichnofossils in honeycomb calcretes, Neogene Ogallala Formation, High Plains region of western Kansas, U.S.A. *Palaeogeography, Palaeoclimatology, Palaeoecology*. doi:10.1016/j.palaeo.2011.05.046.

【注入模型の材料関連】

Boron nitride high-temperature coating: https://www.zypcoatings.com/product/bn-hardcoat-cm/

Ceramic insulating blanket for kilns: https://www.infraredheaters.com/insulati.html

Small foundry supplies: https://smallfoundrysupply.com/

Sources of dental plaster: http://www.atlanticdentalsupply.com/

https://www.darbydental.com/categories/Laboratory/Gypsum--Stone--Plaster-and-Pumice/Castone/8290406

https://www.net32.com/ec/house-brand-yellow-lab-stone-regular-set-d-153263

ジョシュア・キング、デニス・ハワード、そして妻のヴィクトリア・チンケルに心からの感謝の言葉を贈りたい。私のアリの巣の研究は、国立科学財団から七年間助成を受けた。

アリたちの美しい建築

2022年2月10日　第一刷印刷
2022年2月25日　第一刷発行

著　者　ウォルター・R. チンケル
訳　者　西尾義人

発行者　清水一人
発行所　青土社

〒101-0051　東京都千代田区神田神保町1-29　市瀬ビル
［電話］03-3291-9831（編集）　03-3294-7829（営業）
［振替］00190-7-192955

印刷・製本　ディグ
装丁　大倉真一郎

ISBN978-4-7917-7448-7　Printed in Japan